Wohlleben/Mattes
Interferometrie in Radioastronomie und Radartechnik

Wohlleben/Mattes

Interferometrie

in Radioastronomie
und Radartechnik

VOGEL-VERLAG

Bild gegenüber dem Haupttitel (Seite 2):

Größtes, vollbewegliches Radioteleskop der Erde (1972) in Effelsberg (Nordeifel), Durchmesser: 100,0 m, Höhe über Grund: 94,0 m, Gesamt-(rms-)Genauigkeit des Paraboloid-Reflektors: 0,9 mm, Betriebsarten: vom 1. Primärbrennpunkt, 2. Sekundärbrennpunkt, Schienenkranz-Durchmesser: 64,0 m, Azimut-Schwenkbereich: ±360°, Elevations-Schwenkbereich: +7° bis +94°, Gesamtgewicht (Stahlkonstruktion): 3200 t, „Pointing"-Genauigkeit: 2″, maximale Drehgeschwindigkeit Azimut (Elevation): 40 (20) °/min, Hauptkeulenbreite bei 3 cm Wellenlänge: 1,27′ (Max-Planck-Institut für Radioastronomie, Bonn)

Bild gegenüber dem Geleitwort (Seite 6):

Interferometer-Anordnung von 12 Rotationsparaboloid-Spiegeln für Supersynthese (d. h. Apertursynthese durch Erdrotation), Beobachtungen in Westerbork (Nord-Niederlande). Gesamte Basislänge: 1600 m, Element-Durchmesser: 25 m, Reflektor-Oberfläche: Drahtmaschengitter, 8 mm Abstand, 0,8 mm ∅, obere Frequenzgrenze: 5 GHz, „Pointing"-Genauigkeit: ±30″, Drehgeschwindigkeitsbereich Azimut/Elevation: 0,125 bis 0,5°/min, Betriebsart: vom Primärbrennpunkt, Orientierung der Anordnung: Ost-West-Richtung, 10 Elemente fest (d = 144 m), 2 Elemente beweglich (300 m Schienen) (Niederländische Stiftung für Radioastronomie und Z.W.O., Dwingeloo)

ISBN 3-8023-0518-3
 Printed in Germany. Herstellung: Vogel-Verlag Würzburg, Graphischer Betrieb.

Zum Geleit

Das vorliegende Buch über „Interferometrie in der Radioastronomie und Radar-Technik“ behandelt die verschiedenen Methoden der Interferometrie, die nach dem Versuch von Michelson viele neue Anwendungen gefunden hat. Die 1931 entstehende Radioastronomie kam zunächst ohne diese Methoden aus; als aber höhere Empfindlichkeit und besseres Winkelauflösungsvermögen notwendig wurden, ging man – vor allem in Großbritannien und Australien – zur Interferometrie über, die schnell zu einer echten Technik wurde und heute den Bau von Antennensystemen zu realisieren gestattet, deren Zusammenspiel sich über die ganze Erde erstreckt.

Auch beim Entwurf von Satellitensystemen und sogar bei Einzelversuchen von Raumsonden greift man neuerdings auf ein Interferometersystem zurück, das an Winkelempfindlichkeit kaum zu übertreffen ist.

Als Herr Wohlleben mir half, das Thema „Radiointerferometrie“ innerhalb meiner Antennenvorlesung vorzubereiten, kam ihm die Idee zu dieser zusammenfassenden Darstellung; denn alle erforderliche Literatur mußte mühsam aus vielen Fachzeitschriften herausgesucht werden.

Gemeinsam mit Herrn Mattes hat er die Vorarbeiten am Institut für Technische Elektronik der Technischen Hochschule Aachen durchgeführt. Das nun vorliegende Buch schließt eine echte Lücke und wird dem Ingenieur die Suche nach dem passenden System wesentlich erleichtern.

Prof. Dr. Heinz Lueg

Direktor des Instituts für Technische Elektronik
der Rhein.-Westf. Techn. Hochschule, Aachen

Vorwort

Seit der Erfindung des Mikroskops oder auch des Fernrohrs vor einigen hundert Jahren gab es immer wieder Versuche, das Auflösungsvermögen solcher Instrumente zu erhöhen. Hierzu gehört auch das Interferometerprinzip.

Die durch des Amerikaners Jansky erste Versuche (1931) aufkommende Radioastronomie bediente sich ebenfalls dieser Technik (etwa seit 1947). Bedingt durch beginnende Raumfahrt ist nun in den letzten Jahren eine befruchtende Wechselwirkung zwischen radartechnischen und radioastronomischen Methoden zur Steigerung der Empfindlichkeit (Reichweite, Entfernungsauflösung) und des Winkelauflösungsvermögens feststellbar. Diese Erscheinung gab zum Schreiben der endgültigen Fassung der vorliegenden Schrift den Ausschlag. Sie ist aber nicht nur an Radartechniker und Radioastronomen gerichtet, sondern kann einem allgemeiner interessierten Leser eine Einführung sein. Wer schon auf Vorkenntnisse in Interferometrie zurückgreifen kann, wird Hinweise beispielsweise zur Mikrostruktur des Lichts, der Lichtgeschwindigkeitsmessung, der Abbildungsfehler von planparallelen Platten, Linsen oder Prismen, der Schlierenoptik und der Längendifferenzmessung vermissen. Auf diesen Gebieten, die hier unter dem Schlagwort „Labor-Interferometrie" zusammengefaßt seien, liegen aber u. E. bereits einschlägige, sogar deutschsprachige Werke vor (z. B. Mönch [55] oder auch [51, 53, 56], die ausreichende Informationen enthalten. Daher wurde die Thematik im erwähnten Sinne eingeengt.

Um Irrtümern vorzubeugen, sei im Zusammenhang mit dem Sichten der Literatur darauf hingewiesen, daß im Englischen unter „electrical interference" [52] keinesfalls ein bestimmtes Verfahren, sondern eine Störspannung (Brummspannung) gemeint ist.

Im vorliegenden werden Vorkenntnisse im Umgang mit komplexen Größen der Elektrotechnik und wenige der Signaltheorie (für den radartechnischen Teil) erwartet, aber einige theoretische Abschnitte können auch überschlagen werden.

Schließlich danken die Verfasser den Herren Hon.-Prof. Dr. R. Wielebinski, Max-Planck-Institut für Radioastronomie, Bonn, für wertvolle Hinweise sowie Überlassung des Fotos des Effelsberger Radioteleskopes; Dr. J. W. M. Baars, Radiosterrenwacht Westerbork, Niederlande, für das Foto des dortigen Inferferometersystems; Dr. rer. nat. K. Gebler, Institut für Radioastronomie der Universität Bonn, für das kritische Sichten des radioastronomischen sowie Dr. rer. nat. A. Wasiljeff, zur Zeit La Spezia (Italien), für das des Radarteiles und Frau W. Wohlleben für geduldiges Manuskriptschreiben.

Bonn R. Wohlleben und H. Mattes

Inhaltsverzeichnis

1 Einleitung

Die Interferometrie oder die Meßmethode mit Hilfe von Interferometer-Anordnungen ist ein Mittel zur Erhöhung des **Winkelauflösungsvermögens** [12, 16, 26, 47]. Unter Auflösungsvermögen versteht man allgemein die Fähigkeit, zwei nahe beieinanderliegende Objekte zu trennen; dieses Trennen kann in mehreren Arten gemeint sein:

1. spektral,
2. winkelmäßig,
3. entfernungsmäßig und
4. geschwindigkeitsmäßig.

Hierbei ist aber zunächst vorausgesetzt, daß eine gewisse Signalintensität von den Objekten her aufgenommen werden kann oder – wie Radioastronomen und Radartechniker es bezeichnen – „sich aus dem **Grundrauschen** heraushebt“. Dies muß im Rahmen der Betrachtungen der Ambiguity-Funktion (zweiter Teil des Buches) nicht unbedingt erfüllt sein.

Da die Interferometrie vorwiegend auf das Winkelauflösungsvermögen und in zweiter Linie auf das **Geschwindigkeitsauflösungsvermögen** abzielt und jenes daher den Hauptteil des Buches ausmacht, sei vorweg eine knappe Definition der beiden noch bleibenden Arten des Auflösungsvermögens gebracht: Das **spektrale Auflösungsvermögen** [2] ist als das Verhältnis einer mittleren Wellenlänge zur kleinsten **Wellenlängendifferenz** ($\lambda_m/\Delta\lambda$) z. B. noch getrennter Spektrallinien in einem Spektrometer festgelegt; es müßte zur Trennung der beiden Natrium-D-Linien ($\lambda_m = 600$ nm) 1000 betragen.

Das **Entfernungsauflösungsvermögen,** z. B. eines Radargerätes Δr, ist von der Lichtgeschwindigkeit c und der Zeitdifferenz Δt_v einer vertikalen Ablenkeinheit abhängig [41]

$$\Delta r = (1/2) \cdot c \cdot \Delta t_v .$$

Der Faktor 1/2 resultiert aus dem Hin- und Rücklauf des **Suchstrahles** zum und vom Objekt.

Das hier wichtige Winkelauflösungsvermögen [2] oder – wie es früher hieß – „Auflösungsvermögen eines **abbildenden Instruments**“ (z. B. Mikroskop) ist bestimmt durch den minimalen Abstand d zwischen zwei Objekten, die **getrennt** abgebildet werden können

$$d = \lambda_m/A; \quad A = n \cdot \sin\vartheta_0 .$$

Hierbei ist senkrechter Einfall (der Strahlen) vorausgesetzt, A entspricht der „numerischen Apertur“, die als Produkt des Brechungsindex n (zwischen Objekt und Objektiv) mit dem Sinus des Instrumentöffnungswinkels geschrieben werden kann.

Das Winkelauflösungsvermögen eines **Radioteleskops** [1, 2, 15] wird durch die Fähigkeit beschrieben, die Beugungsbilder zweier gleichartiger benachbarter Punktquellen zu unterscheiden, sofern sie winkelmäßig einen größeren gegenseitigen Abstand besitzen, als die Halbwertsbreite der zentralen Keule der Antennencharakteristik ausmacht; auch die Genauigkeit der Messung einer Winkelfrequenz wird durch das Winkelauflösungsvermögen bestimmt; die Richtungseinstellung der Antenne selbst („Pointing"-Genauigkeit) kann hiergegen üblicherweise hundertfach exakter fixiert werden. Halbwertsbreite und Auflösungsvermögen bezeichnen dieselbe Eigenschaft und sind bestimmt durch die physikalische Ausdehnung der Antenne, ausgedrückt in Wellenlängen. Dies entspricht dem Rayleigh-Kriterium [2, 8]. Für eine Apertur, deren Ausdehnung im Vergleich zur Wellenlänge groß ist, kann mit für die Praxis hinreichender Genauigkeit folgende einfache Beziehung für das Auflösungsvermögen angegeben werden

$$\Theta \approx \frac{\lambda}{d} \text{ Rad.} \quad \text{oder} \quad \Theta \approx \frac{3438\,\lambda}{d} \text{ Bogenminuten,} \tag{1.1}$$

wobei λ der Freiraumwellenlänge und d dem Durchmesser, bzw. der Länge der Apertur entspricht. Um ein Auflösungsvermögen von einer Bogenminute zu erzielen, ist also eine Länge der Antenne oder der **Antennengruppe** von 3438 λ erforderlich. Um einen Begriff von den Größenordnungen des Winkelauflösungsvermögens zu erhalten, ist die folgende Tabelle 1.1 angegeben.

Winkelauflösung $\Theta/''$	Instrument Art	Frequenz f/GHz	Wellenlänge λ/cm	Durchmesser D/m
60	Antenne	1,42	21	800
60	Antenne	0,1	300	11 300
60	unbewaffnetes Auge	$6 \cdot 10^5$	$5 \cdot 10^{-7}$	$3 \cdot 10^{-2}$
1	Fernrohr	$6 \cdot 10^5$	$5 \cdot 10^{-7}$	$1{,}7 \cdot 10^{-1}$

Tabelle 1.1 Instrumentenabmessungen bei verschiedenen Winkelauflösungsvermögen

Zur Steigerung des Auflösungsvermögens greift man auf das aus der Lichtoptik bekannte **Interferometerprinzip** zurück. Es besagt, daß nicht die volle Öffnung eines Fernrohres, die den Durchmesser d haben soll, notwendig ist, um ein bestimmtes Auflösungsvermögen zu gewährleisten. Es genügt, wenn man zwei kleine Ausschnitte aus der **Öffnung** benutzt, die einen bestimmten Abstand voneinander haben. Allerdings wird dann das Brennpunktbild einer punktförmigen Strahlungsquelle durch die Beugung nicht mehr in ein kreisförmiges **Beugungsscheibchen** mit Beugungsringen, sondern in ein System von Interferenzstreifen verwandelt. Dieses **Streifensystem** kann aber leicht zur Bestimmung des Ortes einer Strahlungsquelle oder zur Trennung nahe beieinanderstehender Quellen ausgewertet werden. Zur Verbesserung des Auflösungsvermögens bedarf es lediglich einer Änderung des Abstandes zwischen den Öffnungen. Es ist nicht nötig, das ganze Fernrohr mitwachsen zu lassen, man hat nur dafür zu sorgen, daß die aufgefangenen Lichtbündel über Spiegel in die ursprüngliche Optik hineingeleitet werden und dort wie vorher ein gemeinsames Brennpunktsbild erzeugen. Der neue Abstand der Öffnungen bestimmt das Auflösungsvermögen dieses sogenannten Interferometers. Es wurde in seiner lichtoptischen Form von Michelson als „Stellar-Interferometer" benutzt, um die Auflösung des 2,5-m-Spiegels des Mt.-Wilson-Observatoriums auf die eines 6-m-Instrumentes zu erhöhen (Bild 1.1). Mit dieser Kombination konnten extrem enge Doppelsterne und sogar die Durchmesser von Fixsternen gemessen werden.

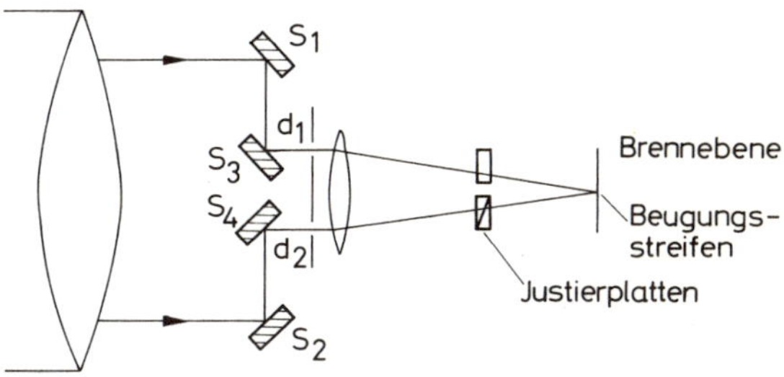

Bild 1.1. Michelsonsches Stellar-Interferometer

Es lag nahe, ein analoges Instrument für den Hochfrequenzbereich zu verwirklichen. Die beiden Öffnungen werden durch zwei möglichst gleiche Antennen oder Antennensysteme gebildet, die normalerweise über gleichlange Leitungen mit dem Empfänger verbunden sind, so daß die in den Antennen induzierten Spannungen gleichzeitig den Empfänger erreichen und sich dort überlagern.

Durch das Zusammenschalten zweier gleichartiger Antennen erzielt man eine starke **Aufzipfelung** der Charakteristik und damit ein besonders hohes Auflösungsvermögen. Der Effekt der Aufzipfelung nimmt mit wachsender Entfernung d der Antennen voneinander stark zu. Die Empfangseinrichtung ist so schmalbandig ausgelegt, daß die einfallende Strahlung als **monochromatisch** aufgefaßt werden kann. Die mit einfallenden, breitbandigen Anteile werden im Empfänger nicht als Nutzsignal verarbeitet. Die **Empfindlichkeit** der Anlage steigt mit wachsender Bandbreite. Leider zieht eine steigende Bandbreite eine Abnahme der starken Aufzipfelung und damit einen Rückgang des Auflösungsvermögens nach sich. Das bedeutet, daß einem nach dem **Prinzip** des **Phasenvergleichs** arbeitendem Interferometer wegen der notwendigerweise schmalbandigen Empfangsanlage eine obere Grenze des Auflösungsvermögens gesetzt ist. Hinzu kommt die mit wachsendem Abstand d zunehmende Schwierigkeit eines genauen Phasenvergleichs, so daß d auch nicht beliebig groß gewählt werden kann. Wie in der optischen so besteht auch in der radioastronomischen Interferometrie die Grundforderung nach **Kohärenz** der einfallenden Wellenzüge (kohärent heißt: zur Interferenz fähig). Diese Eigenschaft wird durch die beiden wichtigen Größen: **Kohärenzzeit, Kohärenzlänge** umschrieben. Die begrenzte Kohärenzzeit eines einfallenden Wellenpaketes ist auf seine quantenhafte Abstrahlung (Entstehung durch einen Quantensprung im strahlenden Atom bzw. Molekül) zurückzuführen. Sie beträgt für sichtbares Licht etwa $T = 10^{-8}$ s, was einer Kohärenzlänge L (des geschlossenen Wellenzuges) von wenigen Metern entspricht (nach $T = L/c$). Das Michelson-Interferometer konnte daher bei der Urmeterfestlegung nur 0,39 mm lange Endmaße fixieren.

Ausgehend von der Grundgleichung für radioastronomische **Zwillings-Interferometer** (Gl. 6.1) ist dies folgendermaßen übertragbar: Für eine gegebene Intensität im **Interferogramm** (fringe pattern) sind die Variationen $\delta\Theta$ des Zenitwinkels Θ und die Laufwegvariation $\delta\Delta$l verbunden durch die Gleichung [120]

$$\delta\Delta \mathrm{l} = -2\, d\, (\cos\Theta) \cdot \delta\Theta,$$

die die zulässigen Weglängendifferenzen von den Empfängern zum gemeinsamen Detektor für eine spezielle Unsicherheit in der Winkelstellung $\delta\Theta$ festlegt. Wenn also $\delta\Theta$ kleiner als 10″ oder $5 \cdot 10^{-5}$ Rad. für zenitnahe ($\Theta \approx 0$) Quellen sein soll, so muß $\delta\Theta$l kleiner als $10^{-4} \cdot d$ bleiben. Z. B. ist bei $d = 1000 \cdot \lambda$, $\lambda = 3$ m das $\delta\Delta \mathrm{l} \leqq 0{,}3$ m. Weicht Θ stärker von 0 ab (z. B. 20°), so wird diese Bedingung entsprechend dem cos-Gesetz schärfer. Daher wurden verschiedene Verfahren entwickelt, die die erwähnten Nachteile ausschalten und die in Abschnitt 7 eingehend behandelt werden sollen.

Instrumente dieser Art fanden zunehmende Verbreitung in der Radioastronomie und wurden im Verlauf ihrer nun über zwanzigjährigen Geschichte zu großer Vollkommenheit entwickelt. So wurde man durch die als Radiointerferometer arbeitende Antennenanlage des Jet Propulsion Laboratory (JPL) auf die Existenz der 100 Mill. Lichtjahre entfernten **Quasare** aufmerksam [15, S. 378], deren theoretisches Verständnis für das astrophysikalische Weltbild von entscheidender Bedeutung ist.

Zunächst blieb das Interferometerverfahren der Licht- und Radioastronomie vorbehalten. Später entwickelte man eine Anzahl neuer Anwendungsmöglichkeiten, die sich in viele Gebiete aufspalten, in denen präzise Messungen des Einfallwinkels verlangt werden. Allerdings ist das Auflösungsvermögen aber auch von troposphärischen, ionosphärischen, interplanetaren, interstellaren und intergalaktischen Medien und deren Schwankungen begrenzt, was in Bild 5.3 gezeigt ist [121]. Die hohe Genauigkeit bei der Bestimmung der Winkelauflösung, die in der **Raumfahrt** erforderlich ist, führte dazu, daß die Vorteile des Verfahrens auch der **Funkortung** zugänglich gemacht wurden. So findet das Interferometerprinzip sowohl Verwendung in der **Satellitenortung** und Verfolgung wie bei dem aus zwanzig Interferometerstationen bestehenden amerikanischen **Minitrack-System** als auch beim Bordradar verschiedener Flugkörper, Satelliten und Raumfahrzeuge, wie z. B. bei den Gemini-Kapseln. Ein anderer Anwendungsbereich für Radiointerferometer ist in der elektronischen Meßtechnik zu finden, so z. B. bei der Überwachung von Formänderungen bei großflächigen Objekten, wie z. B. Paraboloidantennen, deren Kosten aus Bild 8.52 zu ersehen sind.

2 Charakteristische Größen der kosmischen Radiostrahlung

Die Haupteigenschaften kosmischer **Radioquellen** können durch Intensität und Polarisation der ausgesandten elektromagnetischen Wellen ausgedrückt werden. Diese Größen ändern sich mit Frequenz, **Einfallsrichtung** und Zeit. Die Änderung der **Intensität** über der **Frequenz** bezeichnet man als **Spektrum.**

Gewöhnlich dienen drei Größen zur Beschreibung der Intensität kosmischen Radiorauschens: **Helligkeit** und **Helligkeitstemperatur** zur Messung der Intensität ausgedehnter Quellen oder eines zerstreuten **Hintergrundes** sowie die **Flußdichte** zur Messung der Intensität der Strahlung diskreter Quellen.

Die **Energie** ΔE eines Frequenzintervalles $f, f + \Delta f$ falle während des Zeitintervalles Δt senkrecht auf einen kleinen Flächenausschnitt ΔA. Der räumliche Winkel $\Delta\Omega$ beinhalte alle Richtungen, aus denen die Strahlung einfällt (Bild 2.2). Damit läßt sich die Helligkeit wie folgt ausdrücken

$$B = \frac{\Delta E}{\Delta\Omega\,\Delta A\,\Delta f\,\Delta t}\,. \tag{2.1}$$

Die Einheit der Helligkeit ist Watt/(m² · Hz · Sterradiant). Die so definierte Helligkeit ist unabhängig von der Entfernung zwischen Beobachter und strahlender Fläche [9, 26, S. 13].

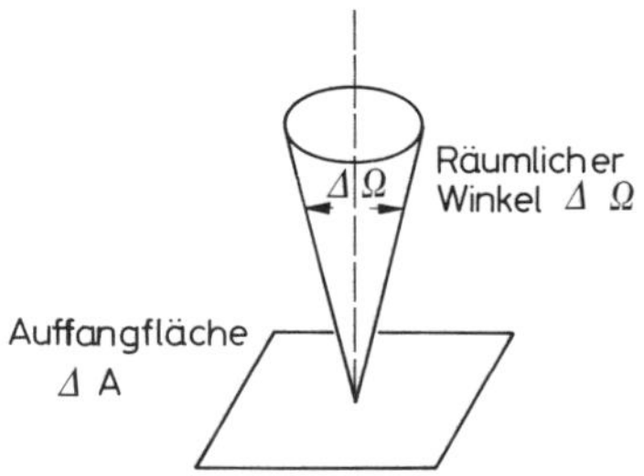

Bild 2.1. Zur Definition der Flächenhelligkeit

Da man die Intensität vielfach durch Angabe einer **Rauschtemperatur** beschreibt, ist es zum rechnerischen Vergleich häufig zweckmäßig, die Strahlung ausgedehnter Quellen durch Angabe einer Temperatur zu beschreiben. Man setzt dabei die Strahlungsdichte der Quelle gleich der eines schwarzen Körpers bei gleichem Raumwinkel Ω und gleichem Frequenzintervall $f, f + \Delta f$ und bezeichnet die Temperatur dieses schwarzen

Strahlers als (fiktive) Temperatur T_Q der Quellenstrahlung. Nach der Rayleigh-Jeans-Approximation des **Planckschen Strahlungsgesetzes** ist die Helligkeit eines schwarzen Körpers bei einer Frequenz f direkt proportional zur Temperatur

$$B(f) = \frac{2\,k f^2\,T_Q}{c^2} = \frac{2\,k\,T_Q}{\lambda^2} \tag{2.2}$$

mit:
- T_Q = Temperatur des schwarzen Körpers
- k = Boltzmannsche Konstante ($1{,}38 \cdot 10^{-23}$ Joule/°K)
- c = Lichtgeschwindigkeit ($3 \cdot 10^8$ m/s)
- λ = Freiraumwellenlänge.

Die Strahlung eines schwarzen Körpers ist **statistisch polarisiert,** und die Helligkeit $B(f)$ bezieht sich auf die gesamte Strahlungsleistung, die in den beiden orthogonalen Polarisationsebenen enthalten ist [57, 58]. Da aus diesem Grund die Gesamthelligkeit einer statistisch polarisierten Strahlung zweimal so groß ist wie die einer vollkommen polarisierten, gleichgültig, ob **linear, zirkular** oder **elliptisch** polarisiert, folgt aus (2.2) für den Fall einer vollständig polarisierten Strahlung

$$B_p(f) = \frac{k f^2}{c^2}\,T_Q. \tag{2.3}$$

Daraus ist ersichtlich, daß die Helligkeitstemperatur einer vollkommen polarisierten Strahlung direkt porportional der Helligkeit und unabhängig vom Polarisationstyp ist. Bei einer teilweise polarisierten Strahlung kann die Gesamthelligkeit als die Summe zweier vollständig polarisierter, zueinander senkrechter Komponenten angesehen werden. Zur Darstellung der Strahlung sind zwei Temperaturen erforderlich, wobei je einer Polarisationskomponente eine Temperatur zuzuordnen ist.
Besitzt die Strahlungsquelle einen genau definierten Rand, dann bezeichnet man sie als diskrete Quelle. Die Intensität einer solchen Quelle wird beschrieben durch das Integral der Helligkeit über die winkelmäßige Ausdehnung der Quelle

$$S = \iint B \,\mathrm{d}\Omega. \tag{2.4}$$

Man nennt S die **Flußdichte** [64]. Ihre Einheit im MKS-System ist Watt/($\mathrm{m}^2 \cdot$ Hz). Sie nimmt umgekehrt mit dem Quadrat der Entfernung zwischen Beobachter und Strahlungsquelle ab.

3 Empfang quasimonochromatischer, teilweise polarisierter, ebener Wellen

Eine Antenne befinde sich im Ursprung [9, 57] eines sphärischen Koordinatensystems (r, Θ, φ). Eine teilweise polarisierte, **quasimonochromatische,** ebene Welle trifft aus der Richtung Θ, φ bei der Antenne ein, wobei $\vec{\underline{E}}_e(r, t)$ dem komplexen Feldvektor der einfallenden Welle entspricht

$$\vec{\underline{E}}_e(r, t) = \underline{E}_\Theta \vec{e}_\Theta + \underline{E}_\varphi \vec{e}_\varphi \tag{3.1}$$

$$\text{mit} \qquad \underline{E}_\Theta = A_1(t)\; e^{\,j(\omega t + k r + \alpha_1[t])}$$

$$\text{und} \qquad \underline{E}_\varphi = A_2(t)\; e^{\,j(\omega t + k r + \alpha_2[t])}\,.$$

$\vec{e}_\Theta$ und $\vec{e}_\varphi$ sind Einheitsvektoren in Richtung der Kugelkoordinaten, ω ist gleich der mittleren Frequenz und $k = \omega/c$. Die Leerlaufspannung zwischen den Endpunkten der Antenne läßt sich einerseits aus dem **Reziprozitätsgesetz** [12, 17], andererseits mit Hilfe der vektoriellen, komplexen **effektiven Antennenhöhe** berechnen

$$\underline{U}(t) = \vec{\underline{E}}_e\, \vec{\underline{h}} = \underline{E}_\Theta\, \vec{\underline{h}}_\Theta + \underline{E}_\varphi\, \vec{\underline{h}}_\varphi\,, \tag{3.2}$$

wobei $\vec{\underline{h}} = \underline{h}_\Theta \vec{\underline{e}}_\Theta + \underline{h}_\varphi \vec{\underline{e}}_\varphi$ ist.

Findet dieselbe Antenne als Sendeantenne Verwendung, so ergibt sich für das Fernfeld $\vec{\underline{E}}_s$ bei einem Eingangsstrom $\underline{I}_e$

$$\vec{\underline{E}}_s(r, \Theta, \varphi, t) = \underline{E}'_\Theta\; \vec{\underline{e}}_\Theta + \underline{E}'_\varphi\; \vec{\underline{e}}_\varphi = \frac{-j\omega\,\mu_0\,\underline{I}_e\,\vec{\underline{h}}(\Theta, \varphi)}{4\,\pi\,r}\, e^{\,j(\omega t - k r)} \tag{3.3}$$

$$\text{mit} \qquad \underline{E}'_\Theta = B_1\; e^{\,j(\omega t - k r + \beta_1)}\,,$$
$$\underline{E}'_\varphi = B_2\; e^{\,j(\omega t - k r + \beta_2)}\,,$$

wobei B_1, B_2, β_1 und β_2 zeitunabhängige Größen sind, sofern die Annahme getroffen wird, daß die Antenne eine **monochromatische** Welle abstrahlt. $\vec{\underline{E}}_s$ ist im allgemeinen elliptisch polarisiert. Ferner sei angenommen, daß $\vec{\underline{h}}$ innerhalb der geringen **Bandbreite** Δf frequenzunabhängig sei.

Für die Richtwirkung $G(\Theta, \varphi)$ der Antenne und den **Strahlungswiderstand** R_s, ausgedrückt mit Hilfe von $\vec{\underline{h}}(\Theta, \varphi)$, erhält man

$$G(\Theta, \varphi) = \frac{\vec{\underline{E}}_s \; \vec{\underline{E}}_s^*}{\frac{1}{4\pi} \iint \vec{\underline{E}}_s \; \vec{\underline{E}}_s^* \; d\Omega} = \frac{\vec{\underline{h}} \; \vec{\underline{h}}^*}{\frac{1}{4\pi} \iint \vec{\underline{h}} \; \vec{\underline{h}}^* \; d\Omega} \tag{3.4}$$

und

$$R_s = \frac{2\, W_s}{|\underline{I}_e|^2} = \frac{Z_0}{4\lambda^2} \iint_{4\pi} \vec{\underline{h}} \; \vec{\underline{h}}^* \; d\Omega \tag{3.5}$$

mit W_s als der gesamten abgestrahlten Leistung, Z_0 als dem Freiraumwellenwiderstand und $d\Omega = \sin\Theta \, d\Theta \, d\varphi$. Die von der Empfangsantenne hinsichtlich der einfallenden, ebenen Wellenfront aufgefangene Energie berechnet sich zu

$$W = \frac{\overline{\underline{U} \; \underline{U}^*}}{8\, R_s} \tag{3.6}$$

ergibt, wobei der Querbalken den **zeitlichen Mittelwert** der Form

$$\overline{f(t)} = \lim_{T \to \infty} \frac{1}{2T} \int_{-T}^{T} f(t) \, dt$$

anzeigt. Durch Einsetzen von (3.2) in (3.6) folgt

$$\begin{aligned} W &= \frac{\overline{(\vec{\underline{E}}_e \; \vec{\underline{h}}) \; (\vec{\underline{E}}_e \; \vec{\underline{h}})^*}}{8\, R_s} = \frac{1}{8\, R_s} \; \overline{(\underline{E}_\Theta \; \underline{h}_\Theta + \underline{E}_\varphi \; \underline{h}_\varphi) \; (\underline{E}_\Theta^* \; \underline{h}_\Theta^* + \underline{E}_\varphi^* \; \underline{h}_\varphi^*)} \\ &= \frac{1}{8\, R_s} \; (\underline{h}_\Theta \; \underline{h}_\Theta^* \; \overline{\underline{E}_\Theta \; \underline{E}_\Theta^*} + \underline{h}_\Theta \; \underline{h}_\varphi^* \; \overline{\underline{E}_\Theta \; \underline{E}_\varphi^*} + \underline{h}_\Theta^* \; \underline{h}_\varphi \; \overline{\underline{E}_\Theta^* \; \underline{E}_\varphi} + \underline{h}_\varphi \; \underline{h}_\varphi^* \; \overline{\underline{E}_\varphi \; \underline{E}_\varphi^*}). \end{aligned} \tag{3.7}$$

Setzt man nun (3.4) und (3.5) in (3.7) ein, so ergibt sich:

$$W = \frac{\lambda^2 \, G}{4\pi} \; P \; \frac{(\underline{h}_\Theta \; \underline{h}_\Theta^* \; \overline{\underline{E}_\Theta \; \underline{E}_\Theta^*} + \underline{h}_\Theta \; \underline{h}_\varphi^* \; \overline{\underline{E}_\Theta \; \underline{E}_\varphi^*} + \underline{h}_\Theta^* \; \underline{h}_\varphi \; \overline{\underline{E}_\Theta^* \; \underline{E}_\varphi} + \underline{h}_\varphi \; h_\varphi^* \; \overline{\underline{E}_\varphi \; \underline{E}_\varphi^*})}{(\overline{\underline{E}_\Theta \; \underline{E}_\Theta^*} + \overline{\underline{E}_\varphi \; \underline{E}_\varphi^*}) \; (\underline{h}_\Theta \; \underline{h}_\Theta^* + \underline{h}_\varphi \; \underline{h}_\varphi^*)} \tag{3.8}$$

mit

$$P = \frac{\overline{\vec{\underline{E}}_e \; \vec{\underline{E}}_e^*}}{2\, Z_0},$$

was der gesamten **Leistungsdichte** der einfallenden Welle entspricht.

Da die einfallende Welle nur teilweise polarisiert sein soll, lassen sich ihre Feldkomponenten $\underline{E}_\Theta$ und $\underline{E}_\varphi$ durch die Summe eines Terms mit statistisch verteilter Polarisation und eines vollständig polarisierten, kohärenten Terms beschreiben:

$$\begin{aligned} \underline{E}(\Theta, \varphi) &= {}_s\underline{E}_\Theta(\Theta, \varphi) + {}_k\underline{E}_\Theta(\Theta, \varphi), \\ \underline{E}(\Theta, \varphi) &= {}_s\underline{E}_\varphi(\Theta, \varphi) + {}_k\underline{E}_\varphi(\Theta, \varphi). \end{aligned} \tag{3.9}$$

Die Indizes s und k stehen für statistische Verteilung und Kohärenz. Zudem soll die folgende Aussage Gültigkeit besitzen

$$\overline{{}_s\underline{E}_\Theta \; {}_k\underline{E}_\Theta^*} = \overline{{}_s\underline{E}_\varphi \; {}_k\underline{E}_\varphi^*} = \overline{{}_s\underline{E}_\Theta \; {}_s\underline{E}_\varphi^*} = 0$$

$$\text{und} \quad \overline{{}_s\underline{E}_\Theta \; {}_s\underline{E}_\Theta^*} = \overline{{}_s\underline{E}_\varphi \; {}_s\underline{E}_\varphi^*}.$$

Daher erhält man für den **Polarisationsgrad** [9, 14] bzw. das Polarisationsverhältnis [17, S. 76]

$$p = \frac{\overline{{}_{\mathrm{k}}\underline{E}_\Theta \; {}_{\mathrm{k}}\underline{E}_\Theta^*} + \overline{{}_{\mathrm{k}}\underline{E}_\varphi \; {}_{\mathrm{k}}\underline{E}_\varphi^*}}{\overline{\underline{E}_\Theta \; \underline{E}_\Theta^*} + \overline{\underline{E}_\varphi \; \underline{E}_\varphi^*}}. \tag{3.10}$$

Setzt man (3.9) in (3.8) ein, so erhält man unter Hinzuziehen von (3.10) die aufgefangene Energie zu

$$W = \frac{1}{2}(1 - p)\, A_\mathrm{e}\, P + p\, \eta\, P\, A_\mathrm{e} \tag{3.11}$$

mit

$$\eta = \frac{\underline{h}_\Theta \, \underline{h}_\Theta^* \, \overline{{}_{\mathrm{k}}\underline{E}_\Theta \; {}_{\mathrm{k}}\underline{E}_\Theta^*} + \underline{h}_\Theta \, \underline{h}_\varphi^* \, \overline{{}_{\mathrm{k}}\underline{E}_\Theta \; {}_{\mathrm{k}}\underline{E}_\varphi^*} + \underline{h}_\Theta^* \, \underline{h}_\varphi \, \overline{{}_{\mathrm{k}}\underline{E}_\Theta^* \; {}_{\mathrm{k}}\underline{E}_\varphi} + \underline{h}_\varphi^* \, \underline{h}_\varphi \, \overline{{}_{\mathrm{k}}\underline{E}_\varphi \; {}_{\mathrm{k}}\underline{E}_\varphi^*}}{\left(\overline{{}_{\mathrm{k}}\underline{E}_\Theta \; {}_{\mathrm{k}}\underline{E}_\Theta^*} + \overline{{}_{\mathrm{k}}\underline{E}_\varphi \; {}_{\mathrm{k}}\underline{E}_\varphi^*}\right)\left(\underline{h}_\Theta \, \underline{h}_\Theta^* + \underline{h}_\varphi \, \underline{h}_\varphi^*\right)} \tag{3.12}$$

und

$$A_\mathrm{e} = \frac{\lambda^2 G}{4\pi}. \tag{3.13}$$

A_e entspricht der effektiven Fläche oder Apertur der Antenne. η ist nur durch den vollständig polarisierten Teil der einfallenden Welle sowie durch die Polarisationseigenschaften der Antenne bestimmt, und es läßt sich zeigen, daß η im Bereich $0 \leqq \eta \leqq 1$ definiert ist. Der erste Term in (3.11) stellt den Zusammenhang zwischen Apertur der Antenne und dem statistisch polarisierten Anteil der einfallenden Welle dar; er ist unabhängig von der Polarisation der Antenne. Der zweite Term dagegen steht für den vollkommen polarisierten Anteil und hängt von der Antennenpolarisation ab. Er ändert sich mit η von 0 bis $p\,P\,A_\mathrm{e}$. η wird der Depolarisationsfaktor [14, 25] genannt, da damit der durch die Fehlanpassung der Polarisation zwischen Antenne einfallendem **Wellenzug** hervorgerufene Verlust gekennzeichnet wird.

4 Empfang statistisch polarisierter Wellen von einer ausgedehnten, inkohärenten Quelle

Es soll der Zusammenhang zwischen der Antenne und der Hochfrequenzstrahlung einer inkohärenten Quelle [9,57] großer Ausdehnung (z. B. Gaswolke) entwickelt werden, wobei der Einfachheit wegen die Annahme getroffen werden soll, daß die Welle statistisch polarisiert und auf den Frequenzbereich f, $f + \mathrm{d}f$ beschränkt sei. Die Strahlung sei dargestellt durch ihre Helligkeit $B(\Theta, \varphi)$. Die von der Fläche der Größe eins aus der Richtung Θ, φ innerhalb des kleinen räumlichen Winkels $\mathrm{d}\Omega$ aufgefangene Energie sei gegeben durch $B(\Theta, \varphi)\, \mathrm{d}\Omega\, \mathrm{d}f$. Die Energie je Bandbreite der Größe eins [9,57], die von einer Empfangsantenne bei Eintreffen eines Wellenzuges entsprechend ihrer effektiven Apertur A_e aufgenommen wird, ist

$$\mathrm{d}W = \frac{1}{2} A_e(\Theta, \varphi)\, B(\Theta, \varphi)\, \mathrm{d}\Omega. \tag{4.1}$$

Da es sich voraussetzungsgemäß um eine inkohärente Quelle handelt, ist die gesamte von der Antenne eingefangene Energie gleich der Summe der Energieanteile über der Oberfläche der Quelle mit dem raumwinkelmäßigen Durchmesser σ, und man erhält

$$W = \iint\limits_{\sigma} \mathrm{d}W = \frac{1}{2} \iint\limits_{\sigma} A_e(\Theta, \varphi)\, B(\Theta, \varphi)\, \mathrm{d}\Omega. \tag{4.2}$$

Oft ist es vorteilhaft, die von einer Antenne aufgefangene Rauschenergie durch das **äquivalente, thermische Rauschen** eines passenden reellen Widerstandes auszudrücken, dessen Rauschenergie gleich derjenigen der Antenne ist, so daß die folgende Gleichung Gültigkeit besitzt

$$W = k\, T_a. \tag{4.3}$$

T_a nennt man die Antennenrauschtemperatur oder einfach Antennentemperatur. Auf ähnliche Weise, d. h. mit Hilfe einer Temperaturäquivalenz, war in (2.2) die Helligkeit definiert worden.

Durch Einsetzen von (2.2) und (4.3) in (4.2) erhält man

$$T_a = \frac{1}{\lambda^2} \iint A_e(\Theta, \varphi)\, T_Q(\Theta, \varphi)\, \mathrm{d}\Omega, \tag{4.4}$$

wobei $T_Q(\Theta, \varphi)$ die **Helligkeitstemperatur der Quelle** darstellt. $A_e(\Theta, \varphi)$ kann auch, wie folgt, geschrieben werden

$$A_e(\Theta, \varphi) = A_m f(\Theta, \varphi) \tag{4.5}$$

mit A_m als dem Maximalwert von A_e und $f(\Theta, \varphi)$ als der normierten Leistungscharakteristik der Antenne, wobei $f(\Theta, \varphi)$ im Bereich $0 \leqq f(\Theta, \varphi) \leqq 1$ definiert ist. Die Integration von $f(\Theta, \varphi)$ über die Fläche der **Einheitskugel** ergibt

$$\iint_{4\pi} f(\Theta, \varphi)\,\mathrm{d}\Omega = \Omega_A \tag{4.6}$$

und wird als äquivalenter Raumwinkel der **Antennencharakteristik** bezeichnet. Ferner gelte die Annahme, daß $\Omega_A A_m = \lambda^2$ [12, 14] sei, so daß die **Antennentemperatur** T_a, wie folgt, wiedergegeben werden kann

$$T_a = \frac{1}{\Omega_A} \iint f(\Theta, \varphi)\, T_Q(\Theta, \varphi)\,\mathrm{d}\Omega.$$

Die bisherigen Überlegungen waren unter der Voraussetzung angestellt worden, daß die einfallende Welle statistisch polarisiert sei, das Ergebnis kann jedoch auch für den Fall teilweise polarisierter Wellen Gültigkeit besitzen [18].

5 Lineare Raumfiltertheorie

Das übliche Verfahren zur Bestimmung der Helligkeitsverteilung (oder Intensitätsverteilung) einer Himmelsregion oder einer Radioquelle besteht darin, wie bei einer Fernsehbildabtastung über das zu beobachtende Gebiet fortlaufend mit einer einzigen Antenne mit schmaler Charakteristik hinweg zu schwenken. Da sich die Ausgangsfunktion dieser Antenne auf einem Bildschirm oder auf eine andere Weise darstellen läßt, kann man die Antenne auch als „Bildübersetzer" ansehen, der die winkelmäßige Verteilung der Helligkeit in ein Bild oder Diagramm umsetzt, aus dem wiederum der Astronom möglichst viel über die tatsächliche Quellenintensitätsverteilung herauszulesen versucht. Es ist daher wichtig, die Genauigkeit zu kennen, mit der die Antenne ein Radiobild des untersuchten Objektes anzufertigen imstande ist. Diese **Abbildungseigenschaften** von Antennen haben als erste Bracewell und Roberts [23, 59] vom Begriff der Raumfrequenz her untersucht, indem sie sich der Methode der Fourier-Transformation [37, 36, 35, 59] zur Spektralanalyse bedienten.

Der Einfachheit halber stelle man sich vor, daß die Leistungscharakteristik und die Helligkeitsverteilung eines **inkohärenten,** willkürlich (gemäß einer statistischen Verteilung) polarisierten Objektes Funktionen nur der Elevation seien. Die Antenne weise in die Richtung Θ, hinsichtlich einer **Punktquelle** mit der Intensität eins, die sich ihrerseits in der Richtung φ befinde. Die Ausgangsleistung der Antenne sei proportional $f(\Theta - \varphi)$ und wird durch das folgende Funktional beschrieben

$$f(\Theta) = \int_{-\pi}^{+\pi} f(\Theta - \varphi)\, \delta(\varphi)\, \mathrm{d}\varphi, \tag{5.1}$$

wobei δ die **Diracsche Deltafunktion** darstellt. $f(\Theta)$ wird normiert, und es gilt

$$\int_{-\pi}^{+\pi} f(\Theta)\; \mathrm{d}\Theta = 1. \tag{5.2}$$

$T_Q(\Theta)$ stelle die Helligkeitsverteilung des Himmels dar. Die Strahlung aus verschiedenen Richtungen wird als inkohärent angenommen. Zeigt die Hauptkeule der Antenne in die Richtung Θ, so gilt für die beobachtete Antennentemperatur $T_a(\Theta)$

$$T_a(\Theta) = \int_{-\pi}^{+\pi} f(\Theta - \varphi)\; T_Q(\varphi)\; \mathrm{d}\varphi. \tag{5.3}$$

Diese Antennentemperatur ist ein genaues Mittel der Strahlungstemperatur des Himmels innerhalb des Winkelbereichs der Antennenkeulen.

Besitzt die Antenne eine genügend scharf gebündelte, bleistiftförmige **Hauptkeule,** so wird $f(\Theta)$ nur durch einen schmalen scharf abgegrenzten Bereich von Θ bestimmt und ist außerhalb dieses Gebietes vernachlässigbar. In diesem Falle können die Integrationsgrenzen auf $\pm\infty$ heraufgesetzt werden [6]

$$T_{\mathrm{a}}(\Theta) = \int_{-\infty}^{+\infty} f(\Theta - \varphi)\, T_{\mathrm{Q}}(\varphi)\, \mathrm{d}\varphi. \tag{5.4a}$$

Die beobachtete Helligkeitsverteilung bzw. ihr Abbild läßt sich also näherungsweise durch die Faltung im Originalbereich der Antennencharakteristik mit der tatsächlichen Helligkeitsverteilung darstellen; daher läßt sich (5.4a) auch, wie folgt, schreiben

$$T_{\mathrm{a}}(\Theta) = f(\Theta) * T_{\mathrm{Q}}(\Theta). \tag{5.4b}$$

Führt man die Fourier-Transformation im Bildbereich aus, so erhält man

$$t_{\mathrm{a}}(s) = F(s) \cdot t_{\mathrm{Q}}(s) \tag{5.5}$$

mit

$$t_{\mathrm{Q}}(s) = \int_{-\infty}^{+\infty} T_{\mathrm{Q}}(\Theta)\, \mathrm{e}^{-\mathrm{j}\,2\pi s\Theta}\, \mathrm{d}\Theta. \tag{5.6}$$

Die Transformationsvariable s wird **Raumfrequenz** genannt. Will man die tatsächliche Helligkeitsverteilung $T_{\mathrm{Q}}(\Theta)$ erhalten, dann kann man gemäß (5.5)

$$t_{\mathrm{Q}}(s) = \frac{t_{\mathrm{a}}(s)}{F(s)} \tag{5.7}$$

schreiben und man erhält $T_{\mathrm{Q}}(\Theta)$ durch die **inverse Fourier-Transformation** in den Originalbereich von $t_{\mathrm{Q}}(s)$

$$T_{\mathrm{Q}}(\Theta) = \frac{1}{2\pi} \int_{-\infty}^{+\infty} t_{\mathrm{Q}}(s)\, \mathrm{e}^{\mathrm{j}\,2\pi s\Theta}\, \mathrm{d}s. \tag{5.8}$$

Aus (5.5) ist ersichtlich, daß das Fourier-Spektrum des Diagrammes der Helligkeitsverteilung nur solche Komponenten enthält, die dem **Fourier-Spektrum** der Antennencharakteristik und dem des Objektes, d. h. der tatsächlichen Helligkeitstemperaturverteilung, gemeinsam sind. Die Anwendung des Konzepts der Raumfrequenz erlaubt, die Antenne als einen Bandpaß zu betrachten, der das Band aller Raumfrequenzen außerhalb des gewünschten Raumfrequenzspektrums beschneidet.

Man kann die Verteilung des elektrischen Feldes im Fernfeld einer eindimensionalen Apertur durch eine Fourier-Transformation ausdrücken

$$\underline{E}(\sin\Theta) = \int_{-\infty}^{+\infty} f\left(\frac{x}{\lambda}\right) \mathrm{e}^{-\mathrm{j}\,2\pi(\sin\Theta)\frac{x}{\lambda}}\, \mathrm{d}\left(\frac{x}{\lambda}\right) \tag{5.9}$$

und damit

$$f\left(\frac{x}{\lambda}\right) = \int_{-\infty}^{+\infty} \underline{E}(\sin\Theta)\, \mathrm{e}^{\mathrm{j}\,2\pi(\sin\Theta)\frac{x}{\lambda}}\, \mathrm{d}(\sin\Theta), \tag{5.10}$$

wobei durch (x/λ) die Verteilung des elektrischen Feldes längs der Apertur dargestellt werden kann. Unter Anwendung des **Faltungssatzes** [37] kann man einen Ausdruck folgender Form definieren

$$f\left(\frac{x}{\lambda}\right) * f\left(\frac{x}{\lambda}\right) \mathrel{\hat{=}} \int\limits_{-\infty}^{+\infty} f\left(\frac{x}{\lambda} - \xi\right) f^*(\xi)\, \mathrm{d}\xi = \text{Konst.} \int\limits_{-\infty}^{+\infty} |\underline{E}(\sin \Theta)|^2 \; \mathrm{e}^{\mathrm{j}\, 2 \frac{x}{\lambda} \pi \sin \Theta}\, \mathrm{d}(\sin \Theta). \tag{5.11}$$

$|\underline{E}(\sin \Theta)|^2$ ist aber proportional dem **normierten Leistungsdiagramm** $f(\Theta)$ der Antenne. Nimmt man an, daß $f(\Theta)$ oder $\underline{E}(\sin \Theta)$ nur für kleine Werte von Θ abschätzbar sind, so kann man (5.11) auch, wie folgt, wiedergeben

$$\int\limits_{-\infty}^{+\infty} |\underline{E}(\sin \Theta)|^2 \; \mathrm{e}^{\mathrm{j}\, 2 \pi \frac{x}{\lambda} \sin \Theta}\, \mathrm{d}(\sin \Theta) \sim f(\Theta)\; \mathrm{e}^{\mathrm{j}\, 2 \pi \frac{x}{\lambda} \Theta}\, \mathrm{d}\Theta. \tag{5.12}$$

Setzt man in diese Gleichung $s = x/\lambda$ sowie (5.11) ein, dann ergibt sich

$$F(s) = \int\limits_{-\infty}^{+\infty} f(\Theta)\; \mathrm{e}^{\mathrm{j}\, 2 \pi s \Theta}\, \mathrm{d}\Theta \approx \text{Konst.} \int\limits_{-\infty}^{+\infty} f(s + \xi)\, f(\xi)\, \mathrm{d}\xi. \tag{5.13}$$

Die Fourier-Transformation von $f(\Theta)$ oder die **„Raumfrequenz-Filter-Charakteristik"** der Antenne ist also näherungsweise durch die **Autokorrelationsfunktion (AKF)** der **Aperturbelegung** bestimmt. Für eine Apertur der endlichen Länge d verschwindet die Autokorrelationsfunktion bei **Raumfrequenzen** $s = x/\lambda$, die größer sind als $s_k = d/\lambda$. Man sagt: für Raumfrequenzen, die größer als s_k sind, ist die Antenne nicht mehr empfindlich. Diese Aussage ist zwar nicht ganz exakt, da die Gleichungen (5.4) und (5.13) nur Näherungen darstellen, aber die über s_k liegenden Raumfrequenzen können für alle praktischen Anwendungen vernachlässigt werden. Die Analogie zwischen netzwerktheoretischen Zeit- und Frequenzbereichen mit dem Antennenfernfeld- und Raumfrequenzbereich ist in Bild 5.1 noch einmal gegenübergestellt.

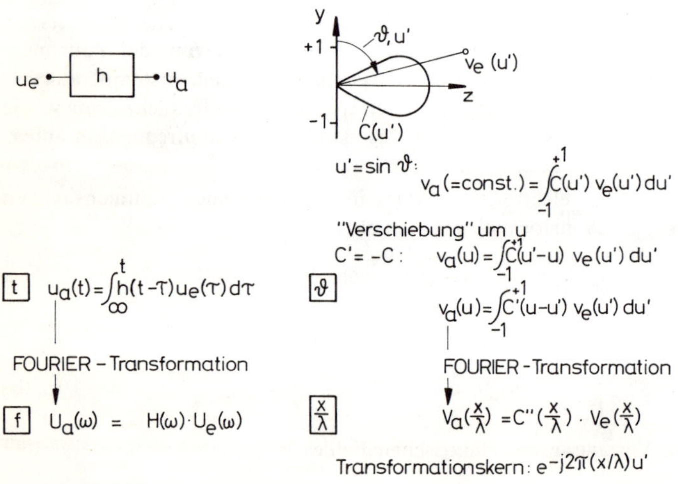

Bild 5.1. Zeit-(t), Winkel-(ü') und Frequenz-(f) Raumfrequenz-(x/λ) Analogien

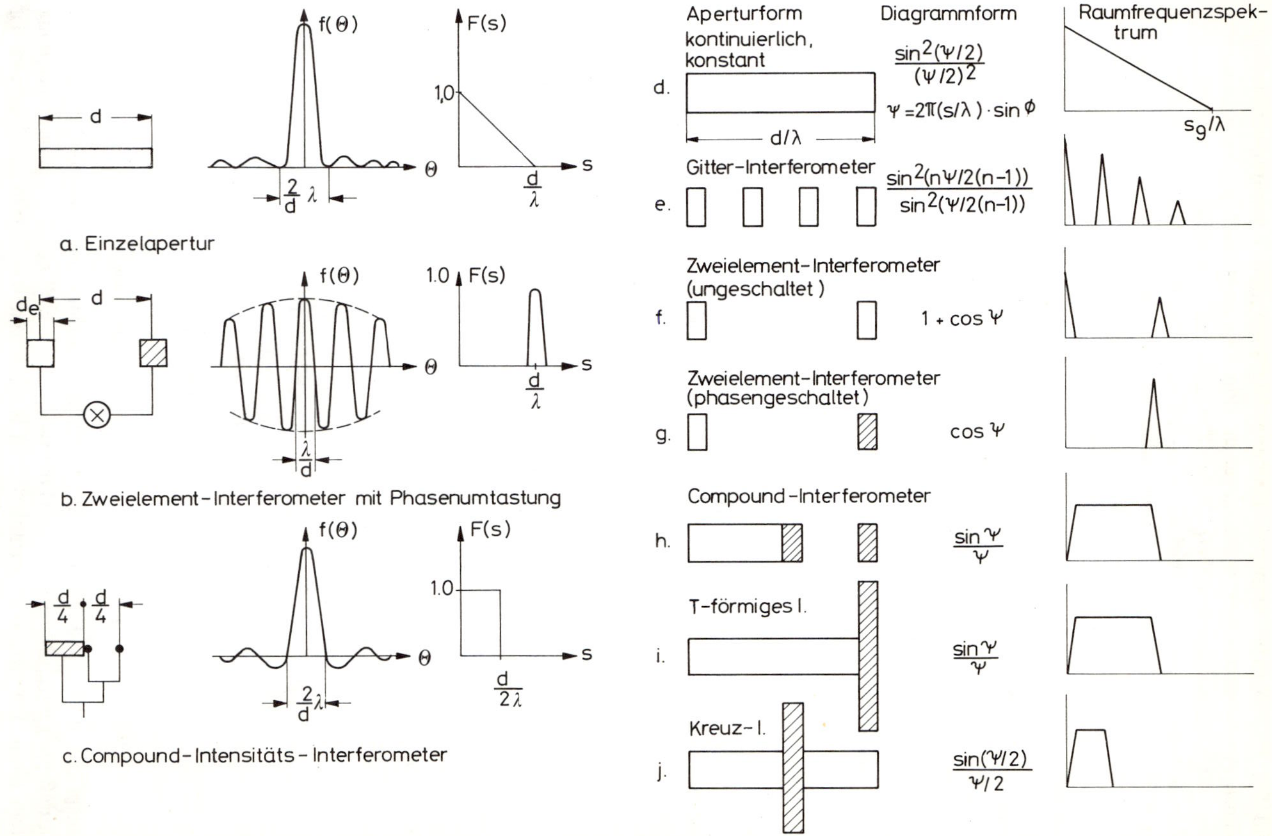

Bild 5.2. Interferometer-Anordnungen, Aperturform, Leistungsdiagrammform, Raumfrequenzspektrum (geschaltete Interferometer-Elemente sind schraffiert)

In Bild 5.2 sind Aperturverteilung, Leistungsdiagramm und Raumfrequenzspektrum von sieben Antennensystemen wiedergegeben. Bild 5.2a zeigt, daß das Spektrum einer Antenne mit einzelner Apertur Tiefpaßcharakter aufweist. Es werden solche Frequenzen des beobachteten strahlenden Objektes herausgefiltert, die höher als die durch die Größe der Apertur bestimmten sind. Die Amplituden der Komponenten niedriger Frequenzen sind moduliert. Dieser Einzelapertur seien vorgreifend zwei Interferometeranordnungen gegenübergestellt. So zeigt Bild 5.2g die entsprechenden Diagramme für ein Zwillingsinterferometer mit Phasenumtastung, woraus ersichtlich ist, daß diese Anordnung in bezug auf die Raumfrequenz sehr schmalbandig ist. Das Compound-Intensitäts-Interferometer in Bild 5.2 weist das Spektrum eines idealen Tiefpasses auf, in dem Sinne, als die Amplituden niedriger Frequenz nicht gedämpft werden; auf die speziellen Interferometertypen wird in Abschn. 7 eingegangen.

Im nun folgenden Beispiel soll eine lineare Gruppe betrachtet werden [60]. Unter der Voraussetzung des eindimensionalen Falles sei das komplexe Signal der Quelle zu einem bestimmten Zeitpunkt

$$\underline{U}(\beta \sin \Theta)\ e^{j\,\omega_0 t} = \underline{U}(u, t)\ e^{j\,\omega_0 t}\,, \tag{5.14}$$

wobei t = Zeit,

ω_0 = mittlere Kreisfrequenz des Signals,

$\underline{U}(u, t)$ = langsam sich ändernde Modulationseinhüllende des Signals aus der Richtung $u = \beta \sin \Theta$ sind. Es handelt sich um eine Gaußsche Verteilungsfunktion über der Zeit.

β = Phasenkonstante.

Die Helligkeitstemperaturverteilung kann angegeben werden durch

$$T_Q(u) = \overline{|\,\underline{U}(u, t)|^2}. \tag{5.15}$$

T_Q ist real und proportional dem zeitlichen Durchschnitt der Leistung aus der Richtung u.

Betrachtet man andererseits das komplexe Feld $u(x_1, t)\ e^{j\,\omega t}$ mit i = 1, 2, ..., an den Stellen x_1 und x_2, dann kann die folgende komplexe Funktion $t(x_1, x_2)$ definiert werden

$$t(x_1, x_2) = \overline{\underline{u}(x_1, t)\ \underline{u}^*(x_2, t)}. \tag{5.16}$$

Diese Funktion entspricht der komplexen Kreuzkorrelationsfunktion (mit der Zeitverschiebung $\tau = 0$) [29, 34, 50]. Für inkohärente Quellen hängt diese Funktion nur von der Distanz der beiden Punkte bzw. Antennenelemente ab: $x = x_1 - x_2$. $T_Q(u)$ und $t(x_1, x_2) = t(x)$ können durch die Fourier-Transformation dargestellt werden

$$t(x) = \int_{-\infty}^{+\infty} T_Q(u)\ e^{j u x}\, dx \tag{5.17}$$

und $$T_Q(u) = \frac{1}{2\pi} \int_{-\infty}^{+\infty} t(x)\ e^{-j u x}\, dx. \tag{5.18}$$

$t(x)$ entspricht in diesem Falle dem Raumfrequenzspektrum von $T_Q(u)$, und es folgt aus (5.17), daß man durch Messen von $t(x)$ die tatsächliche Helligkeitstemperaturverteilung ermitteln kann. Da, wie oben erläutert, das Raumfrequenzspektrum bandbegrenzt ist

Bild 5.3. *Grenzen der Radio-Interferometer (Winkelauflösung) nach [121]*

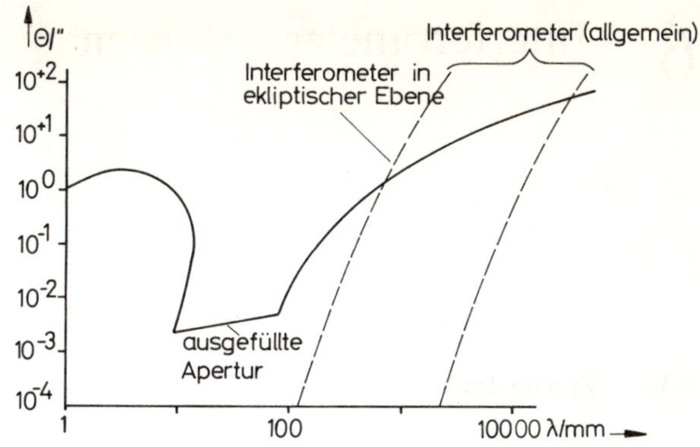

($T_Q(u) = 0$ für $|u| > \beta$) kann man $t(x)$ in Intervallen von einer halben Wellenlänge abgreifen und das „Sampling-Theorem" [34] anwenden

$$t(x) = \sum_{k=-\infty}^{+\infty} t\left(k\frac{\lambda}{2}\right) \frac{\sin\beta(x - k\,\lambda/2)}{\beta(x - k\,\lambda/2)} \tag{5.19}$$

bzw.:

$$t(x) = \sum_{k=-\infty}^{+\infty} t\left(k\frac{\lambda}{2}\right) \operatorname{si}\beta(x - k\,\lambda/2),$$

wobei λ der Wellenlänge des einfallenden Signales entspricht. Indem man (5.19) in (5.18) substituiert, erhält man

$$T_Q(u) = \begin{cases} \sum_{k=-\infty}^{+\infty} t\left(k\frac{\lambda}{2}\right) e^{jk\frac{\lambda}{2}u}, & |u| \leqq \beta \\ 0, & |u| \geqq \beta \end{cases} \tag{5.20}$$

bzw. mit Änderung der Summationsgrenzen

$$T_Q(u) = \begin{cases} t(0) + 2\,\mathrm{Re}\left\{\sum_{k=1}^{+\infty} t(k\,\lambda/2)\, e^{jk(\lambda/2)u}\right\}, & |u| \leqq \beta \\ 0, & |u| \geqq \beta \end{cases} \tag{5.21}$$

da ja $t(x) = t(-x)$, wenn $T_Q(u)$ real ist.

Mißt man das Raumfrequenzspektrum in Intervallen von $\lambda/2$ für $x \geqq 0$, so kann man mit Hilfe von (5.21) die gewünschte genaue Helligkeitstemperaturverteilung rekonstruieren. Das Ergebnis ist um so genauer, je höher die Anzahl der Abtastwerte ist.

Das **Raumfrequenzspektrum** stellt ein anderes Mittel zur Beschreibung des **Auflösungsvermögens** einer Antennenanordnung dar und ist ein wichtiger Parameter für die Beschreibung der Abbildungseigenschaften eines einzelnen Antennenelements bzw. einer Gruppe.

6 Interferometerverfahren

6.1. Prinzip des Interferometers

Es seien zwei identische, feststehende Antennen mit Rundstrahlcharakteristik im Abstand $d = n\lambda$ auf einer Ost-West-**Basislinie** (Bild 6.1a) installiert und auf geeignete Weise mit der Empfangseinrichtung verbunden. λ sei die zu beobachtende Wellenlänge [9, 22, 26, 60]. Die Gesamtcharakteristik dieses Systems ist gemäß dem multiplikativen Gesetz [10, 12, 21] gleich der **Charakteristik eines Einzelstrahlers** $\underline{L}(\Theta)$ multipliziert mit der **Charakteristik der Gruppe** $\underline{M}(\Theta)$. Dieser **Gruppenfaktor** $\underline{M}(\Theta)$ ist verantwortlich für eine in zahlreiche Keulen aufgeteilte Struktur der Strahlungscharakteristik, während $\underline{L}(\Theta)$ die Gestalt der Einhüllenden bestimmt (Bild 6.2a). Die aufgefangene und dem Empfänger zugeführte Leistung ist proportional $|\underline{L}(\Theta) \cdot \underline{M}(\Theta)|^2$. Da beim Interferometer nur die Vielkeulenstruktur von Interesse ist, liegt es nahe, $|\underline{L}(\Theta)|$ gleich eins zu setzen und anzunehmen, daß die Strahlungscharakteristik des Interferometers allein durch $\underline{M}(\Theta)$ bestimmt ist, obwohl dies gerade radioastronomisch unerwünscht ist. Dies trifft in etwa für den Fall zu, daß die Strahlung nur von den zentralen Keulen der Charakteristik erfaßt wird [22]. Peilt man nun mit der genannten Anordnung eine Punktquelle in der **Meridianebene,** d. h. senkrecht zur Basis, an, so treffen die als parallel angenommenen Strahlen in Phase bei beiden Antennen ein, erreichen den Empfänger wegen gleichlanger Zuleitungen immer noch in Phase und überlagern sich dort. Steht die Quelle fest im Raum, so wird sie durch die Umdrehung der Erde stetig aus dem Gesichtsfeld bewegt. Die einfallenden Strahlen treffen dann nicht mehr phasengleich bei Ost- und Westantenne ein. Der Sinus des Einfallswinkels der Strahlen ist gleich der Strecke, um die der bei der Ostantenne eintreffende Strahl länger erscheint, dividiert durch die Basislänge $d = n\lambda$. Daraus errechnet sich die **Phasendifferenz** wie folgt (Bild 6.1b)

$$\Phi = \frac{2\pi}{\lambda} \mathrm{d} \sin \Theta. \tag{6.1}$$

Die Schwingungen, die nun längs den Zuleitungen fortschreiten, sind um Φ phasenverschoben, und die dem Empfänger zugeführte Gesamtleistung wird geringer (Bild 6.1b). Die Spannung, die in jedem einzelnen Element induziert wird, ist

$$\begin{aligned} & \underline{U}_1(\Theta) = \vec{E}_e\, \vec{\underline{h}}(\Theta)\ \mathrm{e}^{\mathrm{j}\Phi/2} \\ \text{bzw.}\quad & \underline{U}_2(\Theta) = \vec{E}_e\, \vec{\underline{h}}(\Theta)\ \mathrm{e}^{-\mathrm{j}\Phi/2}. \end{aligned} \tag{6.2}$$

$\vec{E}_e$ entspricht dem elektrischen Feld der Quelle am Ort der Antennen, und $\vec{\underline{h}}(\Theta)$ ist die

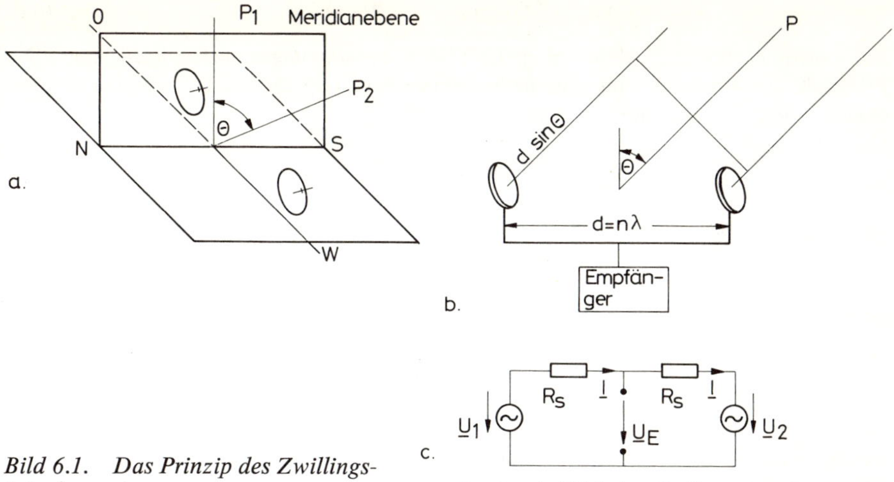

Bild 6.1. Das Prinzip des Zwillings-Interferometers

Ersatzschaltbild des Zwillings-Interferometers

effektive, vektorielle, komplexe Höhe des jeweiligen Elementes. Die Leerlaufspannung am Empfänger kann mit Hilfe der äquivalenten **Ersatzschaltung** gemäß Bild 6.1c ermittelt werden.

$$\underline{U}_E = \underline{U}_1 - \underline{i}\,R_s = \underline{U}_2 + \underline{i}\,R_s$$

$$\underline{U}_E = \frac{\underline{U}_1 + \underline{U}_2}{2}, \tag{6.3}$$

wobei R_s der Strahlungswiderstand eines der beiden Interferometerelemente sei. Die mit dieser Anordnung erreichbare Leistung beträgt

$$\begin{aligned} P(\Theta) &= \frac{\underline{U}_E\,\underline{U}_E}{4\,R_s} = \frac{(\underline{U}_1 + \underline{U}_2)(\underline{U}_1 + \underline{U}_2)}{16\,R_s} \\ &= \frac{\underline{\vec{E}}_e\,\underline{\vec{h}}(\Theta)^2}{8\,R_s}\,\frac{1}{2}\,(e^{j\Phi/2} + e^{-j\Phi/2})\,(e^{-j\Phi/2} + e^{j\Phi/2}) \\ &= P_0(\Theta)\,\frac{1}{2}\,(2 + e^{j\Phi} + e^{-j\Phi}) \end{aligned}$$

$$P(\Theta) = P_0(\Theta)\,(1 + \cos\Phi) \tag{6.4}$$

mit

$$P_0(\Theta) = \frac{\underline{\vec{E}}_e\,\underline{\vec{h}}(\Theta)^2}{8\,R_s}. \tag{6.5}$$

$P_0(\Theta)$ entspricht der mit einem einzelnen Element erreichbaren Leistung. Für kleine Θ wird $\sin\Theta \approx \Theta$ und (6.4) kann, wie folgt, wiedergegeben werden

$$P(\Theta) = P_0(\Theta)\,(1 + \cos 2\pi\,\Theta\,\mathrm{d}/\lambda). \tag{6.6}$$

Die Leistung sinkt auf Null, wenn die beiden Schwingungen gegenphasig sind. Die Phasendifferenz beträgt dann eine halbe Wellenlänge und der Winkel, um den sich die Quelle bewegt hat, läßt sich leicht errechnen [26]

$$\Phi_{\lambda/2} = \frac{2\pi}{\lambda} d \sin\Theta = \frac{2\pi}{\lambda} n\,\lambda \sin\Theta. \tag{6.7}$$

Nullstellen ergeben sich dort, wo

$$\Phi = \pi + 2\,k\,\pi \quad (k \text{ ganzzahlig})$$

oder

$$\pi + 2\,k\,\pi = \frac{2\pi}{\lambda} n\,\lambda \sin\Theta$$

ist, und fortlaufende Winkel $\Theta_1, \Theta_2, \ldots \Theta_n$ als Lösungen dieser Gleichung gefunden werden. Ähnlicherweise treten Maxima der empfangenen Energie auf, wenn

$$\Phi = 2\,m\,\pi = \frac{2\pi}{\lambda} n\,\lambda \sin\Theta \quad (m \text{ ganzzahlig})$$

vorliegt. Betrachtet man nur Winkel, die so klein sind, daß näherungsweise gilt: $\sin\Theta \approx \Theta$, so erhält man

$$\begin{aligned} &\text{Minima bei} \quad \pi + 2\,k\,\pi = \frac{2\pi}{\lambda} n\,\lambda\,\Theta_{\text{min}} \\ &\Theta_{\text{min}} = \frac{k + 1/2}{n} \quad [\text{rad}] \\ &\text{und Maxima bei} \quad 2\,m\,\pi = \frac{2\pi}{\lambda} n\,\lambda\,\Theta_{\text{max}} \\ &\text{mit} \quad \Theta_{\text{max}} = \frac{m}{n} \quad [\text{rad}] \\ &\text{mit} \quad n = d/\lambda = d\,f/c. \end{aligned} \tag{6.8}$$

Man nennt die ganze Zahl *m*, die den Ort der Amplituden bestimmt, auch die **Ordnung der Interferenz** [9].

Maxima und Minima sind erstens gleichmäßig in der Nachbarschaft des Meridians angeordnet und zum anderen um einen Winkel von $1/2\,n^{-1}$ [rad] voneinander entfernt (Bild 6.2a). Im Verlauf ihrer täglichen Bewegung durchläuft die Strahlungsquelle mit konstanter Geschwindigkeit die aufeinanderfolgenden Keulen des Interferometers, und die Aufzeichnung dieses Vorgangs ergibt Interferenzerscheinungen, wie sie in Bild 6.2b gezeigt werden. $P(\Theta)$ ändert sich zwischen 0 und $2\,P_0(\Theta)$. Dies trifft genaugenommen nur für sehr kleine Werte von Θ zu. Andernfalls muß die eingangs getroffene Annahme, daß der Betrag der Elementcharakteristik $|\underline{L}(\Theta)|$ gleich eins gesetzt werden kann, rückgängig gemacht werden, und man muß die Gleichung (6.4) mit dem Faktor $|\underline{L}(\Theta)|^2$ multiplizie-

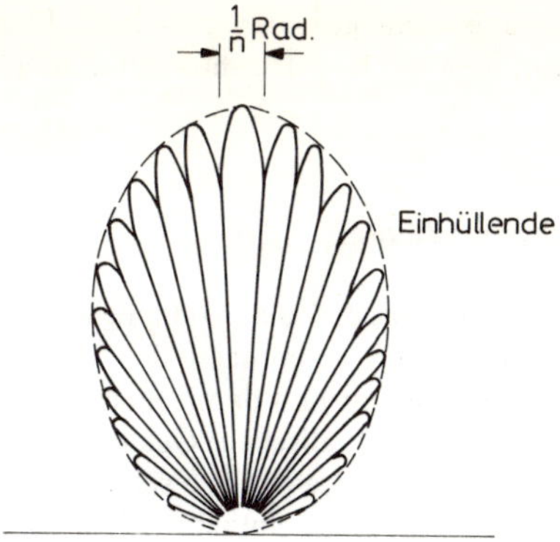

a. Strahlungsdiagramm des Zwillings-Interferometers (polar)

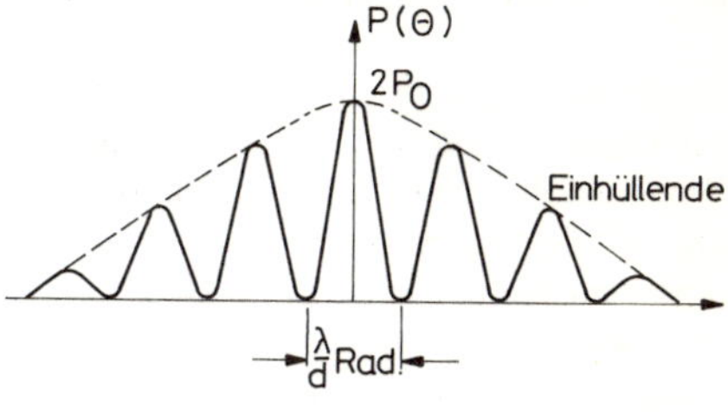

b. Leistungscharakteristik (kartesisch)

Bild 6.2. Feldstärke- und Leistungsdiagramm eines Zwillings-Interferometers

ren, was eine Modulation der **Interferenzamplituden** zur Folge hat, wie aus Bild 6.2b ersichtlich ist. Verfolgt man dagegen das Beobachtungsobjekt mit dem zentralen Teil der Charakteristik, so erscheint die Leistungscharakteristik in der in Bild 6.3 wiedergegebenen Gestalt. Da die Größe des Winkels zwischen zwei benachbarten Minima n^{-1} rad ist, beträgt die **Halbwertsbreite** oder das Auflösungsvermögen $1/2\, n^{-1}$ rad. Aus diesem Grund ist das Winkelauflösungsvermögen eines Interferometers mit dem Elementabstand d gleich dem einer linearen Gruppe mit kontinuierlich verteilten Elementen und der Länge $2\,d$. Das in Bild 6.1a dargestellte Zweielementinterferometer wurde in dieser einfachen Form zuerst von Ryle und von Vonberg 1946 [9] mit Erfolg eingesetzt. Man bezeichnet diesen Typ, der ein Analogon zum Michelsonschen darstellt, als **Meridian-Transit-Interferometer.** Obwohl das Auflösungsvermögen einer einzelnen Keule der Charakteristik sehr hoch ist, treten in Anwesenheit mehrerer Strahlungsquellen Schwierigkeiten auf, da ja die Gesamtheit der Interferometerkeulen über einen relativ großen Winkelbereich verteilt ist. In diesem Falle sind die Signale der Quellen nicht mehr **eindeutig** zu

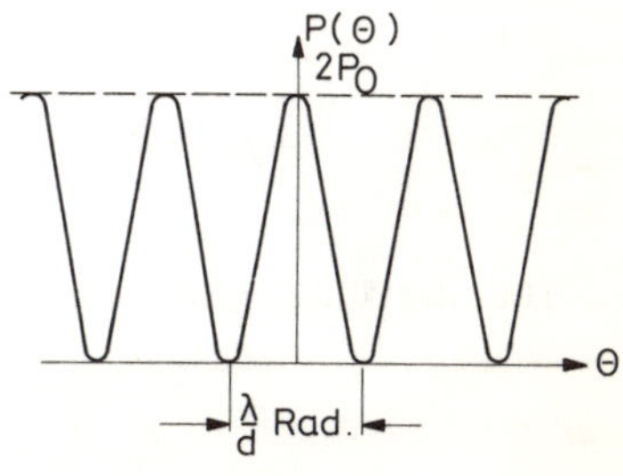

Bild 6.3. Leistungscharakteristik eines Zwillings-Interferometers bei Verfolgen des Zieles

unterscheiden. Das führte dazu, das Auflösungsvermögen der einzelnen Elementantennen des Interferometers zu erhöhen, indem man die **Kugelstrahler** durch möglichst große Spiegelantennen ersetzte.

6.2. Auswirkungen nicht monochromatischer Strahlung

Im vorhergehenden Abschnitt war vorausgesetzt worden, daß die Strahlungsquelle eine Punktquelle und ihre Strahlung monochromatisch sei; denn nach den Regeln der Wellenoptik ist nur monochromatische Strahlung kohärent und damit interferenzfähig. Die Bedingung wird genaugenommen von keiner physikalischen Quelle erfüllt [9], weder im sichtbaren noch im Hochfrequenzbereich. Selbst jede noch so scharfe Spektrallinie besitzt eine endliche Bandbreite; die Signalantwort eines einfachen Zwillingsinterferometers auf die Strahlung einer Punktquelle mit der Bandbreite $f_0 \pm \Delta f/2$ kann daher durch die folgende Funktion beschrieben werden.

$$P(\Theta) = \int_{f_0 - \Delta f/2}^{f_0 + \Delta f/2} P_0 (1 + \cos \Phi)\, \mathrm{d}f$$

mit

$$\Phi = \frac{2}{\lambda} \pi\ d\ \sin\Theta = \frac{2}{c} \pi\ f\ d\ \sin\Theta$$

$$P(\Theta) = \int_{f_0 - \Delta f/2}^{f_0 + \Delta f/2} P_0 \left[1 + \cos\left(2\pi f \frac{d}{c} \sin\Theta\right)\right] \mathrm{d}f$$

$$= P_0 \left(f + \frac{\sin\left(2\pi f \frac{d}{c} \sin\Theta\right)}{2\pi \frac{d}{c} \sin\Theta} \right) \Bigg|_{f_0 - \Delta f/2}^{f_0 + \Delta f/2}$$

$$= P_0 \left(f_0 + \frac{\Delta f}{2} + \frac{\sin\left(2\pi \frac{d}{c} f_0 \sin\Theta - 2\pi \frac{d}{c} \frac{\Delta f}{2} \sin\Theta\right)}{2\pi \frac{d}{c} \sin\Theta} \right.$$

$$\left. - f_0 + \frac{\Delta f}{2} - \frac{\sin 2\pi \frac{d}{c} f_0 \sin\Theta - 2\pi \frac{d}{c} \frac{\Delta f}{2} \sin\Theta}{2\pi \frac{d}{c} \sin\Theta} \right)$$

mit Hilfe des Additionstheorems

$$\sin a - \sin b = 2 \cos \frac{a+b}{2} \sin \frac{a-b}{2}$$

erhält man

$$P(\Theta) = P_0 \left[\Delta f + \frac{2}{2\pi \frac{d}{c} \sin \Theta} \sin\left(2\pi \frac{d\Delta f}{c\,2} \sin\Theta\right) \cos\left(2\pi \frac{d}{c} f_0 \sin\Theta\right)\right]$$

$$= P_0 \Delta f \left[1 + \frac{\sin\left(2\pi \frac{d}{c} \frac{\Delta f}{2} \sin\Theta\right)}{2\pi \frac{d\Delta f}{c\,2} \sin\Theta} \cos\left(2\pi \frac{d}{c} f_0 \sin\Theta\right)\right]$$

$$= P_0 \Delta f \left[1 + \operatorname{si} x \cos\left(2\pi \frac{d}{c} f_0 \sin\Theta\right)\right] \tag{6.9}$$

mit

$$x = 2\pi \frac{d}{c} \frac{\Delta f}{2} \sin\Theta.$$

Aus dem Ergebnis ist ersichtlich, daß infolge des Vorhandenseins eines Frequenzbandes anstelle einer einzelnen bestimmten Frequenz die Amplituden der Leistungscharakteristik durch eine si-Funktion moduliert werden. Nimmt man wiederum an, daß für kleine Winkel $\sin\Theta \approx \Theta$ gilt, so folgt aus Gleichung (6.9), daß die Amplituden zu Null werden, wenn die Ordnung der Interferenzen m den Wert $f_0/\Delta f$ erreicht hat, wegen

$$\frac{\sin 2\pi \frac{d}{c} \frac{\Delta f}{2} \sin\Theta_{max}}{2\pi \frac{d}{c} \frac{\Delta f}{2} \sin\Theta_{max}} = \frac{\sin 2\pi \frac{d}{c} \frac{\Delta f}{2} \Theta_{max}}{2\pi \frac{d}{c} \frac{\Delta f}{2} \Theta_{max}}$$

$$= \frac{\sin 2\pi \frac{d}{c} \frac{\Delta f}{2} \frac{c\, f_0}{d\, \Delta f\, f_0}}{\frac{2\pi\, d\, \Delta f\, c\, f_0}{c\, 2 f_0\, d\, \Delta f}}$$

$$= \frac{\sin\pi}{\pi} = 0$$

$$\text{mit } \Theta_{max} = \frac{m\, c}{f_0\, d} \text{ gemäß (6.8).}$$

Eine nicht monochromatische Strahlung bewirkt also eine Dämpfung der Interferenzamplituden. Um diesen Effekt bis zur m-ten Ordnung vernachlässigbar klein zu halten, muß die Bandbreite Δf des Empfängers beschränkt werden, dergestalt, daß die Bedingung $\Delta f \ll f_0/m$ erfüllt wird. Wird andererseits die **Bandbreite** sehr groß gewählt, so treten bei den Interferenzkeulen höherer Ordnung Verwaschungen auf, und das Interferometer liefert eine Charakteristik mit einer einzigen zentralen Keule. Diesen Effekt hat sich 1953 Vitkevich bei der Konstruktion eines Breitband-Radio-Interferometers zunutze gemacht, welches eine einzige zentrale Keule mit hohem Auflösungsvermögen besaß [61].

6.3. Auswirkungen einer flächenhaften Ausdehnung der Strahlungsquelle auf die Leistungscharakteristik

Es sollen die Auswirkungen der flächenhaften Ausdehnung einer Strahlungsquelle für den eindimensionalen Fall untersucht werden [2, 9, 23]. Die Quelle wandere langsam durch die aufeinanderfolgenden Keulen der Interferometercharakteristik und besitze die **winkelmäßige Ausdehnung** w, innerhalb derer die Helligkeitsverteilung $T_Q(\Theta)$ gegeben ist. Stellt man sich die Quelle aus einer Vielzahl von Punktquellen zusammengesetzt vor, so ist die resultierende Interferenzcharakteristik gleich der Summe der zu diesen Punktquellen gehörenden Charakteristiken. Ferner sei w als so klein angenommen, daß für kleine Θ $\sin\Theta \approx \Theta$ gilt. Mit (6.6) erhält man über die Faltung $P(\Theta)$ mit der Helligkeitsverteilung $T_Q(\Theta)$ die am Antennenausgang verfügbare Leistung, wobei in diesem speziellen Fall die Faltung außerhalb der Integrationsgrenzen zu null wird.

$$P(\Theta, d/\lambda) = \int_{-w/2}^{w/2} T(\Theta') \left[1 + \cos\left(2\pi \frac{d}{\lambda} (\Theta + \Theta')\right)\right] \mathrm{d}\Theta'$$

$$= \int_{-w/2}^{w/2} T(\Theta') \left[1 + \cos\left(2\pi \frac{d}{\lambda} \Theta\right) \cos\left(2\pi \frac{d}{\lambda} \Theta'\right) - \right.$$

$$\left. - \sin\left(2\pi \frac{d}{\lambda} \Theta\right) \sin\left(2\pi \frac{d}{\lambda} \Theta'\right)\right] \mathrm{d}\Theta'$$

$$= \int_{-w/2}^{w/2} T(\Theta')\,\mathrm{d}\Theta' + \int_{-w/2}^{+w/2} T(\Theta') \cos\left(2\pi \frac{d}{\lambda} \Theta'\right) \cos\left(2\pi \frac{d}{\lambda} \Theta\right) \mathrm{d}\Theta' -$$

$$- \int_{-w/2}^{+w/2} T(\Theta') \sin\left(2\pi \frac{d}{\lambda} \Theta'\right) \sin\left(2\pi \frac{d}{\lambda} \Theta\right) \mathrm{d}\Theta'. \tag{6.10}$$

Daraus folgt mit

$$V \cos\alpha = \int_{-w/2}^{w/2} T(\Theta') \cos\left(2\pi \frac{d}{\lambda} \Theta'\right) \mathrm{d}\Theta' \tag{6.11a}$$

$$V \sin\alpha = \int_{-w/2}^{w/2} T(\Theta') \sin\left(2\pi \frac{d}{\lambda} \Theta'\right) \mathrm{d}\Theta' \tag{6.11b}$$

$$P(\Theta, d/\lambda) = \int_{-w/2}^{w/2} T(\Theta')\,\mathrm{d}\Theta' + V \cos\left(2\pi \frac{d}{\lambda} \Theta - \alpha\right). \tag{6.12}$$

Die Ausgangsfunktion des Interferometers besteht also aus einem konstanten Term, der der je Interferometerelement empfangenen Leistung entspricht, und einem sich sinusförmig ändernden. Drückt man (6.11) komplex aus, dann sieht man, daß Amplitude und

Phase des veränderlichen Terms in Beziehung zu Amplitude und Phase der Quellenhelligkeitsverteilung stehen [9]

$$V\, e^{j\alpha} = \int_{-w/2}^{w/2} T(\Theta')\, e^{j\,2\pi\,(d/\lambda)\,\Theta'}\, d\Theta' . \tag{6.13}$$

Dieser Term entspricht tatsächlich einer Fourierkomponenten der Helligkeitsverteilung, die bei der Raumfrequenz d/λ gemessen werden kann. Erstrecken sich die Messungen über alle Interferometerabstände, so erhält man das gesamte **Fourierspektrum** der Quellenhelligkeitsverteilung.

Die Amplitude des sich sinusförmig ändernden Teils ist eine Funktion der Interferometerabstände, ausgedrückt in Wellenlängen und wird oft normiert angegeben

$$0 \leqq V_n(d/\lambda) = \frac{V(d/\lambda)}{V(0)} \leqq 1 \tag{6.14}$$

mit

$$V(0) = \int T(\Theta')\, d\Theta' . \tag{6.15}$$

V_n nennt man den Interferenzfaktor. Folgt man Michelson, so gilt auch der untenstehende Ausdruck [62].

$$V_n = \frac{P_{max} - P_{min}}{P_{max} + P_{min}}, \quad P = P(\Theta, d/\lambda, w). \tag{6.16}$$

Den Interferenzfaktor als Funktion von d/λ bezeichnet man als Sichtbarkeitsfunktion (englisch: „visibility“) [2].

Ist die Helligkeitsverteilung über einer Quelle der winkelmäßigen Ausdehnung w gleichmäßig, so ist es möglich, die Gleichung (6.10) unmittelbar auszuwerten

$$\begin{aligned}
P(\Theta, d/\lambda, w) &= \int_{-w/2}^{w/2} T(\Theta') \left\{ 1 + \cos\left[2\pi (d/\lambda)(\Theta + \Theta') \right] \right\} d\Theta' \\
&= \int_{-w/2}^{w/2} T(\Theta')\, d\Theta' + T(\Theta') \left[\frac{\cos 2\pi (d/\lambda)\,\Theta}{2\,(d/\lambda)} \sin 2\pi \frac{d}{\lambda}\,\Theta' \right. \\
&\quad \left. - \frac{\sin 2\pi (d/\lambda)\,\Theta}{2\pi (d/\lambda)} \cos 2\pi (d/\lambda)\,\Theta' \right] \Bigg|_{-w/2}^{+w/2} \\
&= T(\Theta')\, w + \frac{T(\Theta')}{2\pi (d/\lambda)} \left[\cos 2\pi (d/\lambda)\,\Theta \left(\sin 2\pi \frac{dw}{\lambda\, 2} - \sin 2\pi \frac{d(-w)}{\lambda\, 2} \right) \right. \\
&\quad \left. - \sin 2\pi (d/\lambda)\,\Theta \left(\cos 2\pi \frac{dw}{\lambda\, 2} - \cos 2\pi \frac{d(-w)}{\lambda\, 2} \right) \right] \\
&= T(\Theta')\, w + \frac{T(\Theta')}{2\pi\, (d/\lambda)} \left[\cos\ 2\pi (d/\lambda)\,\Theta \cdot 2 \cos \frac{1}{2} \left(2\pi \frac{dw}{\lambda\, 2} - 2\pi \frac{dw}{\lambda\, 2} \right) \times \right. \\
&\quad \times \sin \frac{1}{2} \left(2\pi \frac{dw}{\lambda\, 2} + 2\pi \frac{dw}{\lambda\, 2} \right) - [\sin(2\pi (d/\lambda)\,\Theta)]\ (-2) \sin \frac{1}{2} \times \\
&\quad \left. \times \left(2\pi \frac{dw}{\lambda\, 2} - 2\pi \frac{dw}{\lambda\, 2} \right) \sin \frac{1}{2} \left(2\pi \frac{dw}{\lambda\, 2} + 2\pi \frac{dw}{\lambda\, 2} \right) \right].
\end{aligned}$$

$$P(\Theta, d/\lambda, w) = T(\Theta') \, w \left[1 + \frac{\sin 2\pi \frac{dw}{\lambda 2}}{2\pi \frac{dw}{\lambda 2}} \cos 2\pi (d/\lambda)\, \Theta \right]$$

$$= T(\Theta') \, w \, [1 + \mathrm{si}\, x \, \cos 2\pi (d/\lambda)\, \Theta] \quad (6.17)$$

mit $x = 2\pi (d/\lambda)\,(w/2)$.

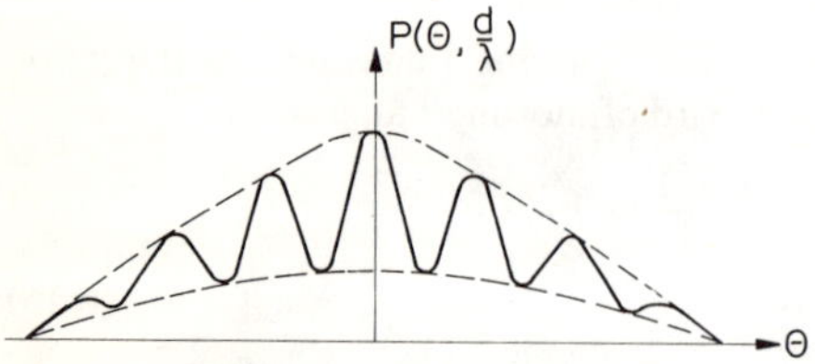

Bild 6.4. Leistungscharakteristik bei flächenhafter Ausdehnung der beobachteten Quelle [22]

In Bild 6.4 ist die Leistungscharakteristik für den Fall einer flächenhaften Quelle wiedergegeben. Aus (6.16) ist ersichtlich, daß V_n den höchsten Wert bei $P_{min} = 0$ einnimmt, wie es bei zwei gleichen, monochromatisch abstrahlenden Quellen der Fall ist, und auf Null sinkt, wenn $P_{min} = P_{max}$ und die Interferenzkeulen verschwinden. In dem Falle ist

$$P_{max} = T(\Theta')\, w (1 + \mathrm{si}\, x) \quad \text{und}$$

$$P_{min} = T(\Theta')\, w (1 - \mathrm{si}\, x).$$

Daraus ergibt sich für die Visibility-Funktion

$$V_n(d/\lambda) = \frac{T(\Theta')\, w (1 + \mathrm{si}\, x) - (1 - \mathrm{si}\, x)}{T(\Theta')\, w (1 + \mathrm{si}\, x) + (1 - \mathrm{si}\, x)} = \mathrm{si}\, x$$

$$V_n(d/\lambda) = \frac{\sin 2\pi \frac{d}{\lambda} \frac{w}{2}}{2\pi \frac{d}{\lambda} \frac{w}{2}}\,. \quad (6.18)$$

Der Verlauf dieser Funktion ist in Bild 6.5 wiedergegeben. $V_n(d/\lambda)$ nimmt mit zunehmender Ausdehnung w der Quelle ab und wird bei $w = \lambda/d$ zu null.

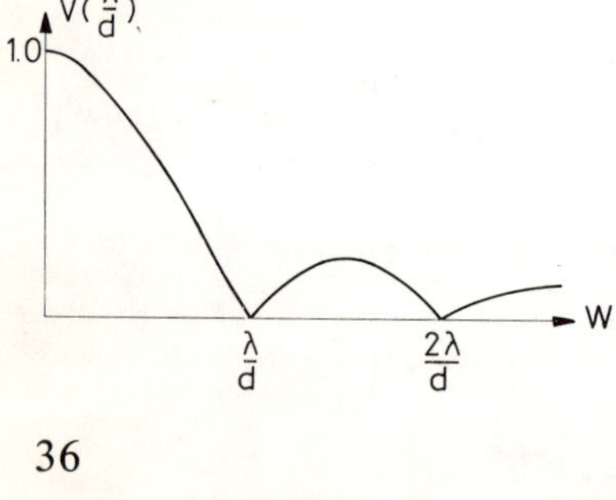

Bild 6.5. Visibility-Funktion [2]

Bild 6.6. Geometrische Auflösung einer Radioquelle durch λ/d-Variation [65]

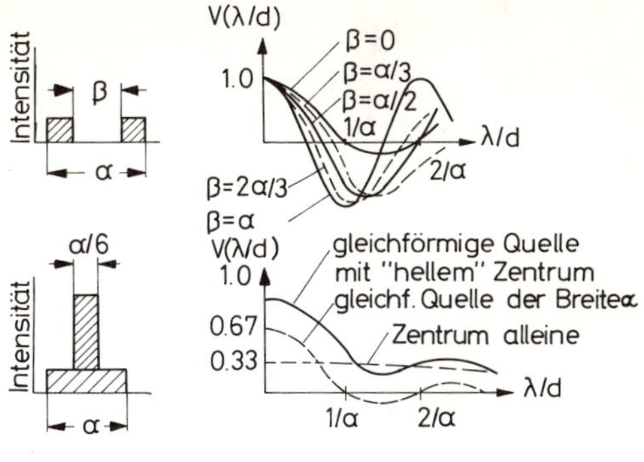

Durch Variation von λ/d, d. h. durch Variation des Abstandes d bei konstantem λ [65], ist sowohl eine Bestimmung der winkelmäßigen Ausdehnung der Quelle als auch der Amplitudenverteilung auf der Quelle möglich. Der technisch einfacher zu handhabende Fall der λ-Variation bei konstantem d ist nur in engen Grenzen möglich, da die Größe von Radioquellen von der Wellenlänge abhängt.

Für den Astrophysiker ist die Kenntnis bereits grober Strukturen, etwa die Auflösung einer diskreten Radioquelle in einem Kern und einer umschließenden Hülle, einem „Halo", von großem Interesse. Als Beispiel gibt Bild 6.6 den Interferenzmodulationsfaktor V_n in Abhängigkeit von diesen λ/d-Variationen wieder, wie er aus Messungen zu gewinnen ist. Es sind zwei Fälle angegeben. Die aus den Kurven des Bildes 6.6a mit Hilfe der Gleichung (6.13) zu gewinnende Intensitätsverteilung der Quelle sieht eine Ringstruktur vor. Im zweiten Fall gemäß Bild 6.6b liegt eine Ringstruktur mit einem intensitätsstarken Kern vor.

Die praktische Anwendung der oben besprochenen Theorie erfolgte zum ersten Mal 1946 durch McCready [26] mit Hilfe eines See-Interferometers (siehe Bild 7.1).

7 Radioastronomische Interferometer

7.1. See-Interferometer

Ein Interferometer benötigt, wie oben beschrieben, zwei gleiche Antennensysteme, die in einem größeren Abstand voneinander aufgestellt sind [1, 5, 27, 66]. Im historisch ersten Interferometer der Radioastronomie, dem See-Interferometer von McCready, Pawsey und Scott in Dover Heights bei Syndney [26, 60], begnügte man sich jedoch mit nur einer Antenne, da man sich eines Kunstgriffs bediente, der ebenso wie das Interferometerprinzip aus der Lichtoptik stammt. Man baute diese Antenne mit horizontaler Empfangsrichtung auf einen hohen Felsen dicht an der Meeresküste. Ein **Strahlenbündel,** welches unter einer geringen Neigung gegen die Horizontale einfällt, trifft die Antenne einmal unmittelbar und ein zweites Mal nach der **Spiegelung** an der Wasseroberfläche, die ein sehr guter Spiegel für flach eintreffende Kurzwellen ist. Dieses reflektierende Strahlenbündel hat, wenn es auf die Antenne in der Höhe $h = 80$ m über dem Meeresspiegel fällt, die gleiche **Laufzeitdifferenz,** als wenn es seinen Weg zu einer Antenne bei $h = -80$ m fortgesetzt hätte. Man benutzt also das **Spiegelbild** der ersten Antenne als zweites System. Auf diese Weise beträgt die Basis des Interferometers $d = 160$ m.

Eine azimutale Drehung gestattet, Objekte in verschiedenen Himmelsrichtungen zu erfassen. Da das Verfahren nur bei einer geringen Neigung des Einfallstrahles funktioniert, ist man auf ein Zeitintervall von ungefähr einer Stunde nach Aufgang oder vor Untergang des Gestirnes beschränkt. Bei Richtungsmessungen so dicht am Horizont muß man unbedingt Korrekturen wegen der atmosphärischen Strahlenbrechung vornehmen [18]. Mit diesem Instrument sind Sonnenbeobachtungen und in den ersten Jahren seines Bestehens Ortsbestimmungen und Intensitätsmessungen von Radioquellen durchgeführt worden (Bild 7.1). Der beschriebene Interferometertyp ist ein Analogon zum Lloydschen Spiegelinterferometer [22, 26].

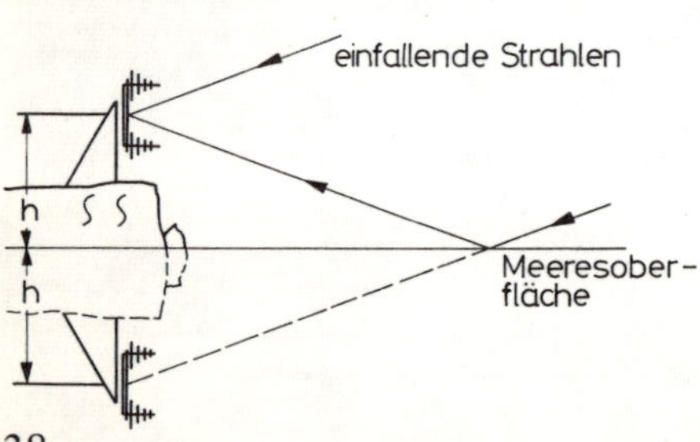

Bild 7.1. See-Interferometer (Lloydsches Spiegel-I.) [26]

7.2. Interferometer mit Reflektorübertragung

Werden die Kosten der Zuleitungen von den Antennen zur Empfangsanlage zu hoch, oder erweist sich ihre Verlegung als zu schwierig, so kann man sie durch eine **Richtfunkübertragung** ersetzen [26]. Eine einfachere Technik, die von der sowjetischen Pulkovo-Gruppe in Leningrad (UdSSR) [15, 20] entwickelt wurde, bedient sich zweier steuerbarer Spiegel, um die einfallenden Strahlenbündel in Richtung auf die Empfangsantennen zu reflektieren (Bild 7.2).

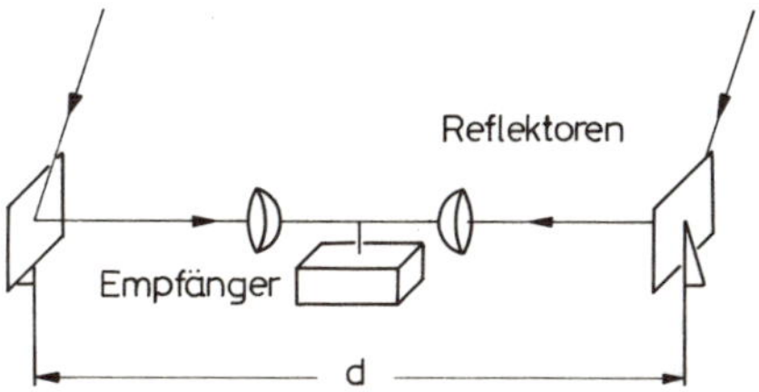

Bild 7.2. Interferometer mit Reflektorübertragung [26]

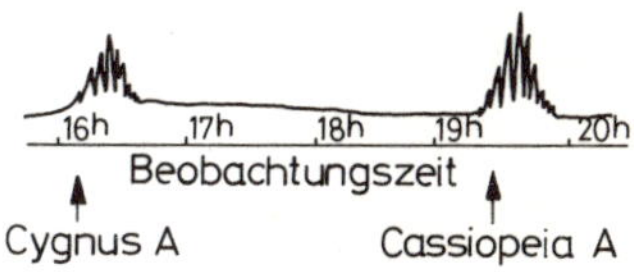

Bild 7.3. Registrierung mit dem Ryleschen Zwillings-Interferometer [60]

7.3. Rylesches Zwillingsinterferometer

In Cambridge (England) baute Ryle [19, 27, 67] das erste Zwillingsinterferometer, das sich aus zwei Antennengruppen zusammensetzte. In der ursprünglichen Form bestanden die beiden Teilsysteme von je 75 m Länge aus je 80 Dipolen. Die beiden Gruppen waren in einem Abstand von 400 m installiert und arbeiteten auf einer Wellenlänge von 3,7 m. Die Breite eines **Interferenzstreifens** betrug 0,55°. Die Charakteristik eines Teilsystems ist gleichzeitig die Hüllkurve der Interferenzfigur und bestimmt deshalb die Zahl und Intensität der Interferenzstreifen. Die volle Breite der Charakteristik einer Antennengruppe betrug hier 5,2°, so daß etwa neun der schmaleren Streifen sichtbar werden konnten. Es ist sehr günstig, wenn die Zahl der Streifen nicht zu groß ist und man andernfalls den Vorteil des genauen Messens mit schmalen Interferenzen verliert, da man die mittleren Streifen nicht sicher festlegen kann. Eine tatsächliche Registrierung mit diesem Instrument gibt Bild 7.3 wieder.

7.4. Interferometer mit Phasenumtastung (phase-switched interferometer)

Messungen heller Quellen finden stets in Gegenwart von Rauschen aus dem **Himmelshintergrund,** von dem sie sich abheben sollen, sowie von Temperaturstrahlung statt. Zudem ist ein störendes Empfängereigenrauschen nicht vermeidbar [9, 26].

Will man z. B. die genaue Position einer schwachen Radioquelle vor dem stark strahlenden Hintergrund der Milchstraße ermitteln, so können die Interferenzamplituden fast ganz von Rauschen überdeckt sein, wie Bild 7.4a zeigt.
Um diese Schwierigkeit zu überwinden, verändert Ryle die Übertragungsleitung zu einer Teilantenne des Zwillingsinterferometers periodisch mit der Frequenz f_0 um eine halbe Wellenlänge. Auf diese Weise wird das gesamte Diagramm im Rhythmus der Frequenz am Himmel versetzt. Die Maxima der aufgefangenen Energien werden durch Nullstellen ersetzt und umgekehrt (Bild 7.5). Man erzielt die Wirkung einer fast stehenden Quelle, die ein Signal der Frequenz f_0 erzeugt. Diese Frequenz kann einige 100 Hz betragen, so daß das Signal deutlich vom Rauschen unterschieden werden kann (Bild 7.4b). Die Ausgangsfunktion eines herkömmlichen Zwillingsinterferometers war gegeben durch (6.6)

$$P(\Theta, d/\lambda) = P_0(\Theta)\left[1 + \cos\left(2\pi \frac{d}{\lambda}\Theta\right)\right].$$

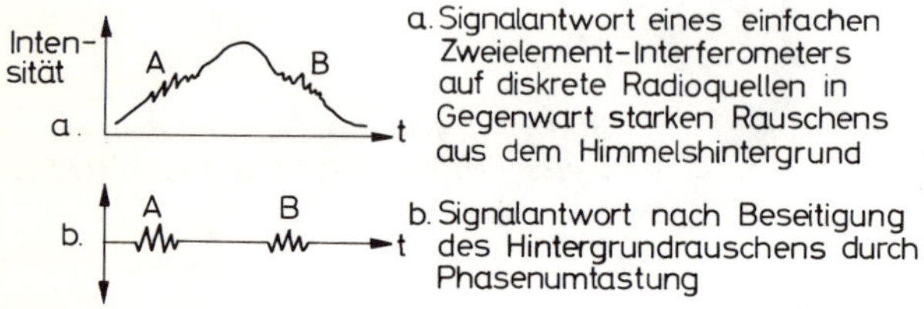

Bild 7.4. Prinzip der Phasenumtastung

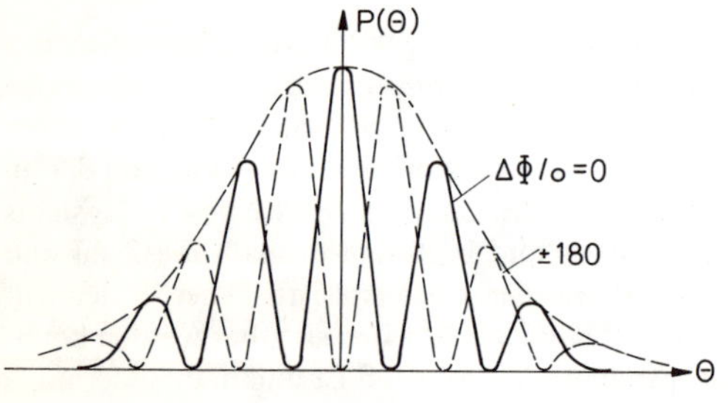

Bild 7.5. Leistungscharakteristik bei Phasenumtastung

Alle Störeinflüsse seien im konstanten Term der Gleichung (6.6) zusammengefaßt. Die Verschiebung um eine halbe Wellenlänge führt zu folgender Veränderung

$$P(\Theta, d/\lambda) = P_0(\Theta)\left[1 - \cos\left(2\pi \frac{d}{\lambda}\Theta\right)\right]. \tag{7.1}$$

Ein **Phasendemodulator** (phase-sensitive detector) [21], der mit der **Umschaltfrequenz** synchronisiert wird, ist in der Lage, die Differenz beider Zustände der Ausgangsfunk-

Bild 7.6. *Phasengetastetes Zwillingsinterferometer*

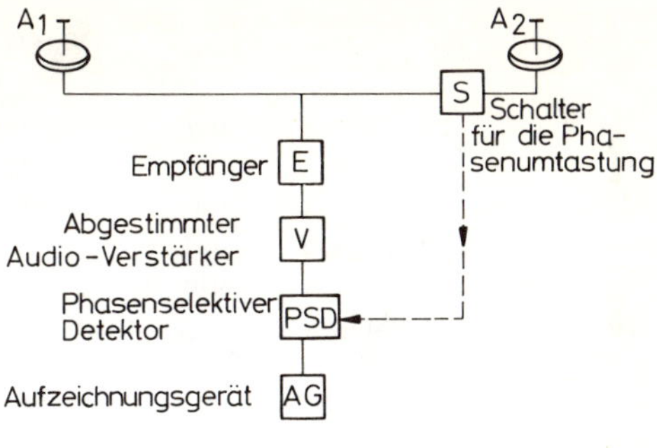

Bild 7.7. *Ausgangsfunktion eines Wobbelinterferometers*

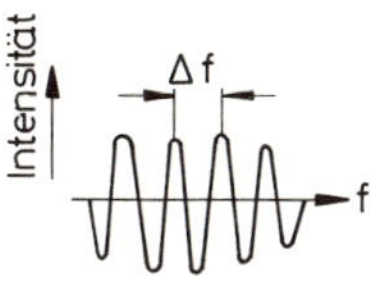

tionen zu ermitteln (Bild 7.6). Dadurch geht, wie erwünscht, der konstante Term verloren, und man erhält als Ausgangsfunktion des Interferometers mit **Phasenumtastung**

$$P(\Theta, d/\lambda) = 2\,P_0(\Theta)\,\cos\left(2\,\pi\,\frac{d}{\lambda}\,\Theta\right). \tag{7.2}$$

7.5. Wobbelinterferometer (swept-frequency interferometer)

Die oben beschriebenen Störeffekte lassen sich auch durch Wobbeln der Frequenz anstelle der Phasentastung beseitigen [9, 26]. Die Ausgangsfunktion eines Interferometers, dessen Elementantennen durch Kabel ungleicher Länge mit einem Wobbelempfänger verbunden seien, betrage bei einer Frequenz f entsprechend dem bekannten Ausdruck für Frequenzmodulation

$$P(\Theta, d/\lambda) = P\left(\Theta, \frac{df}{c}\right) = P_0(\Theta)\,\cos\left[2\,\pi\,\frac{f}{c}\,(d\,\sin\Theta + l)\right], \tag{7.3}$$

wobei l gleich dem Unterschied der Kabellänge sein soll. Die Strahlungsquelle befinde sich in der Richtung Θ und besitze ein breites Frequenzspektrum. Wird nun der Empfänger hintereinander in schneller Reihenfolge auf die Frequenzen f_1 und f_2 abgestimmt, dann zeigt die Ausgangsfunktion des Empfängers häufig oszillierende Interferenzstreifen, wie in Bild 7.7 dargestellt ist. Die Amplitudenmaxima der Interferenzstreifen sind bei

$$d\,\sin\Theta + l = n\,\frac{c}{f}$$

zu finden und die Minima bei

$$d\,\sin\Theta + l = \left(n + \frac{1}{2}\right)\,\frac{c}{f},$$

wobei n ganzzahlig ist. Der Interferenzstreifenabstand, d. h. das Frequenzintervall zwischen zwei aufeinanderfolgenden Amplituden ist gegeben durch

$$\Delta f = \frac{c}{d\,\sin\Theta + l}. \tag{7.4}$$

Daraus folgt für

$$P\left(\Theta, \frac{\mathrm{d}f}{c}\right) = P_0(\Theta) \cos\left[2\pi \frac{f}{\Delta f}\right]. \tag{7.5}$$

Durch die Messung des Streifenabstandes Δf gestattet diese Beziehung, die Position einer Strahlungsquelle zu einem bestimmten Zeitpunkt ausfindig zu machen. Die Methode wurde 1958 von Wild und Sheridan entwickelt, um die Position schnellveränderlicher Strahlungsquellen auf der Sonnenoberfläche zu beobachten [9].

Die Funktionsweise eines Interferometers bedingt, daß die **Periode** der Interferenzstreifen durch die **Winkelgeschwindigkeit** der Quelle bestimmt ist. Im Falle von Strahlungsquellen auf der Sonnenoberfläche setzt sich diese Winkelgeschwindigkeit zusammen aus der relativ zum Beobachter scheinbaren Bewegung der Sonne und der Eigenbewegung der solaren Quellen in bezug auf die Sonnenoberfläche. Diese Bewegungen sind im allgemeinen so schnell und von so kurzer Dauer, daß sie mit einem einfachen Zwillingsinterferometer nicht aufgenommen werden können. Das Wobbelinterferometer bietet den Vorteil, daß die Anzahl der Interferenzstreifen, die je Sekunde aufgenommen werden, durch **Wobbeln** der Frequenz künstlich vergrößert werden kann (Bild 7.8).

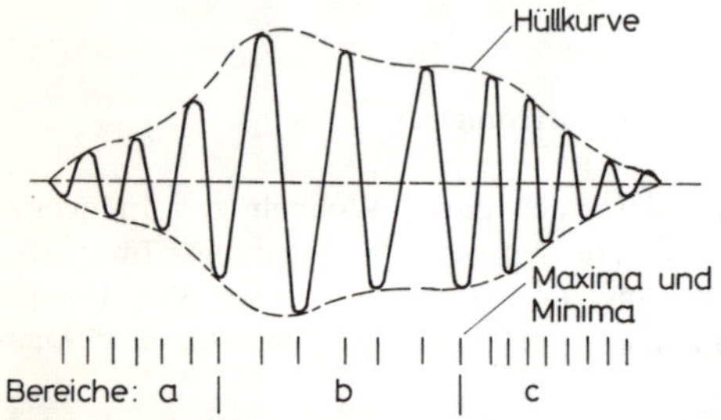

Bild 7.8. Interferogramm einer Radioquelle auf der Sonnenoberfläche, aufgenommen mit einem Wobbelinterferometer

Bereich a: Die Quelle steht relativ zur Sonnenoberfläche fest. Die Periode der Interferenzstreifen ist ähnlich derjenigen, die sich bei Beobachtung des Sonnenmittelpunktes ergibt.
Bereich b: Die Quelle bewegt sich im entgegengesetzten Sinn zur Sonnenbewegung. Ihre Winkelgeschwindigkeit in bezug auf den Beobachter ist sehr gering.
Bereich c: Die Quelle bewegt sich in Richtung der Sonnenbewegung. Die resultierende Winkelgeschwindigkeit relativ zum Beobachter ist sehr hoch; daraus ergibt sich beschleunigtes Auftreten der Interferenzstreifen [26]

7.6. Interferometer mit Keulenschwenkung (lobe sweeping interferometer)

Die meisten in der Radioastronomie verwendeten Interferometer sind Durchgangsinstrumente. Sie können die Beobachtung des gleichen Objektes höchstens in Abständen von einem Tag wiederholen und benötigen für eine Messung mindestens die Zeit, die das Objekt für einen Durchlauf braucht. Es wäre unmöglich, sehr schnell ablaufende Vorgänge zu verfolgen [26, 60].

Die Zeit, in der die Quelle durch eine Interferometerkeule wandert, ist bestimmt durch die Basislänge des Interferometers d, die **Deklination** der Quelle δ und die Winkelgeschwindigkeit der Erde $\dot{\rho}$. Daher beträgt die Periode der Aufzeichnung, d. h. der Interferenzstreifen

$$T = \frac{d/\lambda}{\dot{\rho}\ \cos\delta} \text{ in s,} \tag{7.6}$$

wobei $\dot{\rho} = 2\pi/(\text{rad}/24\text{ h}) = 7{,}27\ \ 10^{-5}/(\text{rad/s})$.

So ergibt sich für eine Quelle mit der Deklination null, die durch die Keulen eines **Meridian-Transit-Interferometers** mit einer **Basislänge** von 100 λ wandert, eine Interferenzstreifenperiode von 138 s. Für die Praxis bedeutet dies, daß bei einer mittleren Basislänge die **Streifenperiode** in die Größenordnung von einigen Minuten fällt, was zu langsam ist für Messungen sehr schnell veränderlicher Quellen, wie zum Beispiel der der sehr kurzen Sonneneruptionen. Andererseits führt die Verwendung von Interferometern mit der sehr großen Basislänge von einigen 1000 Wellenlängen zu unbrauchbar zeitlich kurzen Streifenperioden (Anstiegsflanke!) von nur wenigen (Zeit-)Sekunden, was die Auswertung betrifft. Um dennoch ein Interferogramm aufnehmen zu können, müßte man die **Zeitkonstante** des Empfängers reduzieren, was wieder einem Empfindlichkeitsverlust der Radiomessung gleichkäme.

Um diese Schwierigkeiten zu umgehen, hat man das Interferometer mit elektrischer Keulenschwenkung entwickelt. Die Richtung des Empfangsmaximums im Raum kann durch eine Änderung der Phasenbeziehungen (Phasenschieber) zwischen den beteiligten Elementen beeinflußt werden, und diese elektrisch erzielte Schwenkung der Charakteristik kann eine Bewegung des ganzen Interferometers ersetzen. Man hat sogar den Vorteil der trägheitslosen Bewegung und kann daher z. B. die Sonne in kleinsten Sekundenbruchteilen überstreichen, um Punkte mit kurzzeitigen Strahlungsstößen zu lokalisieren. Diese Technik wurde zuerst 1951 von Little und Payne Scott [60] in Australien angewandt.

7.7. Mehrelement- oder Gitterinterferometer (grating)

Zur Ermittlung der Helligkeitsverteilung über großflächige Radioquellen, wie z. B. die Sonne, wäre eine Antenne mit einer scharfen, bleistiftförmigen Keule das ideale Instrument. Die meisten der in der Radioastronomie verwendeten Aperturen besitzen jedoch nicht das verlangte hohe Auflösungsvermögen. Prinzipiell könnte man die Messungen mit Hilfe eines Zwillingsinterferometers durchführen, indem man hintereinander Beobachtungen bei unterschiedlichen Basislängen vornimmt, vorausgesetzt, daß sich die Quelle während des Beobachtungszeitraumes, der einige Monate in Anspruch nehmen kann, nicht verändert. Dies entspricht der üblichen Technik zur Vermessung der Helligkeitsverteilung über Radioquellen mit geringem winkelmäßigen Durchmesser. Basislängen von über 60 000 λ, die einem Auflösungsvermögen von wenigen Bogensekunden entsprechen, werden in der Praxis verwendet. Da nicht in allen Fällen, wie z. B. bei der Untersuchung der Sonne, mit so langen Basislängen gearbeitet werden kann, entwickelte man das **Mehrelementinterferometer,** welches Strahlungskeulen mit geringerer Halbwertsbreite (Leistung), d. h. hohem Auflösungsvermögen, besitzt [9, 26, 60].

Man stelle sich statt von zweier identischer Antennen derer drei, A_1, A_2 und A_3, gemäß Bild 7.9 auf einer Ost-West-Basis vor. Sie seien mit dem Empfänger über drei Zuleitungen gleicher Länge verbunden. A_1 und A_2 bilden ein Interferometer mit der Basislänge $s_0\,\lambda$, das zur Aufnahme der **Raumfrequenz** s_0 geeignet ist, d. h., zwischen den Amplituden der beobachteten Helligkeitsverteilung müssen sich die winkelmäßigen „Raumperioden" der Größe s_0 befinden. Das Interferometer A_2A_3 entspricht dem ersten A_1A_2. Daher ad-

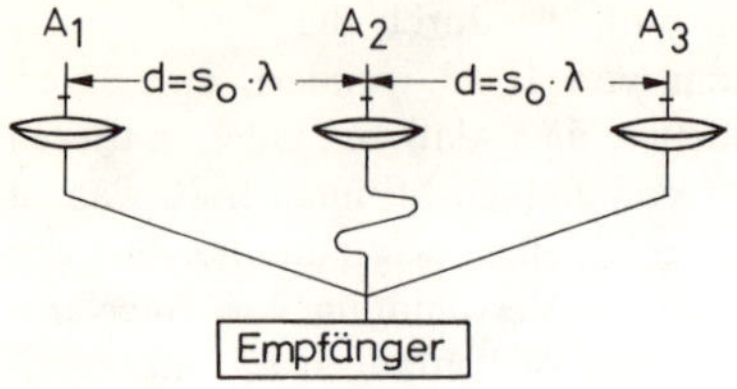

Bild 7.9. Dreielement-Interferometer

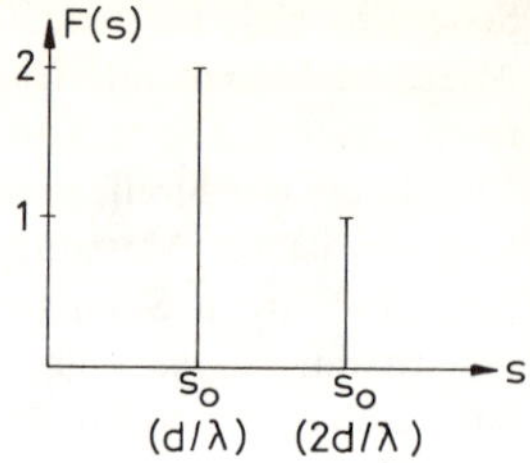

Bild 7.10. Raumfrequenzspektrum eines Dreielement-Interferometers

dieren sich die Amplituden der Signale, die aus derselben Helligkeitsverteilung stammen. Das Interferometer A_1A_3 mit der Basislänge $2\,s_0\,\lambda$ spricht auf Signale der räumlichen Frequenz $2\,s_0$ an. Das Winkelspektrum der gesamten Anordnung ist in Bild 7.10 wiedergegeben.

Ein **Gitterinterferometer,** das nur aus drei Antennen besteht, findet jedoch selten in der Praxis Verwendung. Man errichtet gleich Gruppen aus 8, 16 oder 32 Elementen mit dem Abstand $s_0\,\lambda$ zwischen zwei benachbarten Antennen. Ein solches Instrument aus 32 Elementen besitzt bei der Raumfrequenz s_0 eine Amplitude, die 31mal so groß ist wie diejenige eines Zweielementinterferometers mit der Basis $s_0\,\lambda$, bei der Frequenz $2\,s_0$ eine Amplitude der Charakteristik, die 30mal so groß ist, usw. Dieses Amplitudenspektrum ist in Bild 7.12 dargestellt. Man sieht, daß es demjenigen einer Antenne mit Einzelapertur ähnlich ist. Die Spektrallinien befinden sich bei $s = (n-1)\,s_0 = (n-1)\,d/\lambda = f_0$, $2f_0$, usw., wobei n die Anzahl der Elemente angibt. $31\,s_0$ ist, wie man sieht, die Länge der gesamten Anordnung, ausgedrückt in Wellenlängen, wie auch die höchste Raumfrequenz, für die das Instrument empfindlich ist. Ein Mehrelementinterferometer verhält sich daher analog zu einem **Tiefpaß.**

Zur Berechnung der Empfangscharakteristik genügt es, die Signalamplituden zu addieren, die während des Abtastens einer Radioquelle von den Antennenpaaren übermittelt werden. Der Verlauf der von dem Antennenpaar A_1A_2 aufgenommenen Energie über dem Winkel Θ ist dargestellt durch die unterbrochene Linie in Bild 7.11a. Da die Charakteristik des Interferometers A_2A_3 identisch zu der von A_1A_2 ist, erhält man durch einfache Addition die Charakteristik beider Antennenpaare. Die des Interferometers A_1A_3 besitzt zwar die gleiche Amplitude wie die des Paares A_1A_2, bzw. A_2A_3, aber die Winkelperiode $s_0/2$, da der Abstand der beiden Antennen $2\,s_0\,\lambda$ beträgt (Bild 7.11b). Durch erneute Addition erhält die Charakteristik der gesamten Anordnung den in Bild 7.11c aufgezeichneten Verlauf. Im Falle von 16 oder 32 Elementen gilt die gleiche Überlegung, die dann jedoch wesentlich komplizierter wird. Das Θ-Diagramm einer solchen Anordnung ist wie bei Querstrahlergruppen üblich gegeben durch

$$P = P_0(\Theta)\,\frac{\sin^2\left(n\,\pi\,\dfrac{d}{\lambda}\,\sin\Theta\right)}{\sin^2\left(\pi\,\dfrac{d}{\lambda}\,\sin\Theta\right)}. \tag{7.7}$$

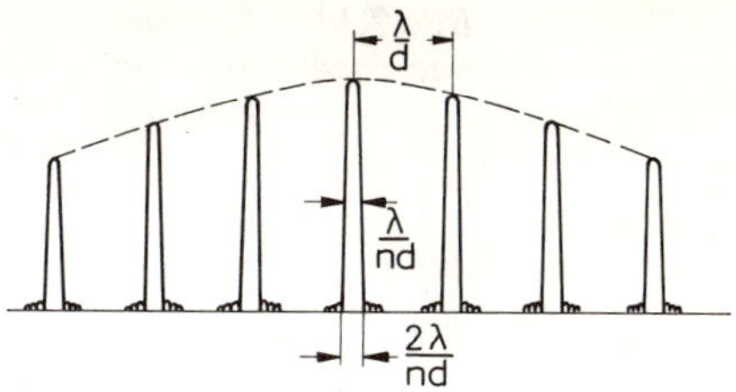

Bild 7.12. Gruppenfaktor eines Gitterinterferometers

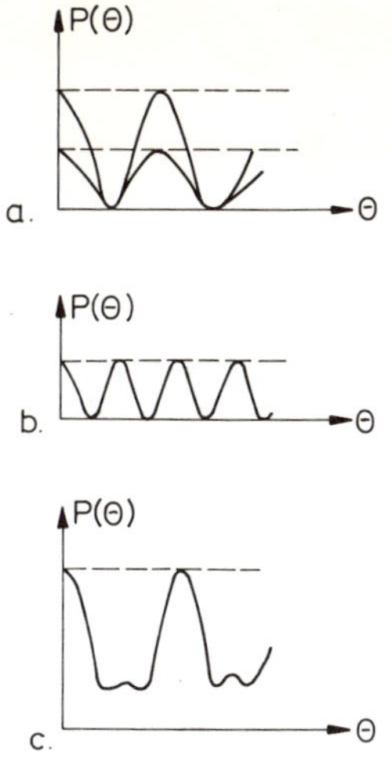

Bild 7.11. Leistungscharakteristik eines Dreielement-Interferometers

Beträgt der Abstand d zwischen den benachbarten Elementen weniger als eine Wellenlänge, so ist Gleichung (7.7) identisch mit der bekannten Gleichung für eine **Querstrahleranordnung** [23, S. 151]. Macht man d viele Wellenlängen lang, dann besteht das Diagramm aus einer Reihe schmaler Keulen mit einer **Halbwertsbreite** von ungefähr $\lambda/n\,d$. Die Einhüllende des Diagramms entspricht der zu einem einzelnen Element gehörenden (Bild 7.12).

Behält man die Gesamtlänge des Gitterinterferometers bei und verdoppelt die Anzahl der Elemente, so wird die Keulenzahl halbiert und ihr **Winkelabstand** verdoppelt. Die Linien des Amplitudenspektrums werden dagegen zahlenmäßig verdoppelt und rükken näher zusammen. Die Breite der Keulen ändert sich nicht, da sie alleine von der Gesamtlänge D der Anordnung abhängt.

Der Grenzfall für ein Mehrelementinterferometer wird durch eine einzige Antenne der gleichen Länge mit unendlich vielen, stetig verteilten Elementen dargestellt. Die **Empfindlichkeit** einer solchen Antenne erstreckt sich nicht über eine endliche Anzahl von **diskreten** Raumfrequenzen, sondern über ein **fortlaufendes** Spektrum dieser Raumfrequenzen, deren oberste Grenze durch s_0, entsprechend der Gesamtlänge des Instrumentes $D = (n - 1)\, s_0$ festgesetzt ist. Ein sehr langer parabolischer Spiegel, wie ihn Bild 7.14 zeigt, kann tatsächlich als ein Mehrelementinterferometer betrachtet werden, welches hypothetisch aus einer unendlichen Zahl von Elementen besteht. Wegen der Analogie zwischen der beschriebenen Anordnung und einem optischen **Beugungsgitter** wird sie auch zu den Interferometern gerechnet, obwohl sie eigentlich eine einzige Apertur darstellt.

Christiansen und Warburton haben 1953 als erste bei Sydney ein solches Gitterinterferometer ursprünglich aus 32 Parabolspiegeln von 2 m Durchmesser in 7 m gegenseitigem Abstand aufgebaut und mit der Wellenlänge von 21 cm betrieben. Die Charakteri-

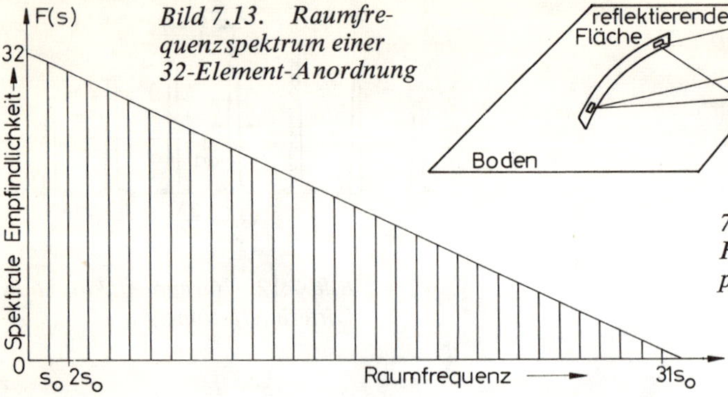

Bild 7.13. Raumfrequenzspektrum einer 32-Element-Anordnung

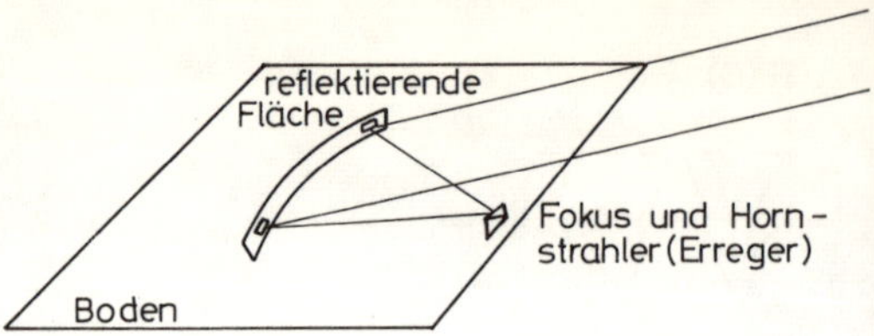

7.14. Reflektierende Fläche in Form eines parabolischen Spiegels

stik hatte eine Halbwertsbreite von 3 Minuten, und die **Winkelperiode** betrug 1,7°. Das Instrument war vor allem für Sonnenbeobachtungen bestimmt. Da die Ausdehnung der Sonne nur 0,5° beträgt, stören die Wiederholungen der Keulen nicht. Diese Apparatur hat mit die genauesten Positionen von Aktivitätsgebieten geliefert. Später wurde sie durch ein weiteres 16teiliges Instrument, das rechtwinklig zum ersten steht, ergänzt. Ein anderes Gitterinterferometer aus 32 Elementen befindet sich u. a. in Nançay bei Orléans (Loire) in Frankreich [26].

7.8. Christiansen- und Mills-Kreuz-Interferometer

Die bisher betrachteten Systeme sind auf einer Ost-West-Basis errichtet und besitzen daher in Nord-Süd-Richtung kein hohes Auflösungsvermögen, ein Umstand, der oft unbefriedigend erscheint, wenn man versucht, zwei Quellen verschiedener Deklination [68], die jedoch zur gleichen Zeit senden, zu unterscheiden.

Der Abstand zweier Quellen wird gewöhnlich unter Ausnutzung der Erdrotation bestimmt. Der Winkel der Verbindungslinie der beiden Quellen zur Ost-West-Richtung ist eine Funktion der Zeit. Aus mehreren Messungen kann die Richtung der Verbindungslinie – der „parallaktische Winkel" [68] – und somit der Quellenabstand ermittelt werden. Um den Quellenabstand in einem einzigen Meßgang zu bestimmen, ist die

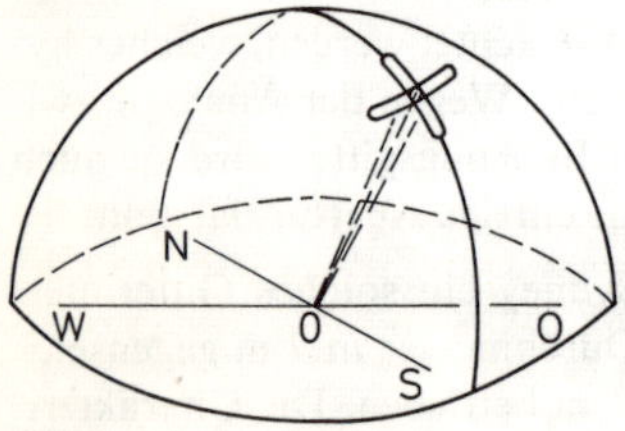

Bild 7.15. Prinzip des Mills-cross-Gruppenstrahlers

Bild 7.16.

Bild 7.17.

Synthese eines Antennen-**Gruppenstrahlers,** der in allen Richtungen gleich großes Winkelauflösungsvermögen aufweist, wünschenswert. Man behalf sich, indem man zwei ausgedehnte Gruppenstrahler aus geeignet angeordneten Dipolen mit Ost-West-Basis bzw. Nord-Süd-Basis sich in der Mitte überschneiden ließ. Die Strahlungscharakteristik einer solchen Kombination wirft einen kreuzförmigen Umriß auf die Himmelskugel (Bild 7.15), da jede der beiden Gruppen einen fächerförmigen Strahl gleicher Polarisation erzeugt. Um ein scharf gebündeltes Empfangsdiagramm mit nur unbedeutenden Nebeninterferenzen zu erhalten, wird alles, was außerhalb des zentralen Teiles der Charakteristik empfangen wird, durch einen schalttechnischen Kunstgriff unterdrückt. Jedes der beiden Antennensysteme ist über eine eigene Zuleitung mit der Empfangseinrichtung verbunden. Werden beide Systeme in Phase angeschlossen, so wird die gesamte Strahlung innerhalb der **kreuzförmigen Region** empfangen, innerhalb des Überschneidungsgebietes sogar doppelt (Bild 7.16). Die Ausgangsspannung der Anordnung ist daher

$$\underline{U}(\Theta, \varphi) = \underline{U}_1(\Theta, \varphi) + \underline{U}_2(\Theta, \varphi), \tag{7.8}$$

wobei $\underline{U}_1(\Theta, \varphi)$ und $\underline{U}_2(\Theta, \varphi)$ Spannungen darstellen, die von der Radioquelle mit den Richtungsparametern (Θ, φ) in je einer der Gruppen induziert werden. Die Ausgangsleistung ist

$$P_+ (\Theta, \varphi) \sim [\underline{U}_1(\Theta, \varphi) + \underline{U}_2(\Theta, \varphi)] \cdot [\underline{U}_1(\Theta, \varphi) + \underline{U}_2(\Theta, \varphi)]^*. \tag{7.9}$$

Betreibt man beide Systeme gegenphasig, was durch Verlängerung einer Zuleitung um eine halbe Wellenlänge erreicht werden kann, so wird wieder die Strahlung im kreuzförmigen Teil aufgenommen, bis auf die des zentralen Gebietes, da sich die Phasen dort gegenseitig auslöschen (Bild 7.17). Die Ausgangsspannung des Systems beträgt nun

$$\underline{U}(\Theta, \varphi) = \underline{U}_1(\Theta, \varphi) - \underline{U}_2(\Theta, \varphi) \tag{7.10}$$

und die Leistung

$$P_- (\Theta, \varphi) \sim [\underline{U}_1(\Theta, \varphi) - \underline{U}_2(\Theta, \varphi)] \cdot [\underline{U}_1(\Theta, \varphi) - \underline{U}_2(\Theta, \varphi)]^*. \tag{7.11}$$

Tastet man beide Betriebszustände mit einer feststehenden Frequenz um, so wird die Strahlung einer Quelle innerhalb des stark **fokussierten** zentralen Teiles der kreuzförmigen Region durch die Schaltfrequenz moduliert, während die Strahlung einer Quelle außerhalb dieses Gebietes von dieser Maßnahme unberührt bleibt. Die modulierte Ausgangsfunktion der Anordnung ist proportional der Differenz der beiden möglichen Ausgangsfunktionen und ist gegeben durch

$$P = P_+ - P_- \sim \underline{U}_1(\Theta, \varphi)\ \underline{U}_2^*(\Theta, \varphi) + \underline{U}_1^*(\Theta, \varphi)\ \underline{U}_2(\Theta, \varphi). \tag{7.12}$$

Diese Ausgangsfunktion wird dann zur weiteren Bearbeitung einem Schmalbandverstärker und einem **phasenselektiven Detektor** [21] zugeführt, so daß am Ende nur die gewünschte vom Kreuzungspunkt herrührende Energie aufgezeichnet wird. Durch Änderung der Phasenbeziehungen kann man den stark gebündelten Strahl der Anordnung in der **Meridianebene** bewegen, um verschiedene Objekte bis zu 45° Zenitabstand [68] beobachen zu können.

Die erste große kreuzförmige Anordnung wurde 1953 von Mills in Fleurs (Australien) für das „Australian C.S.I.R.O. Radiophysics Laboratory“ errichtet [76, 60, 69, 70]. Daher bezeichnet man diese Anordnung als „Mills-cross“. Die beiden Systeme aus je 500 **Halbwellendipolen** haben eine Länge von je 460 m, und das Auflösungsvermögen beträgt bei $\lambda = 3{,}5$ m 0,4°. 1964 wurde bei Canberra ein neues „Mills-cross“ mit einer **„Armlänge“** von einer nautischen Meile errichtet.
Es ist erwähnenswert, daß die äquivalente Empfangsfläche und der **Richtfaktor** des **„Mills-cross“** um ein beträchtliches geringer ist als die der äquivalenten, quadratischen Anordnung und gleich dem zweifachen geometrischen Mittel der geometrischen Apertur der beiden Gruppen. Der Hauptvorteil des Systems liegt in der Beschränkung der Anzahl der Elementantennen, was die Konstruktionskosten im Rahmen hält. Die Nebenkeulendämpfung des „Mills-cross“ ist 13 dB [5, 9].

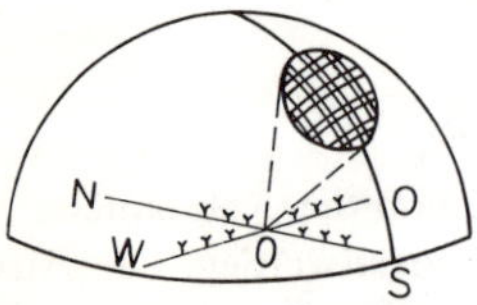

Bild 7.18. Prinzip des Christiansen-cross-Interferometers

Die Interferometertechnik vereinigt die Prinzipien des „Millscross“ und des Gitterinterferometers, um eine Charakteristik mit mehreren **„Bleistiftkeulen“** (pencil beam) zu erzeugen. Besagter Interferometertyp besteht aus zwei Mehrelementinterferometern, die sich auf die gleiche Weise wie das „Mills-cross“ rechtwinklig in der Mitte überschneiden (Bild 7.18). Jedes Gitterinterferometer besitzt eine spezielle Gruppencharakteristik, bestehend aus einer Reihe schneidenförmiger Keulen. Werden die Ausgangsfunktionen beider Systeme multipliziert und zeitlich gemittelt, so ist die resultierende Leistungscharakteristik proportional dem Produkt der einzelnen Spannungscharakteristiken der beiden Interferometersysteme. Vergrößert man den winkelmäßigen Abstand der Keulen zueinander, so daß nur noch eine einzige Keule die Quelle erfaßt, dann kann man die Radioquelle in schneller Folge mit den aufeinanderfolgenden Keulen abtasten, indem man diese mit Hilfe von Phasenschiebern über die Himmelskugel schwenkt, und man erhält ein zweidimensionales Bild der Quelle.
Das erste kreuzförmige Mehrelementinterferometer wurde 1958 von Christiansen und Mathewson [69] mit Erfolg eingesetzt. Bei einer Frequenz von 1,42 GHz erhielt man zum erstenmal Radiobilder der Sonne. Das Interferometer besteht aus zwei Mehrelementinterferometern aus je 32 Parabolspiegeln mit je 6 m Durchmesser und 33 m gegenseitigem Elementabstand. Ein ähnliches Instrument, welches bei einer Frequenz von 3,3 GHz arbeitet, wurde 1961 unter der Leitung von Bracewell und Swarup in Stanford (USA) [3, 15] errichtet und besteht aus zwei 16-Element-Interferometern von je 125 m Länge ($= 1255\,\lambda$). Der Durchmesser der Parabolantennen beträgt 3 m, was ein Auflösungsvermögen von 3 Minuten bewirkt.
Mit der ständigen Verbesserung des Auflösungsvermögens von Radioteleskopen nimmt auch die Anzahl der zu untersuchenden Objekte stetig zu. Da es einige Jahre in Anspruch nehmen würde, eine größere Himmelsregion mit der herkömmlichen Methode

des aufeinanderfolgenden Abtastens zu erfassen, ging man dazu über, gleichzeitig mit allen verfügbaren Keulen den Himmel zu überstreichen. Bei diesem Verfahren wird die Ausgangsgröße jedes einzelnen Interferometerelementes zuerst verstärkt und dann in m verschiedene Ausgangsgrößen aufgeteilt, die wiederum m verschiedenen Empfängern mit eigener Phasenanpassung zugeführt werden. Die m Ausgänge der Verstärker entsprechen m verschiedenen schmalen Keulen, die auf m benachbarte Punkte am Himmel gerichtet sind.

Ein solches simultanes Vielkeuleninterferometer wurde 1961 von Blum [26] für das Paris-Meudon-Observatorium (Frankreich) entwickelt und aufgebaut. Das System besteht aus zwei linearen Gruppen, die in Ost-West- und Nord-Süd-Richtung nach der Art des „Mills-cross“ angeordnet sind. Die Ost-West-Gruppe, bestehend aus 32 Parabolspiegeln, besitzt eine Gesamtlänge von 1550 m, während die Nord-Süd-Gruppe 700 m lang ist und aus acht Parabolspiegeln zusammengesetzt ist. Die Halbwertsbreite der zentralen Keule entspricht bei 167 MHz 3,4 Bogenminuten in Ost-West-Richtung und 7 Bogenminuten in Nord-Süd-Richtung. Mit Hilfe des in Bild 7.19 dargestellten **Vielkanalempfangssystems** erhält man 15 gleichzeitige Bleistiftkeulen. Es wurden auf diese Weise Radioquellen mit einer Genauigkeit von $\pm 0{,}5$ Bogenminuten in Deklination [68] und $\pm 0{,}25$ Bogenminuten in Rektaszension (entspricht ± 1 Zeitsekunde) vermessen.

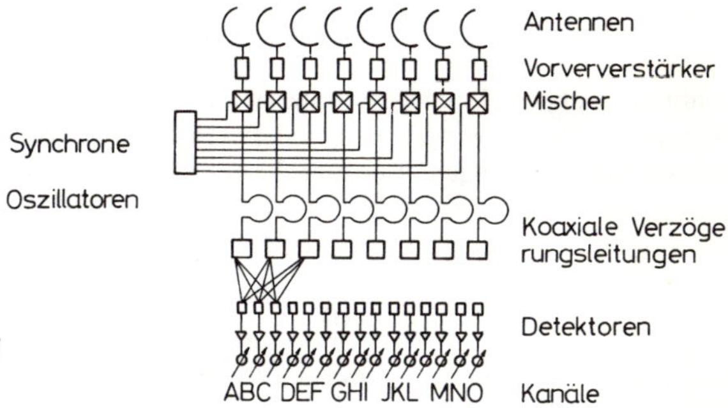

Bild 7.19. Blockdiagramm des Interferometers mit 15 simultanen bleistiftförmigen Haupt-Keulen nach Blum [26]

7.9. Korrelationssysteme

Man definiert als Maß für die Kohärenz zweier um die Zeitdifferenz τ verschobene Schwingungsformen, die **Kreuzkorrelationsfunktion,** die man sich als den über eine sehr lange Zeit gemessenen Mittelwert des Produkts zweier Signalfunktionen vorstellen kann [71]

$$r(\tau) = \int_{-\infty}^{+\infty} s_1(t) \cdot s_2(t - \tau)\, \mathrm{d}t. \tag{7.13}$$

Als **Kreuzkorrelationskoeffizienten** bezeichnet man den Ausdruck

$$\rho(\tau) = \int_{-\infty}^{+\infty} s_1(t) \cdot s_2(t - \tau)\, \mathrm{d}t) / \left(\int_{-\infty}^{+\infty} s_1^2(t)\, \mathrm{d}t \int_{-\infty}^{+\infty} s_2^2(t)\, \mathrm{d}t \right)^{1/2}, \tag{7.14}$$

welcher nach der **Schwarzschen Ungleichung** (8.85) für vollkommene Übereinstimmung der zeitlichen Verläufe gleich eins wird. Zeigt sich nun, daß [40]

$$s_1(t) = s_2(t)$$

ist, so erhält man wegen

$$\int_{-\infty}^{+\infty} s_1^2(t - \tau)\,\mathrm{d}t = \int_{-\infty}^{+\infty} s_2^2(t)\,\mathrm{d}t$$

den Quotienten

$$\rho(\tau) = \left(\int_{-\infty}^{+\infty} s_1(t)\; s_1(t - \tau)\,\mathrm{d}t\right) \Big/ \int_{-\infty}^{+\infty} s_1^2(t)\,\mathrm{d}t, \tag{7.15}$$

der **Autokorrelationskoeffizient** genannt wird. Dieser Autokorrelationskoeffizient [71] beschreibt die Ähnlichkeit des Signals $s_1(t)$ mit sich selbst, wenn es um die Zeit τ verschoben wird.

Da der Autokorrelationskoeffizient nur durch den zeitlichen Signalverlauf und nicht durch die Amplitudenänderungen beeinflußt wird, kann man auch einfach nur den Zähler in (7.15)

$$r(\tau) = \int_{-\infty}^{+\infty} s_1(t)\; s_2(t - \tau)\,\mathrm{d}t, \tag{7.16}$$

die Autokorrelationsfunktion beeinflussen. Für $\tau = 0$ wird der Autokorrelationskoeffizient gleich eins, während die Autokorrelationsfunktion (AKF) den Wert

$$r(0) = \int_{-\infty}^{+\infty} s_1^2(t)\,\mathrm{d}t = E \tag{7.17}$$

annimmt, wobei E die endliche Energie des Signals repräsentiert.

Nun gibt es auch Vorgänge, deren Energie E (theoretisch) unendlich groß ist, da sie zeitlich nicht abklingen. Für eine bestimmte Klasse dieser Vorgänge, z. B. stationäre, statistische Vorgänge wie das thermische Rauschen eines ohmschen Widerstandes von konstanter Temperatur, existiert der Grenzwert

$$\overline{s^2(t)} = \lim_{T\to\infty} \frac{1}{2\,T} \int_{-T}^{+T} s^2(t)\,\mathrm{d}t. \tag{7.18}$$

Ist $s(t)$ z. B. eine Spannung, so stellt (7.18) eine an einer Widerstandseinheit auftretende Leistung dar.

Da für die Existenz einer Fourier-Transformierten die Endlichkeit der Energie des Vorganges vorausgesetzt ist, betrachtet man nach Wiener [71] statt des zeitlich nicht abklingenden Vorgangs $s(t)$ nur einen zeitlichen Ausschnitt aus diesem

$$\underline{s}_\mathrm{T}(t) = \begin{cases} s(t) & \text{für } -T < +T \\ 0 & \text{außerhalb des Intervalles.} \end{cases} \tag{7.19}$$

Damit ist die notwendige Bedingung für das Vorhandensein einer Fourier-Transformation geschaffen

$$\underline{S}(f) = \int_{-\infty}^{\infty} \underline{s}_\mathrm{T}(t)\; \mathrm{e}^{-\mathrm{j}\,2\,\pi f t}\,\mathrm{d}t = \int_{-T}^{+T} \underline{s}(t)\; \mathrm{e}^{-\mathrm{j}\,2\,\pi f t}. \tag{7.20}$$

Zur Ermittlung der Leistung macht man den folgenden Ansatz für endliche T

$$\int_{-T}^{+T} s^2(t)\,\mathrm{d}t = \int_{-\infty}^{+\infty} s_\mathrm{T}^2(t)\,\mathrm{d}t = \int_{-\infty}^{+\infty} \underline{s}_\mathrm{T}(t)\; \underline{s}_\mathrm{T}^*(t)\,\mathrm{d}t. \tag{7.21}$$

Daraus wird mit

$$\underline{s}_T(t) = \int_{-\infty}^{+\infty} \underline{S}(f)\; e^{j2\pi f t}\, df$$

bzw.

$$\underline{s}_T^*(t) = \int_{-\infty}^{+\infty} \underline{S}^*(f)\; e^{-j2\pi f t}\, df$$

$$\int_{-T}^{+T} s^2(t)\; dt = \int_{-\infty}^{+\infty} \underline{s}_T(t)\; dt \int_{-\infty}^{+\infty} \underline{s}_T^*(f)\; e^{-j2\pi f t}\; df = \int_{-\infty}^{+\infty} \underline{s}_T^*(f)\, df \int \underline{s}_T(t)\; e^{-j2\pi f t}\, dt$$

$$= \int_{-\infty}^{+\infty} \underline{s}_T(t)\; \underline{s}_T^*(t)\; df = 2 \int_{-\infty}^{+\infty} |\underline{S}_T(f)|^2\, df. \qquad (7.22)$$

Bildet man nun den **zeitlichen Mittelwert** über (7.22), so erhält man die Leistung

$$\overline{s^2(t)} = \lim_{T\to\infty} \frac{1}{2T} \int_{-\infty}^{+\infty} |\, \underline{S}_T(f)\,|^2\; df = \lim_{T\to\infty} \frac{1}{T} \int_{0}^{+\infty} |\, \underline{S}_T(f)\,|^2\; df = \int_{0}^{+\infty} X(f)\; df =$$

$$= \frac{1}{2} \int_{-\infty}^{+\infty} X(f)\; df = N_s, \qquad (7.23)$$

wobei

$$\lim_{T\to\infty} \frac{1}{T} |\, \underline{S}_T(t)|^2 = X(f) \qquad (7.24)$$

als **spektrale Leistungsdichte** bezeichnet wird. Will man die AKF für nicht abklingende Vorgänge definieren, so gelangt man zu folgendem Ausdruck

$$r(\tau) = \lim_{T\to\infty} \frac{1}{2T} \int_{-\infty}^{+\infty} \underline{s}_T(t)\;\; s_T(t-\tau)\, dt = \lim \frac{1}{2T} \int_{-T}^{+T} \underline{s}(t)\;\; s(t-\tau)\, dt.$$

Damit ist ein Maß für die Autokorrelation aller Vorgänge gemäß (7.18) gegeben. Ihren größten Wert hat die **Autokorrelationsfunktion (AKF)** $r(\tau)$ bei $\tau = 0$, nämlich

$$r(0) = \lim_{T\to\infty} \frac{1}{2T} \int_{-T}^{+T} s^2(t)\, dt.$$

Ebenso kann man die auf die Leistungseinheit bezogene Autokorrelation, den Autokorrelationskoeffizienten definieren

$$\rho(\tau) = \left(\lim_{T\to\infty} \frac{1}{2T} \int_{-T}^{+T} \underline{s}(t)\;\; \underline{s}(t-\tau)\, dt\right) \Bigg/ \left(\lim_{T\to\infty} \frac{1}{2T} \int_{-T}^{+T} s^2(t)\, dt\right), \qquad (7.25)$$

welcher für $\tau = 0$ seinen größten Wert eins annimmt.
Die AKFρ und die Leistungsdichte hängen nach Wiener dadurch zusammen, daß sie ihre gegenseitigen Fourier-Transformierten sind. Dazu bildet man zunächst die inverse Fourier-Transformierte [36] der spektralen Leistungsdichte

$$\frac{1}{2} \int_{-\infty}^{+\infty} X(f)\; e^{j2\pi f\tau}\; df = \lim_{T\to\infty} \frac{1}{2T} \int_{-\infty}^{+\infty} \underline{S}_T(f)\;\; \underline{S}_T^*(f)\; e^{j2\pi f\tau}\; df.$$

Drückt man nun $\underline{S}^*(f)$ durch $\underline{s}(t)$ aus, so erhält man die Beziehung

$$\begin{aligned}&\lim_{T\to\infty} \frac{1}{2T}\int_{-\infty}^{+\infty} \underline{S}_T(f)\,\mathrm{d}f \int_{-\infty}^{+\infty} s_T(t)\ \mathrm{e}^{\mathrm{j}2\pi f t}\,\mathrm{e}^{\mathrm{j}2\pi f\tau}\ \mathrm{d}t\\
&= \lim_{T\to\infty} \frac{1}{2T}\int_{-\infty}^{+\infty} s_T(t)\ \mathrm{d}t \int_{-\infty}^{+\infty} \underline{S}_T(f)\ \mathrm{e}^{\mathrm{j}2\pi f(t+\tau)}\ \mathrm{d}f\\
&= \lim_{T\to\infty} \frac{1}{2T}\int_{-\infty}^{+\infty} s_T(t)\ s_T(t-\tau)\ \mathrm{d}t = \lim_{T\to\infty}\frac{1}{2T}\int_{-T}^{+T} \underline{s}(t)\ \underline{s}(t-\tau)\ \mathrm{d}t = r(\tau).\end{aligned} \tag{7.26}$$

Damit erhält man das bekannte **Wiener-Theorem** [71]

$$r(\tau) = \lim_{T\to\infty}\frac{1}{2T}\int_{-T}^{+T} \underline{s}(t)\ \underline{s}(t-\tau)\ \mathrm{d}t = \lim_{T\to\infty}\frac{1}{2T}\int_{-\infty}^{+\infty} \underline{S}_T(f)\ \underline{S}_T{}^*(f)\ \mathrm{e}^{\mathrm{j}2\pi f\tau}\ \mathrm{d}f.$$

Da aber $r(\tau)$ eine reelle Funktion ist, wird nach (7.26)

$$r(\tau) = \mathrm{Re}\left(\frac{1}{2}\int_{-\infty}^{+\infty} X(f)\ \mathrm{e}^{\mathrm{j}2\pi f\tau}\ \mathrm{d}f\right) = \int_{0}^{+\infty} X(f)\ \cos\,(2\pi f\tau)\ \mathrm{d}f,$$

und man sieht, daß $r(\tau)$ für alle Vorgänge eine gerade Funktion ist. Führt man nun die zur obigen Gleichung inverse Fourier-Transformation durch, so erhält man

$$X(f)/2 = \left(\mathrm{Re}\int_{-\infty}^{+\infty} r(\tau)\ \mathrm{e}^{-\mathrm{j}2\pi f\tau}\ \mathrm{d}\tau\right)$$

$$X(f) = 4\int_{0}^{+\infty} r(\tau)\ \cos(2\pi f\tau)\ \mathrm{d}\tau.$$

Der besondere Vorzug der AKF liegt darin, daß mit ihrer Hilfe das spektrale Verhalten eines **statistischen Vorganges** hinreichend beschrieben werden kann. Bei allen statistischen Vorgängen mit identischer AKF ist auch der Verlauf des Leistungsspektrums identisch [71].

Diese theoretischen Erkenntnisse werden unmittelbar bei einem Interferometertyp angewandt, der im Prinzip in Bild 7.20 [26] wiedergegeben ist. Die von den Antennen *A* und *B* aufgenommenen Signale werden zunächst verstärkt, ehe sie über Zuleitungen einer Multiplikationsschaltung mit nachfolgendem Mittelwertbildner (Integrator), dem **Kor-**

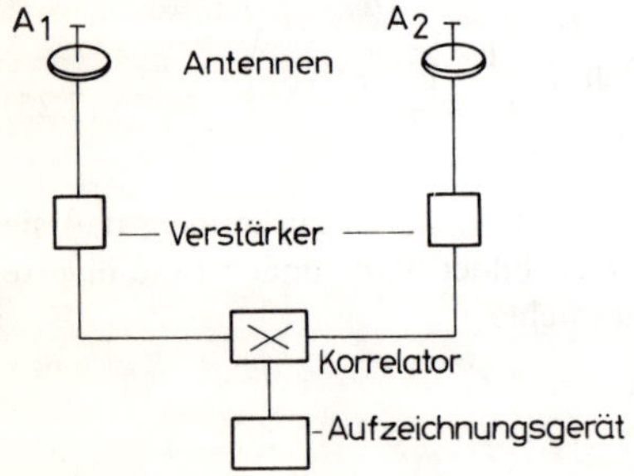

Bild 7.20. Prinzip des Korrelationsinterferometers

Bild 7.21. Korrelationsinterferometer mit Interferenzstreifenfilter [72]

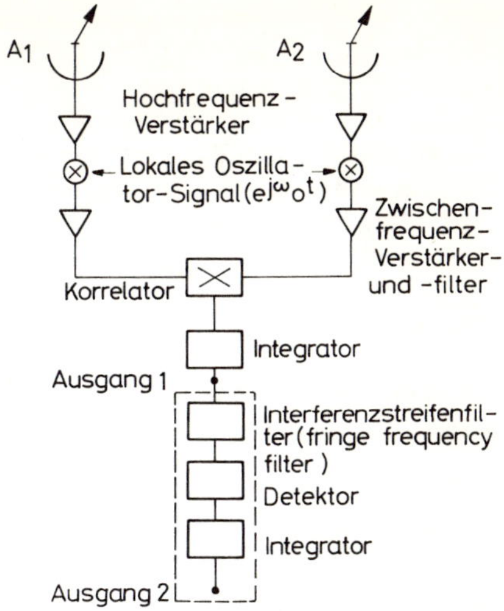

relator, zugeführt werden. Die beobachtete Quelle induziert in den Antennen die **Rauschströme** $i_1(t)$ und $i_2(t)$, die vollständig korreliert sind, da sie von einer einzigen Quelle stammen, wobei $i_2(t)$ bedingt durch den Elementabstand um die Zeitdifferenz τ (gegen $i_1(t)$) verzögert induziert wird. Andererseits können die von den Verstärkern herrührenden Rauschströme als vollkommen voneinander unabhängig angesehen werden, so daß ihr Produkt, welches im Korrelator gebildet wird, den zeitlichen Mittelwert Null besitzt. Auf diese Weise wird vermieden, daß das kontinuierliche (weiße) von den Verstärkern stammende Rauschen erst von den Informationen, die der Meßeinrichtung zugeführt werden, getrennt werden muß. Diese Eigenschaften von Korrelationsempfängern wurden zuerst in Frankreich 1959 von Blum in die Interferometertechnik eingeführt [26].

Der Aufbau eines üblichen Korrelationsinterferometers ist schematisch in Bild 7.21 wiedergegeben. Induziert die Radioquelle eine Rauschspannung (sie entspricht der Nutz-Signal-Spannung $\underline{U}$)

$$\mathrm{Re}\{\ \underline{U}(t)\ e^{j(\omega_0 + \omega_1)t}\}$$

innerhalb des interessierenden Frequenzbandes in der einen Antenne und die gleiche Spannung, jedoch um die Zeit τ verzögert, bei der anderen, und sind die Empfängerrauschspannungen $\underline{N}$

$$\mathrm{Re}\{\ \underline{N}_1(t)\ e^{j(\omega_0 + \omega_1)t}\}$$
$$\mathrm{Re}\{\ \underline{N}_2(t)\ e^{j(\omega_0 + \omega_1)t}\},$$

dann liegen an den Eingängen des Korrelators die Spannungen

$$\mathrm{Re}\{\ \underline{U}(t)\ e^{j\omega_1 t} + \underline{N}_1(t)\ e^{j\omega_1 t}\}$$
$$\mathrm{Re}\{\ \underline{U}(t-\tau)\ e^{j\omega_1 t}\ \ e^{-j(\omega_0 + \omega_1)\tau} + \underline{N}_2(t)\ e^{j\omega_1 t}\}.$$

Am Ausgang des Korrelators findet man

$$\mathrm{Re}\{\underline{U}(t)\ \underline{U}^*(t-\tau)\ \mathrm{e}^{\mathrm{j}(\omega_0+\omega_1)\tau} + \underline{N}_1(t)\ \underline{U}^*(t-\tau)\ \mathrm{e}^{\mathrm{j}(\omega_0+\omega_1)\tau} + \underline{U}(t)\ \underline{N}_2^*(t) + \underline{N}_1(t)\,\underline{N}_2^*(t)\}.$$

Nimmt man an, daß die Verzögerungszeit τ klein gegenüber der Korrelationszeit von $\underline{U}(t)$ ist, so daß $\underline{U}(t-\tau) \approx \underline{U}(t)$ ist, und daß der Integrator, der den zeitlichen Mittelwert bildet, mit der Tastfrequenz $f = 1/\Delta t$ getastet wird, dann ist die Ausgangsgröße an dieser Stelle

$$\overline{\mathrm{Re}\{\underline{U}(t)\ \underline{U}^*(t)}\ \mathrm{e}^{\mathrm{j}(\omega_0+\omega_1)\tau} + \overline{\underline{N}_1(t)\ \underline{U}^*(t)}\ \mathrm{e}^{\mathrm{j}(\omega_0+\omega_1)\tau} + \overline{\underline{N}_2^*(t)\ \underline{U}(t)} + \overline{\underline{N}_1(t)\ \underline{N}_2^*(t)}\},$$

wobei die Querbalken den Mittelwert über der Zeit Δt angeben sollen. Die erwartete Ausgangsgröße am Ausgang 1 ist gleich

$$\underline{U}(t)\ \underline{U}^*(t)\ \cos(\omega_0 + \omega_1)\,\tau.$$

Daher beträgt das Quadrat des Rauschens an dieser Stelle

$$\begin{aligned} N^2 &= |\overline{\underline{U}(t)\ \underline{U}^*(t)}\,\mathrm{e}^{\mathrm{j}(\omega_0+\omega_1)\tau} + \overline{\underline{N}_1(t)\ \underline{U}^*(t)}\ \mathrm{e}^{\mathrm{j}(\omega_0+\omega_1)\tau} + \overline{\underline{N}_2^*(t)\ \underline{U}(t)} + \\ &\quad + \overline{\underline{N}_1(t)\ \underline{N}_2^*(t)} - \underline{U}(t)\ \underline{U}^*(t)\ \cos(\omega_0 + \omega_1)\tau|^2 \qquad (7.27) \\ &= |[\overline{\underline{U}(t)\ \underline{U}^*(t)} - \underline{U}(t)\ \underline{U}^*(t)]\ \cos(\omega_0 + \omega_1)\tau + \overline{\underline{N}_1(t)\ \underline{U}^*(t)}\ \mathrm{e}^{\mathrm{j}(\omega+\omega)\tau} + \\ &\quad + \overline{\underline{N}_2^*(t)\,\underline{U}(t)} + \overline{\underline{N}_1(t)\ \underline{N}_2^*(t)}|^2 \\ &= \{[\overline{\underline{U}(t)\ \underline{U}^*(t)} - \underline{U}(t)\ \underline{U}^*(t)]^2\ \cos^2(\omega_0 + \omega_1)\tau + |\overline{\underline{N}_1(t)\ \underline{U}^*(t)}|^2 \\ &\quad + |\overline{\underline{N}_2^*(t)\ \underline{U}(t)}|^2 + |\overline{\underline{N}_1(t)\ \underline{N}_2^*(t)}|^2\}. \end{aligned}$$

Setzt man voraus, daß $\underline{N}_1(t)$, $\underline{N}_2(t)$ und $\underline{U}(t)$ die gleichen Leistungsspektren besitzen, dann lassen sich diese Annahmen in folgender Weise auswerten

mit

$$\begin{aligned} s &= \underline{U}(t)\ \underline{U}^*(t), \\ n_1 &= \underline{N}_1(t)\ \underline{N}_1^*(t), \qquad (7.28) \\ n_2 &= \underline{N}_2(t)\ \underline{N}_2^*(t), \end{aligned}$$

$$N^2 = \frac{1}{\Delta t}\ C\left(\frac{1}{2}\,s^2 + n_1\ s + n_2\ s + n_1\ n_2\right), \qquad (7.29)$$

wobei C das Integral über dem Quadratwert der **Autokorrelationsfunktion** darstellt.

$$\begin{aligned} C &= \left|\frac{1}{\underline{U}\ \underline{U}^*}\right| \int_{-\infty}^{+\infty} |\,\underline{U}(t)\,\underline{U}(t-x)|^2\ \mathrm{d}x \\ &= \left|\frac{1}{\underline{N}_1\ \underline{N}_1^*}\right| \int_{-\infty}^{+\infty} |\,\underline{N}_1(t)\ \underline{N}_1(t-x)|^2\ \mathrm{d}x \\ &= \left|\frac{1}{\underline{N}_2\ \underline{N}_2^*}\right| \int_{-\infty}^{+\infty} |\,\underline{N}_2(t)\ \underline{N}_2(t-x)|^2\ \mathrm{d}x. \qquad (7.30) \end{aligned}$$

Die Ausgangsfunktion eines Interferometers dieser Art wird normalerweise analysiert, indem man sie mit einer Sinusschwingung mit der Kreisfrequenz $\omega_f = (\omega_0 + \omega_1)\, d\tau/dt$ kreuzkorreliert. Der Amplitudenfehler des eingespeisten Sinussignals ist für eine Periode $m \cdot \Delta t$ gleich $\sqrt{2/m}\, N$, wobei vorausgesetzt wird, daß dieser Ausdruck sehr viel kleiner als s ist.

Eine andere Methode, welche im umrandeten Bereich von Bild 7.21 angewandt wird, bedient sich anstelle des **zeitlichen Mittelwertbildners (Integrators)** oder zusätzlich eines **Interferenzstreifenfilters.** Enthält dieses Filter einen Bandpaß, der durch die Länge der Integrationszeit $m \cdot \Delta t$ charakterisiert ist, und ist ferner das **Signal-Rausch-Verhältnis** am Ende etwas größer als eins, so führt diese Art des Vorgehens auf das gleiche Signal-Rausch-Verhältnis wie die erste, da ja der Einsatz eines Interferenzstreifenfilters die gleiche Wirkung hervorruft wie die einer Korrelation mit einer Sinusschwingung.

Bild 7.22a zeigt das übliche Intensitätsinterferometer (postdetection interferometer), welches im folgenden Abschnitt eingehend besprochen wird. Eine abgewandelte Anordnung von der in Bild 7.22a wird in Bild 7.22b vorgestellt. Beide Anordnungen sind gleichwertig aus folgendem Grund: Liegen die Spannungen Re $\{ \underline{U}_1 \}$ und Re $\{ \underline{U}_2 \}$ an

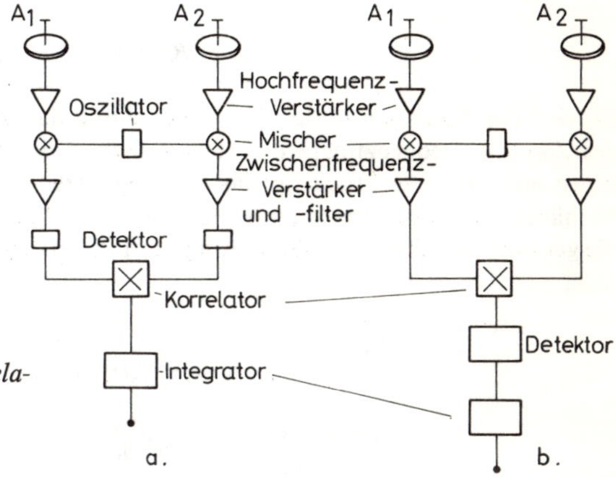

Bild 7.22. „Postdetection"-Korrelationsinterferometer
a) üblicher Aufbau
b) abgewandelter Aufbau

den Ausgängen der beiden Zwischenfrequenzverstärker, dann findet man bei beiden Systemen am Ausgang des Integrators

$$\overline{\underline{U}_1 \underline{U}_1^* \underline{U}_2 \underline{U}_2^*}.$$

Das in Bild 7.22b dargestellte System entspricht bis auf das Interferenzstreifenfilter dem in Bild 7.21 abgebildeten. Es läßt sich nun eine Reihe verschiedener Interferometersysteme entwickeln, die sich nur durch die Bandbreite dieses Filters unterscheiden. Ist diese **Bandbreite** durch die gesamte **Integrationszeit** bestimmt, so handelt es sich um ein normales Korrelationsinterferometer (ohne Berücksichtigung der Phase). Besitzt das Filter eine Bandbreite, die doppelt so groß oder größer ist als die Zwischenfrequenzbandbreite, so entspricht dieser Typ dem Intensitätsinterferometer.

Das Signal-Rausch-Verhältnis eines zwischen den oben erwähnten liegenden Typs mit einem Interferenzstreifenfilter der eingeschränkten Bandbreite B_f ist unten angeführt unter der Annahme, daß

$$\underline{U}(t)\ \underline{U}^*(t) = s \ll \underline{N}_1(t)\ \underline{N}_1^*(t)$$

und

$$\underline{N}_1(t)\ \underline{N}_1^*(t) = \underline{N}_2(t)\ \underline{N}_2^*(t) = n \tag{7.31}$$

ist.

Dann liegt am Eingang des Interferenzstreifenfilters näherungsweise

$$\mathrm{Re}\,\{\,\underline{U}(t)\ \underline{U}^*(t)\ \mathrm{e}^{\mathrm{j}(\omega_0+\omega_1)\tau} + \underline{N}_1(t)\ \underline{N}_2^*(t)\,\}.$$

An dieser Stelle beträgt das Verhältnis der Signalleistung zur Rauschleistung

$$\frac{1}{2}\,[\underline{U}(t)\ \underline{U}^*(t)]^2/[\underline{N}_1(t)\ \underline{N}_1^*(t)\ \underline{N}_2(t)\ \underline{N}_2^*(t)].$$

Haben die Zwischenfrequenzfilter einen rechteckigen Bandpaß der Bandbreite

$$B_{\mathrm{ZF}} \gg B_f \text{ und } B_{\mathrm{ZF}} \gg \frac{\omega_f}{2\pi},$$

so wird das Rauschen hinter dem Filter durch das Verhältnis zwischen dem Bandpaß des Zwischenfrequenzfilters und dem Bandpaß des Interferenzstreifenfilters reduziert. Einen einfachen Ausdruck für das bandbegrenzte Rauschen ergibt das Signal-Rausch-Verhältnis des Ausgangs an, integriert über eine Zeit $\tau \gg 1/B_f$ unter der Annahme, daß die gesamte **Interferenzstreifenleistung** das Interferenzstreifenfilter passiert [72]

$$\begin{aligned}\frac{S}{N} &= \frac{1}{2a}\sqrt{B_f\tau}\,\frac{[\underline{U}(t)\ \underline{U}^*(t)]^2}{[\underline{N}_1(t)\ \underline{N}_1^*(t)\ \underline{N}_2(t)\ \underline{N}_2^*(t)]\ B_f/B_{\mathrm{ZF}} + [\underline{U}(t)\ \underline{U}^*(t)]^2}\\ &= \frac{a\ \sqrt{B_f\tau}\ B_{\mathrm{ZF}}\ s^2\left(1+\dfrac{s^2\,B_{\mathrm{ZF}}}{n^2\,B_f}\right)^{-1}}{2\,B_f\ n^2},\end{aligned} \tag{7.32}$$

wobei a eine Konstante der Größenordnung eins ist. Zudem wurde die Annahme getroffen, daß für die Berechnung des Falles eines hohen Signal-Rausch-Verhältnisses die Interferenzstreifenfunktion auch eine Bandbreite B_f besitzt. Trifft diese Annahme nicht zu, so ändert sich der Ausdruck in der Klammer. Bei kleinem Signal-Rausch-Verhältnis findet diese Änderung hinter dem Interferenzstreifenfilter umgekehrt proportional mit der Quadratwurzel aus B_f statt.

7.9.1. *Hanbury-Brown-Twiss-Intensitätsinterferometer (Post Detection Correlation Interferometer)*

Das Auflösungsvermögen eines Interferometers vom Michelsonschen Typ ist proportional dem Abstand seiner Elemente und kann daher durch Vergrößerung der **Basis** verbessert werden. Bei einer kurzen Basis von nur einigen Kilometern werden Hochfrequenzkabel zur Verbindung der Elemente mit der Empfangseinrichtung benutzt. Wächst die Basislänge über ein bestimmtes Maß hinaus, dann werden die Kabel durch entsprechende **Richtfunkstrecken** ersetzt. Daraus ergeben sich Schwierigkeiten bei der Aufrechterhaltung der Phasenstabilität in der Übertragung und der Empfangsapparatur, die durch Fluktuationen im Ausbreitungsmedium (Luftturbulenzen) entstehen. Die Phasenunstabilität führt zur Verschiebung der Interferenzkeulen, was wieder zu einer „Verwaschung" der Interferenzstreifen führt. Wird die Basislänge auf über 50 km erhöht, so wird es fast unmöglich, die **Phasenstabilität** bei normalen Bedingungen für die Ausbreitung von Radiowellen aufrechtzuerhalten. Damit wäre die Grenze des Anwendungsbereichs eines üblichen Michelsonschen Radiointerferometers erreicht.

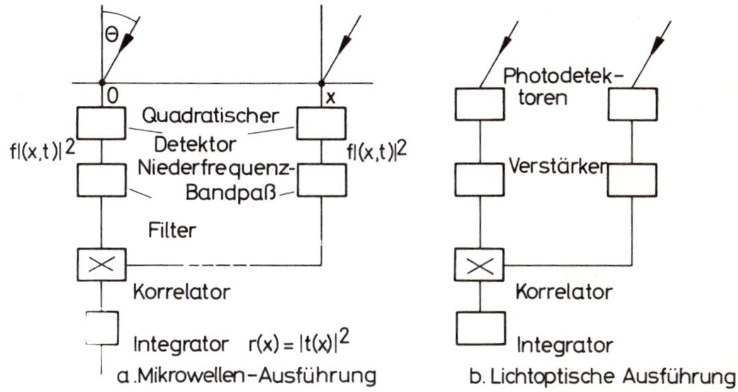

Bild 7.23. Das Handbury-Brown-Twiss-Intensitätsinterferometer

Hanbury-Brown und Twiss haben diese Schwierigkeiten erkannt und sie zu überwinden getrachtet, indem sie die Funkverbindung zu den weit entfernten Elementen durch eine geeignetere Anordnung ersetzten. Eine schematische Darstellung dieses Systems ist in Bild 7.23 gegeben [60, 73, 77]. Die Ausgangssignale jeder der Elementantennen, die **Rundstrahlcharakteristik** besitzen sollen, werden bei diesem Intensitätsinterferometer quadratisch demoduliert. Die am Ausgang des quadratischen Detektors niederfrequenten Signale, Intensitätsfluktuationen, werden über Niederfrequenzleitungen dem Korrelator zugeführt. Diese **Intensitätsfluktuationen** sind statistisch nicht unabhängig, und nachdem der zeitliche Mittelwert gebildet worden ist, erhält man am Ausgang des **Intensitätsinterferometers** eine Funktion der Form

$$r(x) = |\underline{t}(x)|^2, \tag{7.33}$$

wobei $\underline{t}(x)$ dem Raumfrequenzspektrum einer Helligkeitsverteilung $T(u)$ entspricht. Der mathematische Zusammenhang [35, 50, 75] ergibt sich wie folgt:
Die niederfrequenten Ausgangsfunktionen der beiden quadratischen Detektoren sind $|\underline{f}(0, t)|^2$ und $|\underline{f}(x, t)|^2$. Werden beide Signale idealen Bandpaßfiltern zugeführt, die die **Gleichanteile** eliminieren, jedoch alle veränderlichen Komponenten übertragen, so erhält man

$$|\underline{f}(0, t)|^2 - t(0) \text{ und } |\underline{f}(x, t)|^2 - t(0),$$

wobei

$$t(0) = \overline{|\underline{f}(0, t)|^2} = \overline{|\underline{f}(x, t)|^2} \tag{7.34}$$

dem Gleichanteil der beiden Ausgangsfunktionen entspricht. Bringt man diese im Korrelator zusammen und bildet man den **zeitlichen Mittelwert,** dann ergibt sich

$$\begin{aligned} r(x) &= \overline{[|\underline{f}(0, t)|^2 - t(0)]\ [|\underline{f}(x, t)|^2 - t(0)]} \\ &= \overline{|\underline{f}(0, t)|^2\ |\underline{f}(x, t)|^2 - |\underline{f}(0, t)|^2\ t(0) - |\underline{f}(x, t)|^2\ t(0) + t(0)^2} \end{aligned} \tag{7.35}$$

Führt man die **Momentenformel** vierter Ordnung ein [21]

$$\overline{\underline{f}_1 \underline{f}_2^* \underline{f}_3 \underline{f}_4^*} = \overline{\underline{f}_1 \underline{f}_2^*}\ \overline{\underline{f}_3 \underline{f}_4^*} + \overline{\underline{f}_1 \underline{f}_4^*}\ \overline{\underline{f}_2^* \underline{f}_3} \tag{7.36}$$

und löst man folgende Ausdrücke auf

$$|\underline{f}(0, t)|^2 = \underline{f}(0, t)\ \underline{f}^*(0, t)$$

$$|\underline{f}(x, t)|^2 = \underline{f}(x, t)\ \underline{f}^*(x, t),$$

so erhält man mit $\underline{t}(x) = \overline{\underline{f}(0, t)\ \underline{f}(x, t)}$ sowie mit (7.34)

$$\begin{aligned} r(x) &= \overline{\underline{f}(0, t)\underline{f}^*(0, t)\underline{f}(x, t)\underline{f}^*(x, t) - t(0)\,[\underline{f}(0, t)\underline{f}^*(0, t) + \underline{f}(x, t)\underline{f}^*(x, t)] + t(0)^2} \\ &= \overline{\underline{f}(0, t)\ \underline{f}^*(0, t)}\ \overline{\underline{f}(x, t)\ \underline{f}^*(x, t)} + \overline{\underline{f}(0, t)\ \underline{f}^*(x, t)}\ \overline{\underline{f}^*(0, t)\ \underline{f}(x, t)} - \\ &\quad - t(0)\ [\underline{f}(0, t)\ \underline{f}^*(0, t) + \underline{f}(x, t)\ \underline{f}^*(x, t)] + t(0)^2 \\ &= t(0)^2 + |\underline{t}(x)|^2 - t(0)\ [t(0) + t(0)] + t(0)^2 \\ &= |\underline{t}(x)|^2, \end{aligned} \tag{7.37}$$

was dem gewünschten Ergebnis entspricht.
Die Ausgangsfunktion dieses Intensitätsinterferometers ist, wenn der Elementabstand verändert wird, proportional dem quadratischen Absolutwert des Raumfrequenzspektrums der Quellenverteilung, eines Spektrums, welches im allgemeinen komplexer Natur ist. Da das Argument von $\underline{t}(x)$ durch die Quadrierung weggefallen ist, läßt sich dem normalen Intensitätsinterferometer **keine** Information über die **Phase** entnehmen. In Anbetracht der Komplexität des Raumfrequenzspektrums sollte jedoch jedes Interferometer zwei Ausgangsgrößen, d. h. eine komplexe Ausgangsfunktion, liefern.

Der Hauptvorteil des Intensitätsinterferometers besteht darin, daß es auch bei **extrem großen Basislängen** verwendet werden kann, was ein viel höheres Auflösungsvermögen als z. B beim Michelson-Interferometer zur Folge hat. Ein anderer wesentlicher Vorzug besteht in der relativen Unempfindlichkeit gegenüber Phasenschwankungen des einfallenden Signals. Ernste Nachteile: die Empfindlichkeit ist recht gering, verglichen mit der anderer Systeme, so daß es praktisch nur zur Untersuchung von Quellen sehr hoher Strahlungsintensität verwendet werden kann.

Es bleibt noch zu erwähnen, daß das Prinzip des Intensitätsinterferometers inzwischen auch in der optischen Interferometrie Verwendung gefunden hat. Das größte Michelsonsche Stellarinterferometer des Mount-Wilson-Observatoriums hatte eine Basis von 6 m. Eine weitere Steigerung des Spiegelabstandes scheiterte wegen technischer Schwierigkeiten, die beim optischen Intensitätsinterferometer, welches Hanbury-Brown und Twiss 1958 gebaut haben, um den Durchmesser von Sirius A zu bestimmen, umgangen werden konnten. Der **Winkeldurchmesser** des Gestirns wurde mit $6{,}7 \cdot 10^{-3}$ Bogensekunden bestimmt, ein Wert, der das Auflösungsvermögen des Michelson-Interferometers beträchtlich übertrifft. Die Universität von Sidney (Australien) verfügt über ein radioastronomisches Intensitätsinterferometer von in diesem Bereich bisher unvorstellbaren Ausmaßen. Dieses Instrument besteht aus zwei Spiegeln von je $30\,\mathrm{m}^2$, die auf einer kreisförmigen Schienenstrecke mit 200 m Durchmesser montiert sind. Das Prinzip dieses Systems ist in Bild 7.23b wiedergegeben [74, 76].

7.9.2. „Compound"-Intensitätsinterferometer

Ein ideales Interferometer sollte die Vorzüge des Michelsonschen und des Hambury-Brown-Twiss-Interferometers in sich vereinigen, indem es die **Phaseninformation** unverfälscht wiedergibt und indem die Hochfrequenzübertragungen zwischen den weit auseinanderstehenden Elementen durch Niederfrequenzleitungen ersetzt sind. Setzt man die beiden Systeme zu einem neuen Interferometersystem zusammen, so erhält man ein **„zusammengesetztes** Intensitätsinterferometer" (englisch: „compound intensity interferometer") [123], welches 1957 von Covington und Broten vorgestellt wurde [15, 60].

Bild 7.24 zeigt eine Gruppe, bestehend aus drei Elementen [1, 2, 3], die sich an den Stellen $x, x = 0, x = -\delta$, befinden. Die von den beiden benachbarten Elementen (1, 2) empfangenen Signale werden mit einer beliebigen, relativen Phase Φ zusammengeführt und wie beim Michelsonschen **Korrelationsinterferometer** in einen **Multiplikator** eingespeist. Das Signal von 3 wird quadratisch demoduliert. Auf diese Weise erhält man die beiden **niederfrequenten** Ausgangszeitfunktionen

$$\begin{aligned} &\mathrm{Re}\,\{\underline{f}(-\delta, t)\,\underline{f}^*(0, t)\,\mathrm{e}^{\mathrm{j}\Phi}\} \\ \text{und} \quad &|\underline{f}(x, t)|^2 \end{aligned} \tag{7.38}$$

Wie in Bild 7.24 gezeigt durchlaufen diese Funktionen anschließend ein Niederfrequenz-Bandpaßfilter, um die Gleichanteile herauszufiltern, und man erhält

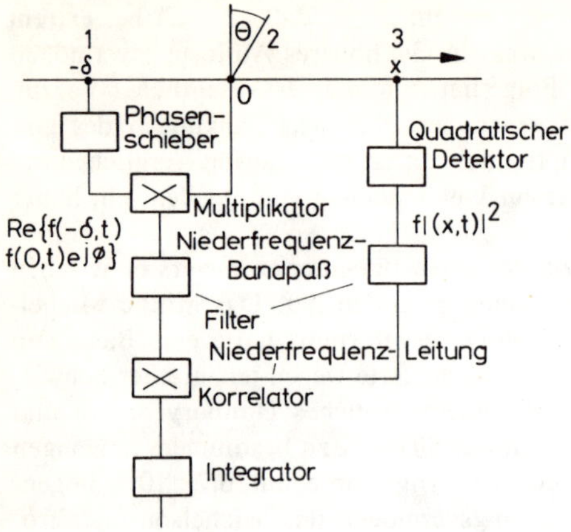

Bild 7.24 Das Compound-Intensitäts-Interferometer

$$\mathrm{Re}\,\{\underline{f}(-\delta, t)\underline{f}^*(0, t)\; \mathrm{e}^{\mathrm{j}\Phi}\} - \mathrm{Re}\,\{\underline{t}^*(\delta)\; \mathrm{e}^{\mathrm{j}\Phi}\}, \tag{7.39}$$

wobei der zweite Term dem Gleichanteil entspricht

$$\mathrm{Re}\,\{\underline{t}^*(\delta)\; \mathrm{e}^{\mathrm{j}\Phi}\} = \mathrm{Re}\overline{\{f(-\delta, t)\underline{f}^*(0, t)\, \mathrm{e}^{\mathrm{j}\Phi}\}}. \tag{7.40}$$

$t^*(\delta)$ ist der konjugiert komplexe Wert von $t(\delta)$, dem Raumfrequenzspektrum für den Elementabstand δ.

Am Ausgang des Bandpaßfilters der dritten Antenne findet man

$$|\underline{f}(x, t)|^2 - \underline{t}(0), \tag{7.41}$$

wobei der zweite Term wiederum dem Gleichanteil entspricht, d. h.

$$t(0) = \overline{|\underline{f}(x, t)|^2} = \overline{\underline{f}(x, t)\; \underline{f}^*(x, t)}. \tag{7.42}$$

Bringt man diese Ausdrücke für die Intensitätsfluktuationen über Niederfrequenzleitungen zusammen, multipliziert man sie und bildet den zeitlichen Mittelwert, so erhält man am Ausgang des Systems

$$\begin{aligned} r(x, \delta, \Phi) &= \overline{[\mathrm{Re}\,\{\underline{f}(-\delta, t)\; \underline{f}^*(0, t)\; \mathrm{e}^{\mathrm{j}\Phi}\} - \mathrm{Re}\,\{\underline{t}^*(\delta)\; \mathrm{e}^{\mathrm{j}\Phi}\}]\; [|\underline{f}(x, t)|^2 - t(0)]} \\ &= \overline{\mathrm{Re}\,\{\underline{f}(-\delta, t)\; \underline{f}^*(0, t)\; \mathrm{e}^{\mathrm{j}\Phi}\}\underline{f}(x, t)\; \underline{f}^*(x, t)} - t(0)\; \overline{\mathrm{Re}\,\{\underline{f}(-\delta, t)\, \times} \\ &\quad \overline{\times\, \underline{f}^*(0, t)\; \mathrm{e}^{\mathrm{j}\Phi}\}} - \overline{\mathrm{Re}\,\{t^*(\delta)\; \mathrm{e}^{\mathrm{j}\Phi}\}\; \underline{f}(x, t)\; \underline{f}^*(x, t)} + t(0)\; \mathrm{Re}\,\{\underline{t}^*(\delta)\; \mathrm{e}^{\mathrm{j}\Phi}\}, \end{aligned} \tag{7.43}$$

da man die Gleichanteile ja nicht mehr zeitlich mitteln kann. Schreibt man die Realteile unter Berücksichtigung von

$$\cos\Phi = \frac{1}{2}\,(\mathrm{e}^{\mathrm{j}\Phi} + \mathrm{e}^{-\mathrm{j}\Phi}) \tag{7.44}$$

um, dann erhält man mit (7.40) und (7.42)

$$r(x, \delta, \Phi) = \frac{1}{2} \overline{\underline{f}(-\delta, t)\, \underline{f}^*(0, t)\, \underline{f}(x, t)\, \underline{f}^*(x, t)\; e^{j\Phi}} +$$

$$+ \frac{1}{2} \overline{\underline{f}^*(-\delta, t)\, \underline{f}(0, t)\, \underline{f}^*(x, t)\, \underline{f}(x, t)\; e^{-j\Phi}} -$$

$$- t(0)\ \mathrm{Re}\{t^*(\delta)\ e^{j\Phi}\} - \mathrm{Re}\{t^*(\delta)\ e^{j\Phi}\}\ t(0) + t(0)\ \mathrm{Re}\{t^*(\delta)\ e^{j\Phi}\}. \tag{7.45}$$

Mit (7.36) folgt daraus

$$r(x, \delta, \Phi) = \frac{1}{2} \overline{\underline{f}(-\delta, t)\, \underline{f}^*(0, t)}\ \overline{\underline{f}(x, t)\, \underline{f}^*(x, t)}\ e^{j\Phi} +$$

$$+ \frac{1}{2} \overline{\underline{f}(-\delta, t)\, \underline{f}^*(x, t)}\ \overline{\underline{f}^*(0, t)\, \underline{f}(x, t)}\ e^{j\Phi} +$$

$$+ \frac{1}{2} \overline{\underline{f}^*(-\delta, t)\, \underline{f}(0, t)}\ \overline{\underline{f}(x, t)\, \underline{f}^*(x, t)}\ e^{-j\Phi} +$$

$$+ \frac{1}{2} \overline{\underline{f}^*(-\delta, t)\, \underline{f}(x, t)}\ \overline{\underline{f}(0, t)\, \underline{f}^*(x, t)}\ e^{-j\Phi} - t(0)\ \mathrm{Re}\{\underline{t}^*(\delta)\ e^{j\Phi}\}$$

$$= \frac{1}{2} [\underline{t}^*(\delta)\, t(0)\ e^{j\Phi} + \underline{t}^*(x + \delta)\ \underline{t}(x)\ e^{j\Phi} + \underline{t}(\delta)\ t(0)\ e^{-j\Phi} +$$

$$+ \underline{t}(x + \delta)\ \underline{t}^*(x)\ e^{-j\Phi}] - t(0)\ \mathrm{Re}\{\underline{t}^*(\delta)\ e^{j\Phi}\}$$

$$= \frac{1}{2}\, \underline{t}^*(x + \delta)\ \underline{t}(x)\ e^{j\Phi} + \frac{1}{2}\, \underline{t}(x + \delta)\ \underline{t}^*(x)\ e^{-j\Phi} \tag{7.46}$$

$$\underline{r}(x, \delta, \Phi) = \mathrm{Re}\{\underline{t}^*(x)\ \underline{t}(x + \delta)\ e^{-j\Phi}\}. \tag{7.47}$$

Setzt man $\Phi = 0$, so erhält man

$$r(x, \delta, 0) = \mathrm{Re}\{\underline{t}^*(x)\ \underline{t}(x + \delta)\} \tag{7.48}$$

bzw. für $\Phi = \pi/2$

$$r\left(x, \delta, \frac{\pi}{2}\right) = \mathrm{Im}\{\underline{t}^*(x)\ \underline{t}(x + \delta)\}\,. \tag{7.49}$$

Folglich ergeben sich am Ausgang des Interferometers aus zwei unabhängigen Messungen mit $\Phi = 0$, bzw. $\Phi = \pi/2$, Real- und Imaginärteil der Funktion, die daher wie folgt ausgedrückt werden kann

$$r(x, \delta) = \underline{t}^*(x)\ \underline{t}(x + \delta)$$

oder

$$r(x, \delta) = r(x, \delta, 0) + j\ r(x, \delta, \pi/2) \tag{7.50}$$

In der Praxis wird $\underline{r}(x, \delta)$ für verschiedene Werte von x gemessen, indem die Basis des Interferometers verändert wird. Man wählt am besten $x = k\,\delta$ mit $k = 1, 2, 3, \ldots$

$n - 1, n$, womit man für jeden Wert von k die Ausgangsfunktion $r(k\delta, \delta)$ erhält, die im folgenden der Einfachheit halber $r(k\delta)$ geschrieben werden soll. Mit Hilfe der Gleichung (7.34) erhält man bei $x = \delta$ für das Raumfrequenzspektrum

$$t(\delta) = \frac{r(0)}{t(0)} \tag{7.51}$$

Die **Raumfrequenzkomponente** $t(0)$ kann man durch Bildung des zeitlichen Mittelwertes der quadratisch demodulierten Ausgangsfunktion des Elementes an der Stelle x ermitteln. Dann läßt sich mit Hilfe der Gleichung (7.50) zeigen, daß für $n > 1$

$$t(n\delta) = \prod_{k=0}^{Q} \frac{r\,[(n-1-2k)\delta]}{r^*[(n-2-2k)\delta]}\,\bar{r}_n(0) \tag{7.52}$$

wird, wobei $Q = \frac{n}{2} - 1, \quad \bar{r}_n(0) = t(0)$ für gerades n

und $Q = \frac{n-1}{2}, \quad \bar{r}_n(0) = \frac{r(0)}{t(0)}$ für ungerades n

ist. Definiert man

$$\rho(x) = \arg\{r(x)\}, \tag{7.53}$$

so kann unter Berücksichtigung von (7.52) die Phase von $t(n\delta)$ mit

$$\alpha(n\delta) = \sum_{k=0}^{n-1} \rho(k\delta) \tag{7.54}$$

angegeben werden. Gleichung (7.54) besagt, daß die Phase des Raumfrequenzspektrums bei $x = n\delta$ einfach die Summe der gemessenen Phasen der komplexen Ausgangsfunktionen des „Compound-Intensitäts“-Interferometers, bestimmt durch gleiche **Intervallsprünge** von $x = 0$ bis $x = (n-1)\delta$, darstellt. Es bleibt noch zu erwähnen, daß das „Compound-Intensitäts“-Interferometer auf ein Hanbury-Brown-Twiss-Interferometer reduziert wird, wenn der Abstand der beiden eng beieinanderstehenden Elemente (1, 2) gleich null wird

$$\lim_{\delta\to 0} r(x,\delta) = \lim_{\delta\to 0} t^*(x)\, t(x+\delta) = t(x)\, t^*(x) = |t(x)|^2 = r(x). \tag{7.55}$$

Damit wird die Ausgangsgröße für $\Phi = \pi/2$ gleich null.

Der Elementabstand δ ist vorgeschrieben durch das **Abtasttheorem** [35, 71] (sampling theorem), welches verlangt, daß $\delta = \lambda/2$ gewählt wird. Dann, nachdem man $t(k\lambda/2)$ für $k = 0, 1, \ldots, n$ ermittelt hat, werden die Werte einfach in Gleichung (5.21) eingesetzt, um eine Karte der Helligkeitstemperaturverteilung zu erlangen.

7.9.3. Großbasis-Interferometer (long baseline interferometer)

Die Notwendigkeit, das Winkelauflösungsvermögen radioastronomischer Beobachtung bis an die Grenzen der gegebenen technischen Möglichkeiten zu steigern, gab Anlaß, vorhandene große Radioteleskope in Interferometeranordnung arbeiten zu lassen [5, 18, 77].

Die bisher größten gewählten Basislängen [18] zwischen zwei solchen in einer Interferometeranordnung betriebenen Stationen sind aus der folgenden Tabelle zu entnehmen.

Tabelle 2
Aufstellung über einige Mittel-(M-) und Großbasis-(VLBI-)Radiointerferometer [122)

Art	Ort 1	Ort 2	Antennenart (Durchmesser/m)	Basislänge km	Betriebs-frequenz MHz
M	Jodrell Bank GB	Jodrell Bank	Rotations- und Zylinderparabol $76^{\varnothing}$ und 200 × 40	4; 18,6; 60; 115	158,9
M	Jodrell Bank GB	Jodrell Bank	Rotations- und bodenfestes Parabol $76^{\varnothing}$, $40^{\varnothing}$	0,305	158,9
M	Mullard R. O. Obs., GB	Mullard R. O.	Zylinderparabole 97,5 × 12,2; Winkelrefl. 100 × 12,2	0,3; 0,518; 0,7	38; 81; 158; 176; 406
M	Haute Provence Obs. Fr.	Haute Provence	Zylinderparabole 60 × 32	1,1	300
M	Green Bank NRAO USA	Green Bank	Rotations-parabole $26^{\varnothing}$	0,6	3000
VLBI	Algonquin Park Kanada	Penticon Brit. Kol. Kan.	Rotations-parabole $45{,}7^{\varnothing}$; $25{,}6^{\varnothing}$	3074,0	1421
VLBI	Green Bank	Hat Creek Cal. USA	Rotations-parabole $42{,}0^{\varnothing}$; $28{,}0^{\varnothing}$	3500,0	1670
VLBI	Green Bank	Onsala Schweden	Rotations-parabole $42{,}0^{\varnothing}$; $25{,}6^{\varnothing}$	6319	5010
VLBI	Green Bank	Krim-Halbinsel UdSSR	Rotations-parabole $42{,}0^{\varnothing}$; $22{,}0^{\varnothing}$	8035	5010
VLBI	Green Bank	Parkes (Austr.)	Rot. par 42 $m^{\varnothing}$, 65 $m^{\varnothing}$	10 536	5000

Ältere Interferometeranordnungen arbeiten mit Basislängen von etwa 120 km (Jodrell Bank, Großbritannien) entsprechend $2 \cdot 10^6$ Wellenlängeneinheiten bei $\lambda = 6$ cm, und 175 km (ISSA, Boulder, USA) entsprechend $1{,}98 \cdot 10^4$ Wellenlängeneinheiten bei $\lambda = 870$ cm. Die beträchtliche **Steigerung** der **Basislänge** auf die beachtliche Entfernung über 3000 km wurde durch eine in der Radioastronomie neue Aufnahmetechnik möglich. Diese Interferometerstationen arbeiten im Prinzip wie Korrelationsinterferometer, d. h., es wird eine Korrelation zeitabhängiger Intensitätswerte vorgenommen, die lokal getrennt und durch unabhängig voneinander arbeitende Empfänger aufgenommen werden. Die Schwierigkeit dieses Prinzips in der Radioastronomie anzuwenden, lag in der Unvollkommenheit der technischen Mittel, eine **Korrelation** über **große** Entfernungen und mit **hoher** Genauigkeit vorzunehmen. Erst die Entwicklung von Atomuhren, etwa des **Rubidium-Frequenznormals** (das Rubidium-Normal besitzt gegenüber dem Cäsium-Normal eine größere Kurzzeitkonstanz, die hier besonders wichtig ist) und von **Magnetband**geräten hoher Aufnahmequalität, wie sie für die Fernsehtechnik verwendet werden, legte die Grundlage für die unter dem Namen Großbasisinterferometrie (V.L.B.I.) bekannt gewordene Beobachtungstechnik.

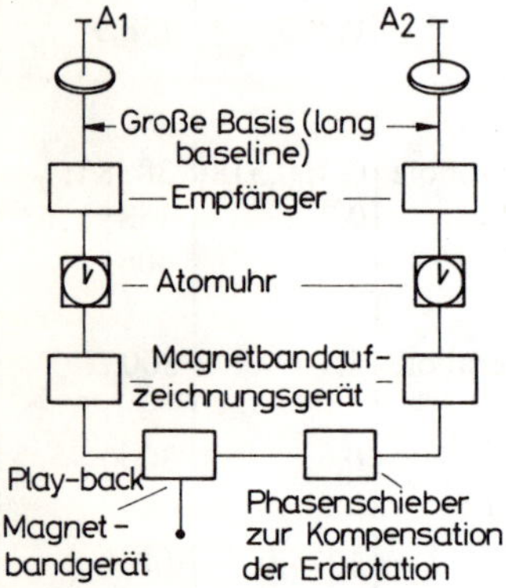

Bild 7.25 Großbasis-Interferometer (VLBI)

Bild 7.25 zeigt den prinzipiellen Aufbau von Großbasisinterferometern. Die Hauptschwierigkeit liegt in der sehr exakt durchzuführenden Korrelation von Magnetbandaufzeichnungen. Diese Magnetbänder müssen darüber hinaus eine Bandbreite von etwa 2 MHz aufweisen. Das Abspielen zweier Bänder auf ein drittes Band muß dann mit einer **Synchronisation** innerhalb 10^{-6} (bis 10^{-8}) s erfolgen. Zu diesem Zweck wurden die bereits seit Jahren in der Fernsehtechnik benutzten magnetischen Bildaufzeichnungsgeräte (Ampex-Geräte) verwendet. Der Meßvorgang läuft so ab, daß jede Station eine eigene Rubidium-Atomuhr besitzt, von der die Oszillatorfrequenz des jeweiligen Empfängers abgeleitet wird. Gleichzeitig liefern diese Uhren Synchron- und Löschimpulse für die Magnetbänder, auf denen die radioastronomischen Signale registriert werden. Das Abspielen der Bänder nimmt ungefähr 90 Minuten in Anspruch, davon werden 15 Minuten für die Einjustierung der Magnetbandgeräte benötigt. Der auf den Bändern befindliche

Informationsfluß des **Interferogrammes** ist je Aufnahme um 30% durch die **Synchronintervalle** gekürzt. Diese Einschränkung der Beobachtungszeit bildet jedoch keinen grundsätzlichen Nachteil. Während der kontinuierlichen Aufzeichnung auf das dritte Magnetbandgerät werden die Synchronimpulse mit Löschimpulsen gelöscht.
Neben dieser allgemeinen Aufnahmetechnik sind zusätzlich noch zwei spezielle Empfangsverfahren anzugeben. Bei dem ersten sind die Oszillatorfrequenzen der beiden Stationen dieselben, und es ergeben sich die üblichen Maxima-Minima-Diagramme. Die **effektive Integrationszeit** beträgt etwa 1 Sekunde. Bei der zweiten Empfangsart wird die Frequenz des einen Oszillators derart verstimmt, daß die Maxima-Minima-Perioden des Interferogrammes genau auf 300 Hz während des Durchlaufes der Radioquelle durch das Antennendiagramm angehoben werden. Nach der Magnetbandkorrelation wird das erhaltene Signal über einen 300-Hz-Schmalpaßfilter zur Gleichrichtung und zur Schreiberaufzeichnung gebracht. Diese zweite Methode ist besonders nützlich bei der schnellen Suche relativ starker Radioquellen mit ungenauer Zeitinformation. Durch geeignete Änderung der Bandgeschwindigkeit konnten die Magnetbänder auf 1 Bogensekunde je Zeitsekunde nachträglich sychronisiert werden. Die korrigierte Zeitverzögerung konnte als Quadrat der Autokorrelationsfunktion des Empfängerausganges einwandfrei mit ausgegeben werden.
Die Messungen dieser Großbasisinterferometer haben bisher gezeigt, daß viele der extragalaktischen Objekte im 6-cm-Gebiet Durchmesser von 0,0004″ aufweisen. So zeigte eine Meßreihe von 50 untersuchten Quellen, daß acht Objekte davon die oben bezeichnete Grenze einhielten. Besonders umfangreich waren bisher die Messungen am **Quasar 3 C 273,** der sich aus **zwei** Radioquellen zusammensetzt. Durch die Benutzung des kanadischen Großbasisinterferometers (siehe Tabelle 2) konnte gefunden werden, daß die kleinere Komponente dieses Quasars, 3 C 273 B, auch noch bei der Wellenlänge $\lambda = 67$ cm kleiner als 0,02″ ist. 3 C 273 B wurde bei $\lambda = 18$ cm zu 0,005″ und bei $\lambda = 6$ cm zu 0,001″ gemessen. Auch das 100-Meter-Teleskop in Effelsberg (Nordeifel) [81, 82] soll bei 2,8 cm (1974) zur Synthese verwendet werden. Der Nachteil eines Interferometers mit gering bündelnden Elementen gegenüber Großparabolen liegt in der geringen **Empfindlichkeit** für schwache Signale.

7.10. Anwendung parametrischer Verstärker in der Interferometrie

In Bild 7.26 ist eine Interferometeranordnung wiedergegeben, in deren Signalverarbeitungsteil zwei parametrische Verstärker zu finden sind. Es soll nun der Fall betrachtet werden, in dem die Pumpfrequenz ω_p gleich dem zweifachen Betrag der Signalfrequenz ω_1 ist [24] (ω_0 = Oszillatorfrequenz)

$$\omega_1 = \omega_0 + \omega_{ZF} = \frac{\omega_p}{2}. \tag{7.56}$$

Diese Betriebsart des parametrischen Verstärkers nennt man **„degeneriert“** (engl.: degenerate mode, degenerate parametric amplifier) [40, S. 375].

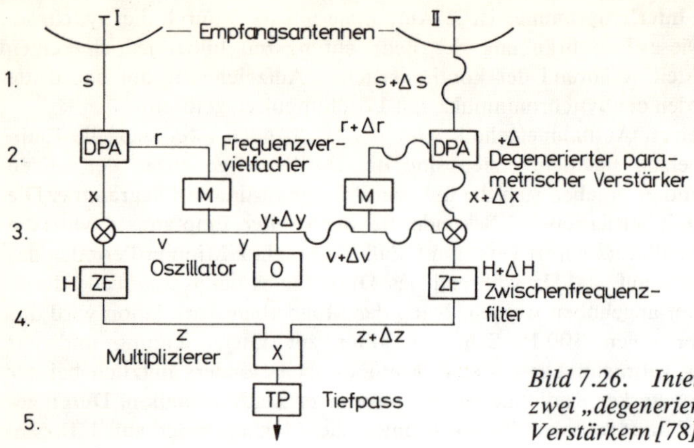

Bild 7.26. Interferometersystem mit zwei „degenerierten“ parametrischen Verstärkern [78]

Für **Zweiseitenbandbetrieb** ergibt die Multiplikation des Eingangssignals mit dem Verstärkungsfaktor [24, 41].

$$V(1 + 2\cos\omega_p\ t)$$

einen Ausdruck mit einem Term für die Frequenz $\omega_p/2$ und einen zweiten für die Frequenz $3\ \omega_p/2$ [78]

$$(\text{Eingangssignal})\ V(1 + 2\cos\omega_p\ t) = \tag{7.57}$$

$$= (\text{Ausgangssignal}) + (\text{Komponente für } 3\ \omega_p/2).$$

Wie aus Bild 7.26 ersichtlich, ist jedes Interferometerelement mit einem „degenerierten“ parametrischen Verstärker verbunden, dessen Ausgang wiederum an einen Mischer angeschlossen ist. Der Oszillator besitzt Zuleitungen zu beiden Mischern. Die **Pumpfrequenz** ω_p ist über einen Frequenzvervielfacher M mit der Oszillatorfrequenz gekoppelt.

Die Ausgänge der Mischer führen über Zwischenfrequenzfilter zu einem Multiplikator, dessen Ausgang an einem Tiefpaß liegt, der nur die niederfrequenten Anteile passieren läßt. Die zusätzlichen Leitungslängen Δr bis Δz sind dazu vorgesehen, den instrumentellen Einfluß zu eliminieren. Durch Verwenden etlicher trigonometrischer Additionstheoreme ergeben sich die folgenden Ausdrücke für die verschiedenen Abschnitte des Systems (Bild 7.26) [78]

1. Am Eingang des Verstärkers im linken Zweig findet man

$$u_1(t) = U\ \sin\ [(\omega_0 \pm \omega_{ZF})\ (t - s/c)], \tag{7.58}$$

wenn man die durch die Länge der Zuleitung bedingte Retardierung s/c berücksichtigt.

2. Mit (7.57) ergibt sich für die Ausgangsfunktion des parametrischen Verstärkers [24]

$$u_{02}(t) = U \sin [(\omega_0 \pm \omega_{ZF}) (t - s/c) - \gamma] \; V_1 \{1 + 2 \cos \omega_p [t - (y + r)/c]\}$$
$$- \text{(Komponente für } 3\,\omega_p/2). \tag{7.59}$$

γ entspricht einer innerhalb des Verstärkers verursachten Phasenverschiebung. Mit den Abkürzungen x_1 und x_2 für die Argumente wird aus (7.59)

$$u_{02}(t) = U \sin x_1 \; V_1 (1 + 2 \cos x_2) - \text{(Komponente für } 3\,\omega_p/2) \tag{7.60}$$

und wegen

$$\sin (x_1 \pm x_2) = \sin x_1 \cos x_2 \pm \cos x_1 \sin x_2 \tag{7.61}$$

ist

$$u_{02}(t) = U \; V_1 \{\sin x_1 + 2 \sin (x_1 - x_2) + 2 \cos x_1 \sin x_2\} -$$
$$- \text{(Komponente für } 3\,\omega_p/2). \tag{7.62}$$

Mit

$$\sin x_1' - \sin x_2' = 2 \cos \frac{x_1' + x_2'}{2} \sin \frac{x_1' - x_2'}{2} \tag{7.63}$$

und

$$x_1 = \frac{x_1' + x_2'}{2}$$
$$x_2 = \frac{x_1' - x_2'}{2} \tag{7.64}$$

gilt

$$u_{02}(t) = U \; V_1 \{\sin x_1 + 2 \sin (x_1 - x_2) + \sin (x_1 + x_2) - \sin (x_1 - x_2)\} -$$
$$- \text{(Komponente für } 3\,\omega_p/2)$$
$$= U \; V_1 [\sin x_1 + \sin (x_1 - x_2) + \sin (x_1 + x_2)] -$$
$$- \text{(Komponente für } 3\,\omega_p/2). \tag{7.65}$$

Wegen (7.56) ist

$$x_1 + x_2 = \omega_p/2 \, (t - (s/c)) - \gamma + \omega_p [t - ((y + r)/c)]$$
$$= 3\,\omega_p/2 \, [t - (1/3\,c)\,(s + r + y)] - \gamma$$
$$= \text{Komponente für } 3\,\omega_p/2. \tag{7.66}$$

Damit gilt

$$u_{02}(t) = U \; V_1 [\sin x_1 + \sin (x_1 - x_2)], \tag{7.67}$$

und nachdem die Werte für x_1 und x_2 wieder voll ausgeschrieben sind

$$u_{02}(t) = U \; V_1 \{\sin [(\omega_0 \pm \omega_{ZF}) \, (t - (s/c)) - \gamma)] + \sin [[(\omega_0 \pm \omega_{ZF}) \times$$
$$\times (t - (s/c)) - \gamma] - \omega_p \; t - ((y + r)/c)]\}. \tag{7.68}$$

Die durch den Frequenzvervielfacher M hervorgerufene Phasenverzögerung ist in dem Term r/c enthalten.

3. Am Mischerausgang erhält man nach Abzug der oberen Frequenzanteile, die herausgefiltert werden

$$\begin{aligned} u_{03}(t) &= U\ V_1 [\sin x_1 + \sin (x_1 - x_2)]\ \cos \omega_0 [t - ((y + v)/c)] \\ &= U\ V_1 [\sin x_1 + \sin (x_1 - x_2)]\ \cos x_3 \\ &= 2\ U\ V_1 \left[\sin \frac{x_1 + x_1 - x_2}{2}\ \cos \frac{x_1 - x_1 + x_2}{2}\right]\ \cos x_3 \\ &= 2\ U\ V_1 [\sin (x_1 - (x_2/2))\ \cos (x_2/2)]\ \cos x_3. \end{aligned} \tag{7.69}$$

Mit

$$\cos x_1\ \cos x_2 = 1/2\ \cos (x_1 - x_2) + 1/2\ \cos (x_1 + x_2) \tag{7.70}$$

folgt daraus

$$u_{03}(t) = U\ V_1\ \sin (x_1 - (x_2/2))\ [\cos ((x_2/2) - x_3) + \cos ((x_2/2) + x_3)]. \tag{7.71}$$

Da laut Voraussetzung die oberen Frequenzen herausgefiltert werden, entfällt der zweite Term in der Klammer, und der Ausdruck lautet nun

$$u_{03}(t) = U\ V_1\ \sin (x_1 - (x_2/2))\ \cos ((x_2/2) - x_3) \tag{7.72}$$

$$\begin{aligned} u_{03}(t) = U\ V_1\ \sin &\left\{(\omega_0 \pm \omega_{ZF}) \left(t - \frac{s + x}{c}\right) - \gamma - \omega_p/2\ [t - (y + r + x)/c]\right\} \times \\ &\times \cos \left\{\omega_p/2 [t - ((y + r + x)/c)] - \omega_0 \left(t - \frac{y + v}{c}\right)\right\} \\ = U\ V_1\ \sin &\left[\pm \omega_{ZF} \left(t - \frac{s + x}{c}\right) - ((\omega_p/2) - \omega_0)\ t - \omega_0 ((s + x)/c) - \right. \\ &- \gamma + (\omega_p/2)\ ((r + x + y)/c)]\ \cos [((\omega_p/2) - \omega_0)\, t + (\omega_0\ (y + v)/c) - \\ &- ((\omega_p/2)\ (r + x + y)/c)]. \end{aligned} \tag{7.73}$$

4. Berücksichtigt man die Phasenverschiebung H, die infolge des Zwischenfrequenzfilters auftritt, so erhält man am linken Eingang des Multiplizierers

$$\begin{aligned} u_{04l} = U\ V_1\ &\sin \{\pm \omega_{ZF}\ [t - ((s + x + z)/c)] - ((\omega_p/2) - \omega_0)\ t - \\ &- (\omega_0 (s + x + z)/c) + ((\omega_p/2)\ (r + x + y + z)/c) - \gamma \pm H\} \times \\ &\times \cos [((\omega_p/2) - \omega_0)\ t + (\omega_0(v + y + z)/c) - \omega_p/2\ ((r + x + y + z)/c)] \\ = U\ V_1\ &\sin \varphi_1\ \cos \varphi_2. \end{aligned} \tag{7.74}$$

Dem rechten Multiplikatoreingang wird ein um

$$\tau = \frac{d}{c} \sin \vartheta \tag{7.75}$$

zeitlich verzögertes Signal zugeführt, wobei d dem Elementabstand und ϑ dem Zenitwinkel entspricht. Zusätzliche Phasenverzögerungen ergeben sich durch gegenüber dem linken Zweig unterschiedliche Längen der Zuleitungen sowie durch andere Phasenverschiebungen, die durch den rechten parametrischen Verstärker und das Zwischenfrequenzfilter hervorgerufen werden. So findet man:

$$
\begin{aligned}
u_{04r}(t) = & \; U \; V_2 \; \sin \; \{(\omega_0 \pm \omega_{ZF}) \; [t - \tau - ((s + x + z)/c) - (\Delta(s + x + \\
& + z)/c)] - \omega_p/2 \, [t - ((r + x + y + z)/c) - (\Delta(r + x + y + z)/c)] - \\
& - (\gamma + \Delta\gamma) \mp (H + \Delta H)\} \; \cos \{\omega_p/2 \, [t - \tau - ((r + x + y + z)/c) - \\
& - (\Delta (r + x + y + z)/c)] - \omega_0 \, [t - \tau - ((v + y + z)/c) - \\
& - (\Delta (v + y + z)/c)\} \\
= & \; U \; V_2 \; \sin \{ \pm \omega_{ZF} \, [t - ((s + x + z)/c) - (\Delta (s + x + z)/c) - \tau] - \\
& - (\omega_p/2) \, t + \omega_0 \; (t - \tau) - \omega_0 \; [((s + x + z)/c) + (\Delta (s + x + z)/c)] + \\
& + (\omega_p/2) \; [((r + x + y + z)/c) + (\Delta (r + x + y + z)/c)] - (\gamma + \Delta\gamma) \mp \\
& \mp (H + \Delta H)\} \; \cos [A (t - \tau) + B + \Delta B] \qquad (7.76)
\end{aligned}
$$

mit
$$
\begin{aligned}
A &= (\omega_p/2) - \omega_0 \\
B &= \omega_0 \, ((v + y + z)/c) - (\omega_p/2) \, ((r + x + y + z)/c) \qquad (7.77)
\end{aligned}
$$

$$u_{04r}(t) = U \, V_2 \sin \varphi_3 \cos \varphi_4, \qquad (7.78)$$

wenn die Argumente der Gleichung (7.76) mit φ_3 und φ_4 abgekürzt werden.
5. Nach der Multiplikation findet man am Ausgang des Tiefpasses

$$
\begin{aligned}
u_{05}(t) \; = & \; U^2 \, V_1 \, (V_2/2) \; \cos (A \, t + B) \; \cos [A (t - \tau) + B + \Delta B] \; \times \\
& \times \; \cos \{ \pm \omega_{ZF} \, [\tau + (\Delta(x + s + z)/c)] + \Delta\gamma \pm \Delta H - \omega_0 \, \tau - \\
& - (\omega_0 \, \Delta(s + x + z)/c) + (\omega_p/2) \, (\Delta (r + x + y + z)/c)\}. \qquad (7.79)
\end{aligned}
$$

Aus Gleichung (7.79) folgt, daß zur Vermeidung einer zeitlichen Abhängigkeit die Bedingung

$$A = 0 \qquad (7.80)$$

eingehalten werden muß, die für

$$\omega_0 = \omega_p/2 \qquad (7.81)$$

erfüllt ist. Unter der Annahme, daß mit beiden Seitenbändern operiert wird, werden nun die oberen und unteren Signalantworten addiert, und man erhält schließlich am Ausgang des Systems

$$
\begin{aligned}
u_0(t) = & \; U^2 \, V_1 \, (V_2/2) \; \cos [(\omega_p/2) \, ((v - x - r)/c)] \; \cos (\omega_p/2) \, [(\Delta(v - x - r)/c) + \\
& + ((v - x - r)/c] \; [\cos \{ + \omega_{ZF} \, (\tau + (\Delta(x + s + z)/c) + \Delta H - \\
& - \omega_p/2 \, [\tau + (\Delta(s - r - y)/c)] + \Delta\gamma \} + \cos \{ - \omega_{ZF} \, [\tau + (\Delta(x + z + s)/c) - \\
& - \Delta H - (\omega_p/2) \, [\tau + ((s - r - y)/c)] + \Delta\gamma. \qquad (7.82)
\end{aligned}
$$

Mit

$$\cos \varphi_1 + \cos \varphi_2 = 2 \cos \frac{\varphi_1 + \varphi_2}{2} \; \cos \frac{\varphi_1 - \varphi_2}{2} \qquad (7.83)$$

folgt

$$
\begin{aligned}
u_0(t) = {} & U^2 \; V_1 \; V_2 \; \cos [(\omega_p/2)\,((v - x - r)/c)] \; \cos (\omega_p/2) \; [((v - x - r)/c) + \\
& + (\Delta(v - x - r)/c)] \; \cos \frac{1}{2} \{ \omega_{ZF} [\tau + (\Delta(x + s + z)/c)] + \Delta H - \\
& - (\omega_p/2) [\tau + (\Delta(s - r - y)/c)] + \Delta\gamma - \omega_{ZF} [\tau + (\Delta(x + s + z)/c)] - \\
& - \Delta H - (\omega_p/2) [\tau + (\Delta(s - r - y)/c)] + \Delta\gamma + \omega_{ZF} [\tau + (\Delta(x + s + z)/c)] + \\
& + \Delta H + (\omega_p/2) [\tau + (\Delta(s - r - y)/c)] - \Delta\gamma \} \\
= {} & U^2 \; V_1 \; V_2 \; \cos [(\omega_p/2)\,((v - x - r)/c)] \; \cos (\omega_p/2) [((v - x - r)/c)] \; \times \\
& \times \cos \{ \omega_{ZF} [\tau + (\Delta(s + x + z)/c)] + \Delta H \} \; \cos \{ - (\omega_p/2) [\tau + (\Delta(s - r - \\
& - y)/c)] + \Delta\gamma. \qquad (7.84)
\end{aligned}
$$

Aus den bisherigen Ermittlungen lassen sich nun die folgenden Schlüsse ziehen:

a) Die Oszillatorfrequenz muß gleich der **halben** Pumpfrequenz sein. Der Frequenzvervielfacher muß also ein **Frequenzverdoppler** sein.

b) Um am Ausgang des Systems ein Maximum zu erhalten, muß die folgende Phasenbedingung erfüllt sein

$$\cos [(\omega_p/2)\,(v - x - r)/c] = 1, \qquad (7.85)$$

d. h.,

$$v = x + r + 2\,k\,\lambda_p, \text{ mit } k = 0, 1, 2, \ldots \qquad (7.86)$$

und λ_p gleich der Pumpwellenlänge, wegen

$$\cos \frac{\lambda_p}{2} \, \frac{2\,k\,\lambda_p}{c} = \cos 2\,k\,\pi = 1. \qquad (7.87)$$

Diese Bedingung macht eine Phasenanpassung zwischen Pump- und Oszillatorkreis erforderlich.

c) Ist der Faktor $(v - r - x)$ zeitunabhängig, d. h.,

$$\Delta(v - x - r) = 0, \qquad (7.88)$$

so ist auch der zweite Kosinusausdruck in der Gleichung (7.84) gleich eins. Dies trifft jedoch nicht immer zu. Die Hauptursache für die Phasenverschiebung ist im Frequenzverdoppler zu suchen, da die im Meterbereich liegenden Leitungslängen kaum ins Gewicht fallen. Mögliche Längenänderungen in der Größenordnung von 10^{-4} m entsprechen im *X*-Band nur 0,1% der Wellenlänge des Oszillators. Daher ist mit besonderer Sorgfalt darauf zu achten, daß die beiden Frequenzverdoppler sehr phasenstabil sind.

d) Sind die Frequenz- (7.81) und die Phasenbedingung (7.86) erfüllt, so unterscheidet sich ein Interferometersystem mit „degenerierten“ parametrischen Verstärkern nicht von einem solchen mit konventionellen parametrischen Verstärkern. Im erstgenannten Fall ergibt sich ein Ausdruck der Form

$$
\begin{aligned}
& \cos [(\omega_p/2)\,(\Delta(v - x - r)/c)] \; \cos \{ \omega_{ZF} [\tau + (\Delta(x + s + z)/c)] + \Delta H \} \; \times \\
& \qquad \times \cos \{ \omega_p/2 \, [\tau + (\Delta(s - r - y)/c)] + \Delta\gamma \} \qquad (7.89)
\end{aligned}
$$

Bild 7.27. Interferometersystem mit einem „degenerierten“ parametrischen Verstärker [78]

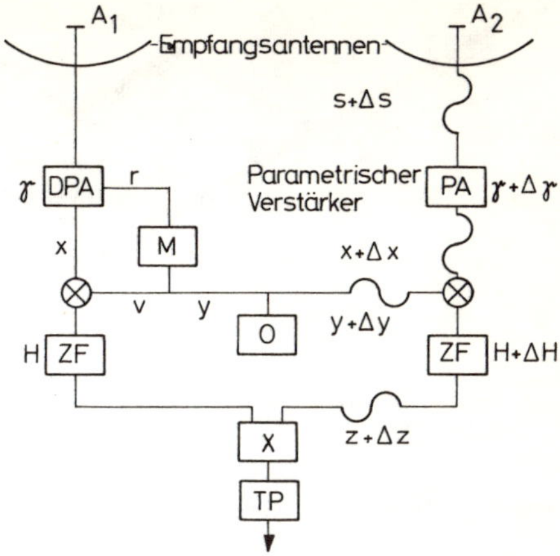

und im konventionellen Fall [78]

$$\cos\{\omega_{ZF}\,[\tau + (\Delta(s + x + z)/c)] + \Delta H\}\ \cos\{(\omega_p/2)\,[\tau + (\Delta(s + x - y)/c)] + \Delta\gamma\}. \tag{7.90}$$

Der Unterschied besteht darin, daß im konventionellen Fall die differentiellen Änderungen bis hinauf zum Mischer gemessen werden, während sie im degenerierten Fall bis hinauf zum Zwischenfrequenzverstärker gemessen werden.

Verwendet man in einem Zweig des Interferometers einen „degenerierten“ parametrischen Verstärker und im anderen einen konventionellen, so erhält man am Ausgang des Systems (Bild 7.27)

$$\begin{aligned} u_0(t) = {} & U^2\ V_1\,(V_2/4)\ \cos\{(\omega_0 - (\omega_p/2))\ t \pm \omega_{ZF}\,[\tau + (\Delta(s + x + z)/c)] + \\ & + \Delta\gamma \pm \Delta H + \omega_0\,[\tau - ((y + z)/c) - (\Delta(y - x - s)/c)] + (\omega_p/2) \times \\ & \times ((r + x + y + z)/c)\}\ \cos(A\,t + B), \end{aligned} \tag{7.91}$$

wobei A und B wie in Gleichung (7.76) definiert sind. Zur Maximierung der Ausgangsfunktion muß wiederum

$$\cos B = 1, \tag{7.92}$$

d. h.,

$$v = x + r + 2\,k \quad \text{mit } k = 1, 2, \ldots \tag{7.93}$$

sein. Sind diese Bedingungen erfüllt, so verhält sich das System wie das eingangs beschriebene. Der Vorteil eines „degenerierten“ gegenüber einem „nicht degenerierten“ parametrischen Verstärker beruht insbesondere für die Radioastronomie darauf, daß seine effektive Rauschtemperatur theoretisch sogar nur **halb** so groß sein kann, wenn Signal- und Pumpkreis phasenstarr synchronisiert sind [24].

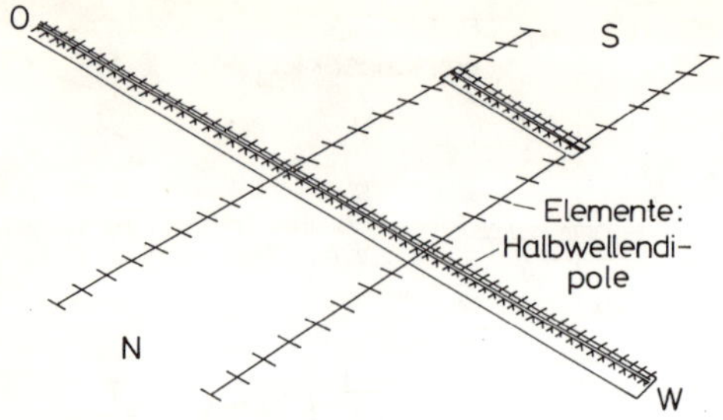

Bild 7.28. Prinzip des Ryleschen Systems zur Apertursynthese [26]

7.11. Apertursynthese [1, 5, 15]

Nachdem man den Schritt zu einer unausgefüllten Apertur, d. h. Elementabstand um ein Vielfaches größer als die Wellenlänge vollzogen hatte, ergab sich die Frage, wieviel von einer **Apertur** tatsächlich unbedingt notwendig ist, um das gleiche Auflösungsvermögen wie das einer vollkommen **geschlossenen** Apertur zu erreichen. Mit der Antwort auf diese Frage beschäftigten sich als erste Ryle (1959, Bild 7.26) und Hewish (1961) [9].

Wie einem früheren Abschnitt zu entnehmen ist, ändert sich die empfangene Leistung beim Zwillingsinterferometer in Abhängigkeit von der Zeit, d. h. je nach dem Stundenwinkel [15] den die Quelle einnimmt, wenn sie die aufeinanderfolgenden Strahlungskeulen des Interferometers durchläuft. Es läßt sich zeigen, daß die Amplitude der **Interferenzstreifen** gleich ist der Amplitude der ersten **Harmonischen** der aufgefangenen Leistung, was bedeutet, daß ein Interferometer der Basislänge $d = n\,\lambda$ nur die Messung der Grundwelle der Quellenverteilung mit der **räumlichen Periode** $1/n$ Radiant erlaubt (Abschnitt 6.1). Die Beschreibung der genauen Helligkeitsverteilung mit Hilfe der Fourieranalyse erfordert eine unendliche Anzahl von Oberwellen.

Die Funktion, die die Amplitude dieser elementaren Sinuswellen in Abhängigkeit von ihrer räumlichen Periode darstellt, entspricht dem räumlichen Spektrum der beobachteten Verteilung. Ein Interferometer sucht sich also, wie beschrieben, aus diesem Spektrum die Harmonische heraus, deren räumliche oder winkelmäßige Periode $1/n$ Radiant beträgt. Der Reziprokwert dieser Raumperiode entspricht der schon bekannten Raumfrequenz, und daher erweist sich ein Interferometer der Länge $d = n\,\lambda$ als empfindlich für die Raumfrequenz n. Durch Ändern der Basislänge d stellt man das Instrument auf eine andere räumliche Harmonische der zu messenden Helligkeitsverteilung ein. Daraus ist ersichtlich, daß man durch verschiedene Beobachtungen bei unterschiedlicher Basislänge die Intensität der einzelnen Harmonischen nacheinander messen kann und am Ende der Meßreihe durch Summation der erhaltenen Werte ein synthetisches Bild der Helligkeitsverteilung über der Quelle erhält. Diese Methode, mit der man das Auflösungsvermögen z. B. eines **Gitterinterferometers** erreicht, nennt man daher **Apertursynthese.** Ein Nachteil ergibt sich bei diesem Verfahren aus dem recht hohen Aufwand an **Rechnertechnik,** der zur Synchronisation, Berechnung und Summation der vielen ver-

schiedenen Messungen erforderlich ist, sowie aus einer Verschlechterung des Rauschabstandes und der Forderung nach **Quellenkonstanz** während der Meßdauer.
Ebenso wie die Synthese einer linearen Gruppe ist die einer flächenhaften Apertur möglich. Man stelle sich eine gleichförmig erregte rechteckige Apertur vor, die N gleiche Elemente enthalte.
$I_n\, e^{j\,\Phi_n}$ sei der im n-ten Element induzierte Strom. Die von der gesamten Anordnung aufgenommene Leistung ist

$$P \sim \mathrm{Re}\left\{\sum_{n=1}^{N} I_n\, e^{j\,\Phi_n} \sum_{n=1}^{N} I_n\, e^{-j\,\Phi_n}\right\} \tag{7.94}$$

$$= \sum_{n=1}^{N} I_n^2 + \sum_{\substack{m=1\\ m=n}}^{N} \sum_{n=1}^{N} I_m I_n \cos(\Phi_m - \Phi_n).$$

Da alle Elemente voraussetzungsgemäß gleich sind, stellt der erste Term der rechten Seite der Gleichung (7.94) die Summe der Signalleistung der einzelnen Elemente dar. Der zweite Term stellt eine Funktion der Amplituden je zweier Elemente dar und enthält den Phasenausdruck $\cos(\Phi_m - \Phi_n)$. Diesen Term kann man mit Hilfe der **Kreuzkorrelationsfunktion** erhalten, indem man zwei Meßwerte untereinander korreliert

$$I_m I_n \cos(\Phi_m - \Phi_n) = \lim_{T\to\infty} \frac{1}{2T} \int_{-T}^{+T} I_m \cos(\omega t + \varphi_m)\, I_n \cos(\omega t + \varphi_n)\, \mathrm{d}t. \tag{7.95}$$

Der Kosinusausdruck wird durch die Korrelation zwischen den beiden Signalen ersetzt, die an den Positionen m und n gemessen werden. Soll die in Bild 7.29 dargestellte Apertur simuliert werden, so benötigt man dazu zwei kleine Aperturen von je der Größe eine N-tels der gesamten Apertur. Der erste Term der Gleichung (7.95) kann mit Hilfe nur einer dieser Elemetaperturen gemessen werden, der zweite Term dagegen mit beiden Elementen in Form einer Zwillingsinterferometeranordnung. Etliche synthetische Antennen sind vom Mullard Radio Astronomy Observatory der University of Cambridge

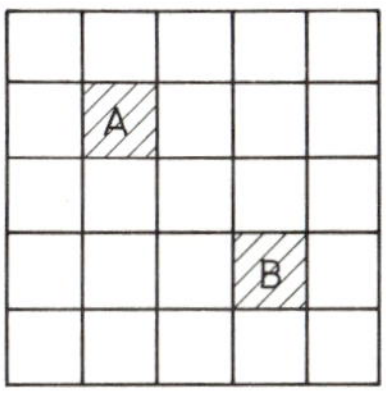

Bild 7.29 Zum Prinzip der Apertursynthese

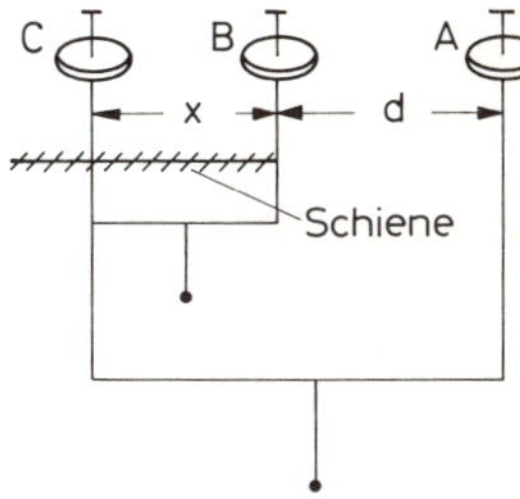

Bild 7.30 Prinzip der neuen Anlage im Cambridge (GB) zur zweidimensionalen Apertursynthese [1]

(Großbritannien) errichtet und mit Erfolg in Dienst gestellt worden. Die erste Anlage, die 1955/57 von Blythe [5] entwickelt und aufgebaut wurde, bestand aus einer Ost-West-Zeilenanordnung aus 48 Dipolen und war 400 m lang sowie aus einer einzelnen beweglichen Antenne, bestehend aus einem einzigen Dipol. Die Operationsfrequenz lag bei 38 MHz, und die Keulenbreite betrug etwa 2,2°. Eine ähnliche aber umfangreichere Anordnung wurde später entwickelt und bestand aus einem feststehendem Winkelreflektor von 1100 m Länge in Ost-West-Richtung sowie einem beweglichen Element von

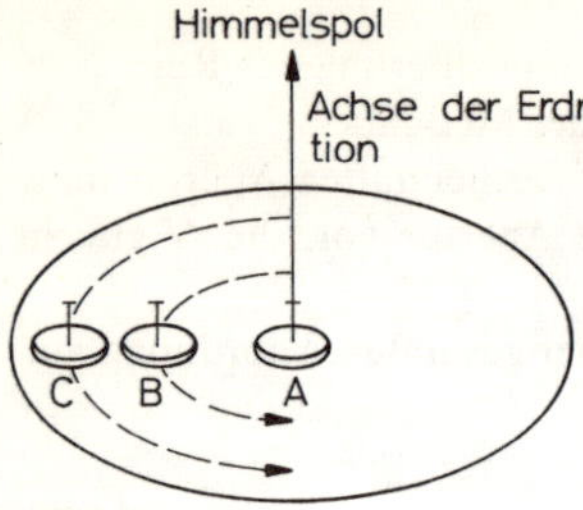

Bild 7.31. Zweidimensionale Apertursynthese mit Hilfe der Erdumdrehung

30 × 10 m Größe, welches auf einer fast 600 m langen Nord-Süd-Linie verschoben werden kann. Die Keulenbreite beträgt 48 Bogenminuten bei 38 MHz.

Das dritte Instrument ist eine Interferometeranordnung, bestehend aus einem feststehendem Reflektor von 483 m Länge und 22 m Breite in Gestalt eines aus 34 Elementen zusammengesetzen zylindrischen Paraboloids sowie aus einer gleichartigen beweglichen Antenne von 63 m Länge, die auf einer 300 m langen Nord-Süd-Schienenstrecke verschiebbar ist. Die Anordnung arbeitet mit einer Frequenz von 178 MHz, und die **„synthetisierte"** Halbwertsbreite der Keule beträgt 18 × 25 Bogenminuten. Ein neueres System besteht aus drei steuerbaren Parabolantennen von je 20 m Durchmesser, von denen zwei (B, C) im Abstand von 800 m fest montiert sind, die dritte (A) aber auf einer Ost-West-Schienenstrecke von 800 m Länge bewegt werden kann (Bild 7.30). Während einer Meßreihe, bei der die bewegliche Antenne ungefähr 50mal ihren Standort ändert, um möglichst viele Fourier-Komponenten zu erhalten, bleiben alle drei Antennen für eine Periode von 12 Stunden ununterbrochen auf denselben Punkt am Himmel gerichtet. Die Rotation der Erde bewirkt eine Relativbewegung, wie in Bild 7.31 wiedergegeben ist. Nimmt man die Bahn der zu untersuchenden Quelle als parabelförmig und stationär an und macht man die Antenne A zur Bezugsantenne, dann bewegen sich die Antennen B und C stetig auf einer Kreisbahn in einer Ebene parallel zur Äquatorialebene der Erde um A. Man sieht, daß die Antennen B und C dazu bestimmt sind, die **„Zwischenräume"** dieser Kreisbahnen synthetisch darzustellen und auf diese Weise eine riesige Antenne mit **kreisförmiger Apertur** zu simulieren. Die Ausgangswerte entsprechen den zwei Harmonischen der Helligkeitsverteilung bei den Raumfrequenzen x/λ und $(x + d)/\lambda$, die hier Funktionen des Azimutwinkels sind. Durch Vergrößern von x erhält man alle Fourier-Komponenten bis zu derjenigen von $n = 2\,d/\lambda$. Das Auflösungsvermögen einer solchen Anordnung entspricht daher dem einer kreisförmigen Apertur vom Durchmesser $2\,d$. Es ist am größten in Richtung des Himmelspoles, d. h. in Richtung der Erdachse, und nimmt daher progressiv mit steigender **Deklination** der zu untersuchenden Quelle zu.

Dieses neue Syntheseinstrument arbeitete anfangs bei einer Frequenz von 408 MHz, was eine schmale Keule von 1,5 Bogenminuten zur Folge hatte. Später sollte das Instrument mit einer Frequenz von 1420 MHz und einer Auflösung von 25 Bogensekunden betrieben werden. Bei der Konstruktion dieses Instrumentes ging man davon aus, daß eine Dreielementanordnung nur die halbe Beobachtungszeit einer Zweiergruppe in Anspruch nimmt. Ein neueres Syntheseinstrument ist das 12-Element-Teleskop [79, 80] in Westerbork (Niederlande), das sich seit 1970 in Betrieb befindet.

8 Interferometeranwendungen in der Radartechnik

8.1. Einführung

Neben der Radioastronomie ist für das Interferometer ein weiterer Anwendungsbereich in der Funkortung erschlossen worden. Insbesondere die an Bedeutung zunehmende Raumfahrt verlangte nach Meßmethoden, die der Forderung nach höchster Genauigkeit bei der Ermittlung von Position und Geschwindigkeit von Flugkörpern genügten. Das Interferometer, wie es in der Radioastronomie Verwendung findet, ist ein passives Instrument, da die Energiequelle der ausgesandten Strahlung mit dem Ziel identisch ist. Ein Verfolgungsradar dagegen, das auf der Grundlage von **Phaseninformationen** arbeitet, kann als aktives Interferometer angesehen werden und wird daher Interferometerradar genannt; auch die Ausdrücke **simultanes Phasenvergleichsradar** (simultaneous-phase-comparison radar) und Phasenvergleichs-**Monopuls**radar sind gebräuchlich [39, 40, 83].

Der englische Ausdruck monopulse entspräche dem deutschen „Einpuls-" oder „impulsfreies" [47] Verfahren; es wird in den Abschnitten 8.3, 8.4 und 8.7 eingehend behandelt.

Man unterscheidet zwei Kategorien von Meßmethoden:

a) solche, die von der Erde aus vorgenommen werden, um den Flugkörper von geeigneten Bodenstationen aus zu verfolgen, sogenanntes **Tracking** und

b) solche, die an Bord des Flugkörpers vorgenommen werden (airborne radar) [41].

8.2. Grundlagen

Die Entfernung R des Ziels sei im Verhältnis zum Abstand d der beiden Antennen so groß, daß die einfallenden Strahlen als parallel angenommen werden können. Die Entfernung von Antenne A zum Ziel ist (Bild 8.1)

$$R_1 = R + \frac{d}{2} \sin \Theta \tag{8.1}$$

und der Abstand zwischen Ziel und Antenne B ist

$$R_2 = R - \frac{d}{2} \sin \Theta. \tag{8.2}$$

Die Phasendifferenz zwischen den einfallenden Signalen beträgt (6.1)

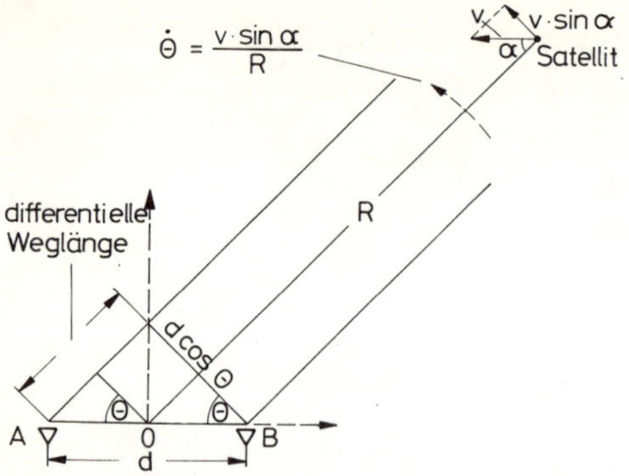

Bild 8.1. Zum Doppler-Effekt schnell bewegter Ziele

$$\Phi = \frac{2\pi}{\lambda} d \sin \Theta.$$

Zu dieser Phasendifferenz muß noch $2k\pi$ addiert werden, da unbekannt ist, wie oft sich die Schwingung um 360° gedreht hat **(Phasenvieldeutigkeit).** Der besondere Vorteil des Verfahrens ist, daß der Flugkörper nur einen Sender zu tragen braucht, einen **Transponder** (Antwortsender), der vom Boden aus abgefragt werden muß. Die Meßgenauigkeit ist sehr hoch: Ein Signal von 3 m Wellenlänge kann bezüglich der Phase gut auf 3 mm genau gemessen werden. Bei 150 m Basislänge entsprechen 3 mm etwa 20 µrad oder 4 Bogensekunden. Die größte Genauigkeit ergibt sich in der Richtung senkrecht zur Basis. Bei der Entfernung des Flugkörpers von einer astronomischen Einheit, also 150 Mill. Kilometern, beträgt der Fehler immerhin noch 3000 km oder bei der kürzeren Entfernung bis zum Mond 8 km.

Die Auflösung des Interferometers ist senkrecht zur Basis am höchsten, also bei $\Theta = 0°$ Einfallswinkel. Bei flacherem Einfallswinkel verringert sich die Genauigkeit umgekehrt mit dem Kosinus des Einfallwinkels. Zudem verschlechtert die Brechung durch die Erdatmosphäre das beste Ergebnis. Zur Erreichung höherer Genauigkeit muß man die Basis vergrößern. Dabei treten jedoch neue Probleme auf. Große Entfernung zwischen den Empfängern behindert den simultanen direkten Phasenvergleich der empfangenen Signale. Außerdem ist die Richtung nicht mehr eine Funktion der Entfernungsdifferenz, da die einfallenden Strahlen nicht mehr als parallel angenommen werden können. Statt die Entfernungsdifferenzen wie bisher direkt aus dem Phasenvergleich zu erhalten, muß man erst die einzelnen Entfernungen zwischen dem Flugkörper und den Empfangsstationen ermitteln, ehe man die **Richtungsparameter** bestimmen kann. Der Sinus des Einfallwinkels ist nun gleich der Differenz der beiden Entfernungen dividiert durch die Basislänge. Wenn eine Verbesserung der Winkelmeßgenauigkeit durch Vergrößerung der Basis herbeigeführt werden soll, müssen die Entfernungs- und **Phasenfehler** sich weniger schnell summieren als sich die Basislänge verlängert. Erweitert man die Basis von 150 m auf 1500 km und soll die gleiche Genauigkeit von 20 µrad erzielt werden, dann muß die **Basislänge** auf 30 m genau bekannt sein. Solche Genauigkeiten von Stationskoordinaten auf der Erde erfordern eine hohe geodätische Vermessungsgenauigkeit, die wieder eine genaue Kenntnis der Größe und der Gestalt des Erdkörpers voraussetzt.

Als die Interferometerstationen des amerikanischen **Minitrack**-Systems [40] entwickelt wurden, waren die Umlaufbahnen der Satelliten als zirkulare Umlaufbahn geplant. Mit dem Fortschritt der Flugkörpertechnologie kam man zu stark elliptischen Bahnen der Planetensonden, so daß das Interferometerverfahren zur Bahnvermessung im **Apogäum** (engl. apex) [15] der Ellipsen nicht mehr ausreicht. Für diese Aufgaben wurde das „Goddard Range and Range Rate Radar" entwickelt, das jedoch nicht in diesem Rahmen behandelt werden soll [84].

8.2.1. *Doppler-Verschiebung*

Aus der Optik und Akustik ist bekannt, daß bei schneller Bewegung einer Strahlungsquelle oder des Beobachters eine Frequenzverschiebung auftritt, eine Erscheinung, die als Doppler-Effekt bezeichnet wird. So wird die von einer bewegten Quelle ausgesandte Frequenz wie folgt berechnet [40]

$$f = \left(1 \pm \frac{v}{c}\right) f_0 = f_0 \pm f_0 \frac{v}{c} = f_0 \pm \frac{v}{\lambda_0} = f_0 \pm f_d. \tag{8.3}$$

Dabei sind

f_0 = Senderfrequenz,
v = Geschwindigkeit des sendenden Objektes relativ zum Beobachter,
c = Licht- bzw. Schallgeschwindigkeit,
λ_0 = Freiraumwellenlänge.

Der Term f_d berücksichtigt den Einfluß des Doppler-Effektes. Da f_d durch Messung bestimmt werden kann, läßt sich rückwirkend die Geschwindigkeit des **Zielobjektes** gegenüber dem Beobachter bestimmten

$$v = \pm (f - f_0) \lambda_0 = \pm f_d \lambda_0. \tag{8.4}$$

Bei den erheblichen Elementabständen von weitauseinandergezogenen Antennengruppen, wie sie Interferometer darstellen, ist die Kenntnis der Differenz der Doppler-Verschiebung zwischen den einzelnen Elementen von Interesse. Bild 7.30 zeigt, daß diese Doppler-Differenz durch den Betrag der differentiellen Weglängenänderung dividiert durch die Wellenlänge gegeben ist

$$\Delta f_d = \dot{\Theta} \frac{d}{\lambda} \cos \Theta = \frac{v \sin \alpha}{R} \frac{d \cos \Theta}{\lambda}, \tag{8.5}$$

wobei f_d der Differenz der Doppler-Verschiebungen zwischen den beiden Elementen entspricht. Ferner ist

d = Abstand der beiden Elemente,
Θ = Zenitwinkel,
R = Entfernung zum Ziel,
α = Winkel zwischen Objektfortbewegungsrichtung und Verbindungslinie zum Koordinatenursprung.

Das Maximum von Δf_d tritt auf, wenn sich das Ziel genau senkrecht über der Anordnung befindet, d. h. bei $\alpha = 90°$ und $\Theta = 0°$, und ist gegeben durch

$$\Delta f_d^{\max} = \frac{v\,d}{R\,\lambda}. \tag{8.6}$$

So erzeugt z. B. ein Satellit, der mit der Geschwindigkeit von 8000 m/s in einer Höhe von 556 km (300 miles) ein Interferometer mit $d = 31{,}4$ m (100 ft) Basislänge überfliegt, eine Differenz der **Doppler-Verschiebung** von 16 Hz bei $\lambda = 3$ cm Sendewellenlänge.

8.2.2. Durch Zielbewegung hervorgerufene Defokussierungseffekte

Die Tatsache, daß sich einzelne Ziele wie Satelliten mit sehr hoher Geschwindigkeit fortbewegen, führt dazu, daß die Laufzeit der Signale, die von einer hochbündelnden Antenne [17] ausgesandt werden, nicht mehr unberücksichtigt bleiben darf. So treten vornehmlich Effekte folgender Art in Erscheinung:

a) Die gebündelte Signalenergie erreicht eine bestimmte Position im Raum, die das Ziel um die Zeiteinheit früher eingenommen hat, die der **Laufzeit** des Signals entspricht, so daß der das Ziel verfolgende Strahl stets der jeweiligen Position des Zieles **hinterhereilt.**

b) Die **Energie** ist im allgemeinen nicht im Ziel fokussiert, nicht einmal in der beschriebenen nacheilenden Position, da die zum *i*-ten Element des Interferometers gehörige Phase zu der Zeit *t* einer bestimmten Zielposition entspricht, während die dem *k*-ten Element zugeordnete Phase zu derselben Zeit einer anderen Zielposition entspricht.

Man betrachte dazu folgendes Beispiel:

Ein Zielflugkörper entferne sich mit der Geschwindigkeit v_t längs der gemeinsamen Achse von einem Antennenelementpaar. Die Elemente besitzen den gegenseitigen Abstand *d*, und das Ziel sendet alle d/c Sekunden Impulse aus. Empfängt nun das entferntere Element den ersten Impuls, dann trifft bei dem näher zum Ziel befindlichen Element bereits der zweite Impuls ein, es sei denn, das Ziel habe sich in der Zeit zwischen den Impulsen nur um einen vernachlässigbar kleinen Bruchteil einer Wellenlänge von seiner vorherigen Position entfernt. Der unter a) genannte Fehler durch falsche **„Strahlanpassung"** sei in diesem Beispiel vernachlässigt, und der zu erwartende **Phasenfehler** ist proportional der Strecke, die während eines **Impulsintervalls** durchlaufen wird, bzw. $v_t\, d/c$ (Bild 8.2).

Mit den beiden Element-Ziel-Entfernungen $\vec{R}_{t1}$, $\vec{R}_{t2}$ wird die Phasendifferenz

$$\Phi = \frac{2\pi}{\lambda}\,[\,|\vec{R}(t_1) - \vec{R}(t_2)|\,] = \frac{2\pi}{\lambda}\, v_t \frac{d}{c}, \tag{8.7}$$

mit den Elementphasen

$$\Phi_i = \frac{2\pi}{\lambda}\,|\vec{R}(t_1)| \tag{8.8}$$

$$\Phi_k = \frac{2\pi}{\lambda}\,|\vec{R}(t_2)|. \tag{8.9}$$

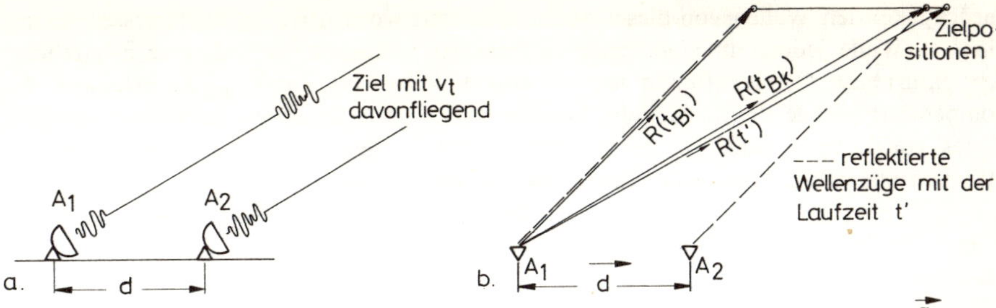

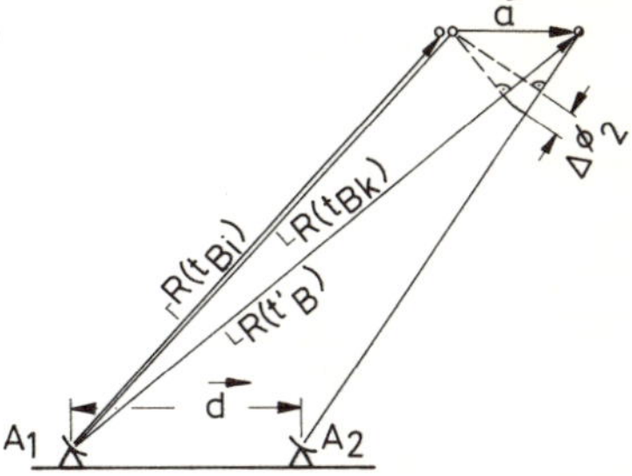

Bild 8.2. Zum Phasenfehler bei Zielverschiebung
a) Meßaufbau
b) Zielkoordinaten bei Verschiebung
c) Phasendifferenz

Entsprechend Bild 8.2 kann $\vec{R}(t)$ als die Position des Zieles in bezug auf das i-te Element definiert werden, mit $\dot{\vec{R}}(t)$ als der ersten Ableitung und mit d als der vektoriellen Verschiebung des i-ten Elementes vom k-ten Element. Es soll das „Wellenpaket" betrachtet werden, das zur Zeit t' zum i-ten Element zurückkehrt, nachdem es zu einer früheren Zeit t_{Bi} vom Ziel reflektiert worden ist, d. h. zu der Zeit, als das Ziel die Positionskoordinaten von $\vec{R}(t_{Bi})$ einnahm. Die unten angeführten Gleichungen stellen eine gute Näherung für die Zeit t_{Bi} und die Position $\vec{R}(t_{Bi})$ dar, an der die Reflexion stattfand [11]

$$t_{Bi} \approx t' - \frac{|\vec{R}(t')|}{c} \tag{8.10}$$

$$\vec{R}(t_{Bi}) \approx \vec{R}(t') - (t' - t_{Bi})\,\dot{\vec{R}}(t') = \vec{R}(t') - \frac{|\vec{R}(t')|\,\dot{\vec{R}}(t')}{c}. \tag{8.11}$$

Zur Zeit t' kehrt eine andere Welle zum k-ten Element zurück, die jedoch nicht zur gleichen Zeit vom Zielobjekt reflektiert wurde wie die i-te Welle, da sie eine andere Entfernung zurückzulegen hatte. Reflexionszeit und Ort dieses Wellenpaktes t_{Bk} und $\vec{R}(t_{Bk})$ sind durch folgende Gleichungen gegeben

$$t_{Bk} = t' - \frac{|\vec{R}(t') - \vec{d}|}{c} \tag{8.12}$$

$$\vec{R}(t_{Bk}) = \vec{R}(t') - \frac{1}{c}\,|\vec{R}(t') - \vec{d}|\,\dot{\vec{R}}(t'). \tag{8.13}$$

Da die Phase eines reflektierten Wellenpakets nur von der Phase ihrer Quelle und von ihrem Laufweg abhängt, würde sich eine Fokussierung bei $\vec{R}(t_{Bi})$ ergeben, wenn beide zurückgekehrten Wellen von dieser Stelle reflektiert worden wären. Statt dessen wurde die k-te Welle jedoch in einer anderen Position reflektiert, so daß eine zusätzliche Korrekturphase Φ_1 einzuführen ist, um eine Fokussierung in $\vec{R}(t_{\mathrm{Bi}})$ zu erlangen. Φ_1 kompensiert gerade die zusätzliche Strecke, die die k-te Welle bis zum Erreichen des Zieles zurücklegen muß. Da die Welle nach der Reflexion noch einmal die gleiche Strecke zu bewältigen hat, gelten die folgenden Gleichungen

$$
\begin{aligned}
\Phi_1 &= 2\frac{\omega_0}{c}\,\{|\vec{R}(t_{\mathrm{Bk}})| - |\vec{R}(t_{\mathrm{Bi}})|\} \\
&= 2\frac{\omega_0}{c}\left\{\left|\vec{R}(t') - \frac{|\vec{R}(t') - \vec{d}\,|}{c}\,\dot{\vec{R}}(t')\right| - \left|\vec{R}(t') - \frac{|\vec{R}(t')|\,\dot{\vec{R}}(t')}{c}\right|\right\} = \\
&= 2\frac{\omega_0}{c}\left\{\left|\frac{|\vec{R}(t')|}{\vec{R}(t')}\left(\frac{\vec{R}(t')\,\vec{R}(t')}{|\vec{R}(t')|} - \frac{\vec{R}(t')\,\vec{R}(t')}{|\vec{R}(t')|\,c}\,|\vec{R}(t') - \vec{d}\,|\right)\right| - \right. \\
&\qquad \left. - \left|\frac{|\vec{R}(t')|}{\vec{R}(t')}\left(\frac{\vec{R}(t')\,\vec{R}(t')}{|\vec{R}(t')|} - \frac{\vec{R}(t')|\vec{R}(t')|}{|\vec{R}(t')|c}\,\dot{\vec{R}}(t')\right)\right|\right\} \\
&= 2\frac{\omega_0}{c}\left\{\left[|\vec{R}(t')| - \frac{\vec{R}(t')\,\dot{\vec{R}}(t')}{c}\;\frac{|\vec{R}(t') - \vec{d}|}{|\vec{R}(t')|}\right] - \left[|\vec{R}(t')| - \vec{R}(t')\,\dot{\vec{R}}(t')\,\frac{1}{c}\right]\right\} \\
&= 2\frac{\omega_0}{c^2}\left\{\vec{R}(t')\,\dot{\vec{R}}(t')\left[1 - \frac{|\vec{R}(t') - \vec{d}|}{|\vec{R}(t')|}\right]\right\} \\
&= 2\frac{\omega_0}{c^2}\left\{\vec{R}(t')\,\dot{\vec{R}}(t')\left[1 - \left|\frac{|\vec{R}(t')|}{\vec{R}(t')|\vec{R}(t')|}\left(\frac{\vec{R}(t')\,\vec{R}(t')}{|\vec{R}(t')|} - \frac{\vec{R}(t')}{\vec{R}(t')}\,\vec{d}\right)\right|\right]\right\} \\
&= 2\frac{\omega_0}{c^2}\left\{\vec{R}(t')\,\dot{\vec{R}}(t')\left[1 - \frac{1}{|\vec{R}(t')|}\left(|\vec{R}(t')| - \frac{\vec{R}(t')}{|\vec{R}(t')|}\,\vec{d}\right)\right]\right\} \\
&= 2\frac{\omega_0}{c^2}\left\{\vec{R}(t')\,\dot{\vec{R}}(t') - \vec{R}(t')\,\dot{\vec{R}}(t') + \frac{[\vec{R}(t')\,\dot{\vec{R}}(t')]\,[\vec{R}(t')\,\vec{d}]}{|\vec{R}(t')|^2}\right\}
\end{aligned}
$$

$$
\Phi_1 = 2\frac{\omega_0}{c^2}\;\frac{[\vec{R}(t')\,\dot{\vec{R}}(t')]\,[\vec{R}(t')\,\vec{d}]}{|\vec{R}(t')|^2}. \tag{8.14}
$$

Wird Φ_1 zu a addiert, so befinden sich die zurückgesandten Wellen im Punkt $\vec{R}(t_{\mathrm{Bi}})$ zu der Zeit t'_{B} in Phase. Zur Zeit, in der sie dort eintreffen, hat sich das Ziel jedoch bereits in eine neue Position $\vec{R}(t'_{\mathrm{B}})$ begeben. t'_{B} und $\vec{R}(t'_{\mathrm{B}})$ sind näherungsweise gegeben durch

$$
t'_{\mathrm{B}} = t_{\mathrm{Bi}} + \frac{2}{c}\,|\vec{R}(t')| \tag{8.15}
$$

$$
\vec{R}(t'_{\mathrm{B}}) \approx \vec{R}(t_{\mathrm{Bi}}) + (t_{\mathrm{Bi}} - t'_{\mathrm{B}})\,\dot{\vec{R}}(t')
$$

$$
\vec{R}(t'_{\mathrm{B}}) = \vec{R}(t_{\mathrm{Bi}}) + \frac{2}{c}\,|\vec{R}(t')|\dot{\vec{R}}(t'). \tag{8.16}
$$

Der Vektor $\vec{a}$ gibt die Position des Zielobjektes in bezug auf den Fokussierungspunkt an (Bild 7.33).

$$\vec{a} = \vec{R}(t'_B) - \vec{R}(t_{Bi}) = \frac{2}{c} |\vec{R}(t')| \, \dot{\vec{R}}(t'). \tag{8.17}$$

Um nun tatsächlich eine Fokussierung im Ziel zu erreichen, ist eine weitere Korrektur Φ_2 bezüglich der Phase des i-ten Elementes hinzuzufügen. Diese ist wie aus Bild 8.2c ersichtlich, näherungsweise

$$\begin{aligned}
\Phi_2 &\approx \frac{\omega_0}{c} \left\{ \frac{\vec{a}\,\vec{R}(t')}{|\vec{R}(t')|} - \frac{\vec{a}\,[\vec{R}(t') - \vec{d}]}{|\vec{R}(t') - \vec{d}|} \right\} \\
&\approx \frac{\omega_0}{c} \quad \frac{1}{|\vec{R}(t')|\,|\vec{R}(t') - \vec{d}|} \left\{ \left[|\vec{R}(t')| - \frac{\vec{R}(t')\,\vec{d}}{|\vec{R}(t')|} \right] \vec{a}\,\vec{R}(t') - |\vec{R}(t')|\,\vec{a}\,[\vec{R}(t') - \vec{d}] \right\} \\
&\approx \frac{\omega_0}{c|\vec{R}(t')|^2} \left\{ |\vec{R}(t')|\,\vec{a}\,\vec{d} - \frac{[\vec{R}(t')\,\vec{d}]\,[\vec{a}\,\vec{R}(t')]}{|\vec{R}(t')|} \right\}
\end{aligned}$$

$$\Phi_2 \approx \frac{2\,\omega_0}{c^2}\,\vec{d}\,\dot{\vec{R}}(t') - \frac{2\,\omega_0}{c^2} \; \frac{[\vec{R}(t')\,\vec{d}]\,[\vec{R}(t')\,\dot{\vec{R}}(t')]}{|\vec{R}(t')|^2}. \tag{8.18}$$

Durch Addition von Φ_1 und Φ_2 erhält man in guter Näherung die gesamte **Korrekturphase,** die dazu notwendig ist, den Strahl eines selbsttätig fokussierenden Systems genau im Ziel zu halten

$$\Phi = \Phi_1 + \Phi_2 = \frac{2\,\omega_0}{c^2}\,\dot{\vec{R}}(t')\,\vec{d}. \tag{8.19}$$

Die Summe der eingangs besprochenen Fehlertypen ist also direkt proportional dem Abstand der Elemente und der Geschwindigkeit des Zieles. Der Maximalwert der Phasenkorrektur tritt auf, wenn $\vec{R}(t')$ und $\vec{d}$ maximal werden. Zwei typische Maximalwerte dieser Parameter sind

$$|\vec{d}| = 3 \text{ km}$$

$$|\vec{R}(t')| = 6{,}6 \text{ km/s}.$$

Dies bedeutet z. B. für ein im X-Band arbeitendes System (8.2 – 12,4 GHz), daß der Phasenfehler am Ziel auf jeden Fall geringer als 15° sein muß, damit eine ausreichende Strahlfokussierung gewährleistet ist.

8.2.3. *Auflösung der Winkelmehrdeutigkeit*

Wie schon aus Abschnitt 5.6 (Bild 6.2) zu entnehmen ist, nimmt mit wachsendem Elementantennenabstand die Anzahl der Nebenkeulen von gleicher Amplitude wie die Hauptkeule zu. Gleichzeitig verringert sich die Halbwertsbreite der Keulen, was einer Steigerung des Auflösungsvermögens gleichkommt. Diese angestrebte Steigerung des Auflösungsvermögens wird aber mit einer Zunahme an **Mehrdeutigkeit** erkauft, da für den Fall einer außerhalb des Zenits befindlichen Zielposition unbekannt ist, mit welchem der Nebenzipfel das Ziel erfaßt wird; d. h., einer mit dem Interferometer gemessenen Phasendifferenz Φ entspricht eine ganze Anzahl möglicher Zielwinkel.

Man behilft sich, indem man ein drittes Element in einem kleineren Abstand vom Bezugselement auf derselben Basislinie anordnet. Das Resultat sind zwei Interferometersysteme unterschiedlicher Basisbreite, von denen das mit der kurzen Basis einer zwar groben aber eindeutigen Winkelmessung dient, während die Feinmessung mit dem „Großbasis"-Interferometer (**V**ery **L**ong **B**aseline **I**nterferometry, VLBI [77]) erfolgt.

Wegen des hohen Auflösungsvermögens hat die Interferometrie auch Eingang in die Radartechnik gefunden. Nun wird jedoch der quasioptischen, in der Antennengeometrie begründeten Definition des Auflösungsvermögens eine weitere allgemeiner zu verstehende an die Seite gestellt: Das Auflösungsvermögen eines physikalischen Gerätes ist ganz allgemein definiert als Mindestabstand zweier Eingangssignale, bei denen das resultierende Ausgangssignal gerade noch zwei Höcker mit 3-dB-Einsattelung hat. Diese qualitative Definition sagt noch nichts über den Einfluß der **Signalform** oder des Rauschens aus, obwohl das Auflösungsvermögen in starkem Maße von der Signalform abhängt.

Der Zusammenhang zwischen Auflösungsvermögen und Signalform wird durch die **Ambiguityfunktion** verifiziert. Die komplexe Ambiguityfunktion läßt sich auffassen als die **Kreuzkorrelationsfunktion** einer Kopie des Sendesignals und des dopplerverschobenen Echosignals. Bei der Dopplerverschiebung $f_d = 0$ ist die Ambiguityfunktion identisch mit der **Autokorrelationsfunktion** des Sendesignals. Der erwünschte Verlauf des Betrags der Ambiguityfunktion läßt sich bei Kenntnis des speziellen Radarproblems leicht definieren. Es ist aber nicht möglich, daraus die zugehörige Signalform zu errechnen, da die Kenntnis über die für das Auflösungsvermögen unwesentliche Ambiguityphase fehlt. Die Ambiguityfunktion stellt daher eine Möglichkeit dar, eine vorgegebene Signalform auf ihre Auflösungseigenschaften zu untersuchen.

Es erhebt sich nun die Frage, inwieweit die Ambiguityfunktion bei einem Radarsystem mit Interferometeranordnung beeinflußt wird, da durch die Vielkeulenstruktur **Mehrdeutigkeiten** entstehen. In der modernen Radartechnik werden zumeist modulierte Signale verwendet, und es läßt sich zeigen, wie durch die Wahl einer geeigneten Signalbandbreite Mehrdeutigkeiten vermieden werden, indem die Nebenkeulenamplituden auf das $1/N$-fache ihres Betrages abgesenkt werden, wobei N der Anzahl der Einzelelemente einer längeren Signalgruppe entspricht.

Des weiteren wird gezeigt, welchen Einfluß die atmosphärische Brechung auf die Winkelmessung mit einem Interferometer ausübt, was von besonderem Interesse bei der **Bahnverfolgung** (tracking) von Satelliten ist.

Abschließend sind noch einige Interferometeranwendungen aufgeführt, wie z. B. ein mit pseudo-rausch-kodierten Signalen arbeitendes Zwillingsinterferometer.

Bei einem Interferometersystem wird durch die Messung der Phasendifferenz (6.1) der von den beiden im Abstand d zueinander befindlichen Elementantennen aufgefangenen Signale zugleich deren Einfallswinkel ϑ bestimmt, gemäß der Beziehung (Bild 8.3)

$$\Phi = \frac{2\pi}{\lambda} d \sin \vartheta. \tag{8.20}$$

Bild 8.3. Geometrie des Zwillings-Interferometers

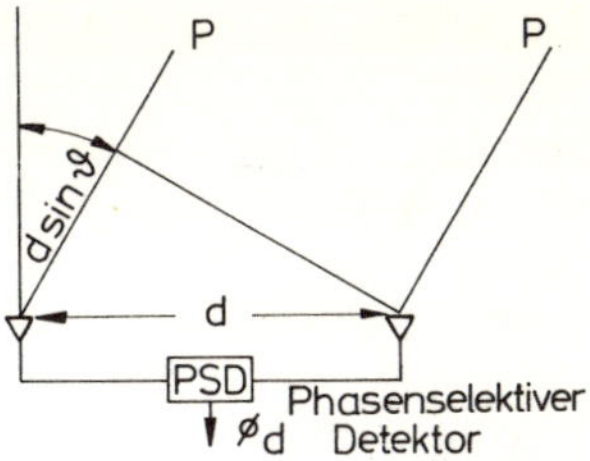

Doch zunächst soll noch einmal zusammenfassend die Wirkungsweise eines Interferometers für den eindimensionalen Fall betrachtet werden. Die Berechnung des Antennendiagramms einer aus gleichen Elementen bestehenden linearen **Antennengruppe** erfolgt nach dem **multiplikativen Gesetz** [3, 21, 86], das im eindimensionalen Fall, wie folgt, ausgedrückt werden kann

$$C(\vartheta) = \sum_{n=0}^{N-1} \underline{L}(\vartheta)\, p_n\, e^{-j\Phi_n} = \underline{L}(\vartheta)\, \underline{M}(\vartheta), \tag{8.21}$$

wobei $\underline{L}(\vartheta)$ dem komplexen Vertikal-Diagramm einer einzelnen Elementantenne,
p_n der Erregung der Elemente,
Φ_n der Phasendifferenz zwischen den Elementen,
und $\underline{M}(\vartheta)$ dem komplexen Gruppenfaktor entspricht.

Bei gleichförmiger Erregung der Elemente

$$p_n = p_0, p_1, \ldots = 1 \tag{8.22}$$

lautet die Beziehung für den Gruppenfaktor bei N Strahlern

$$\underline{M}(\vartheta) = \sum_{n=1}^{N-1} e^{-j\Phi_n} = \frac{\sin(N\,\Phi/2)}{\sin(\Phi/2)}, \tag{8.23}$$

wobei Φ durch Gleichung (8.20) definiert ist. Mit dem in Wellenlängen ausgedrückten Elementabstand

$$k = d/\lambda \tag{8.24}$$

lautet Gleichung (8.23) für $N = 2$

$$\underline{M}(\vartheta) = \frac{\sin(2\,\pi\,k\,\sin\vartheta)}{\sin(\pi\,k\,\sin\vartheta)}. \tag{8.25}$$

Dem entspricht für isotrope Strahler eine Darstellung nach Bild 8.4 in Polarkoordinaten. Bild 8.4b zeigt, wie in Abhängigkeit von k die Keulenbreite abnimmt, aber auch die Anzahl der Keulen mit gleicher Amplitude wie die Hauptkeule zunimmt. In Bild 8.4c ist das Strahlungsdiagramm für großes k dargestellt.
Nullstellen treten in einem Diagramm nach Bild 8.4c dort auf, wo

$$\frac{N\,\Phi}{2} = \pi + 2\,n\,\pi \quad (n = 1, 2, \ldots) \tag{8.26}$$

ist.

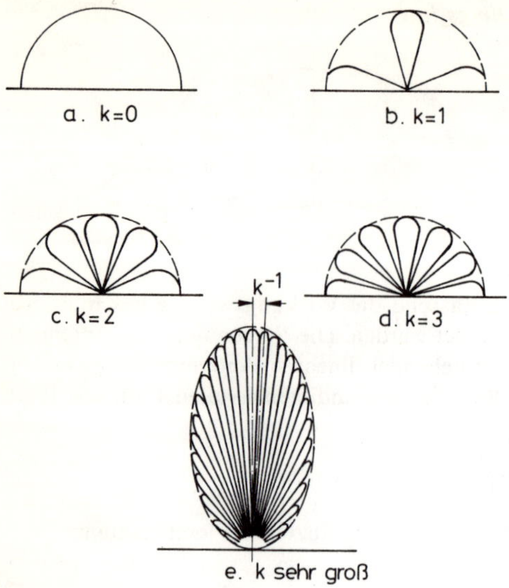

Bild 8.4. Strahlungsdiagramm des Zwillingsinterferometers bei variierendem Elementabstand

Daher berechnet sich mit $N = 2$ und mit

$$\sin \vartheta \approx \vartheta$$

der zugehörige Einfallswinkel aus der Gleichung (8.20) zu

$$\vartheta_0 = \frac{\lambda}{d}\left(n + \frac{1}{2}\right) = \frac{n + 1/2}{k} \quad [\text{rad}]. \tag{8.28}$$

Die Lage der Maxima erhält man aus

$$\frac{N\,\Phi}{2} = 2\,m\,\pi \quad (m = 1, 2, \ldots) \tag{8.29}$$

und sie sind zu finden bei

$$\vartheta_{\mathrm{m}} = m/k \quad [\text{rad}]. \tag{8.30}$$

Maxima und Minima des Diagrammes besitzen einen gegenseitigen Abstand von k^{-1} [rad]. Da die Keulen sehr schmal sind, ist die Annahme statthaft, daß die Halbwertsbreite gleich der Nullwertsbreite, der Strahlbreite, dem Abstand von Minimum zu Minimum ϑ ist, also

$$\vartheta = k^{-1} = \lambda/d. \tag{8.31}$$

Setzt man dies in Gleichung (8.20) ein, wiederum unter der Annahme, daß

$$\sin \vartheta \approx \vartheta \tag{8.32}$$

gilt, so erhält man

$$\Phi_{max} = 2\,\pi. \tag{8.33}$$

Nun ergeben sich aus der Vielkeulenstruktur des Interferometers auch Schwierigkeiten, da unbekannt ist, mit welcher Keule ein Ziel erfaßt wird, d. h., es wird zwar eine absolute Phasendifferenz $0 \leqq \Phi \leqq 2\,\pi$ gemessen, bzw. $0 \leqq \Phi \leqq \pi$, wenn die Messung nur nach einer Seite hin erfolgt, doch ist unbekannt, wie oft sich die Phase um $2\,\pi$, entsprechend einer Strahlbreite, gedreht hat. Die Messung hat also mehrfache Lösungen. Um alle möglicherweise auftretenden Phasendrehungen zu erfassen, ist der in Gleichung (8.20) ermittelten Phasendifferenz noch ein Faktor $2\,n\,\pi$ hinzuzufügen

$$\Phi_{dn} = \Phi_d + 2\,n\,\pi, \tag{8.34}$$

wobei n wieder eine ganze Zahl ist. Eine gemessene Phasendifferenz Φ_{dn} entspricht einer möglichen Anzahl von Einfallswinkeln ϑ_n ($\leqq 1$)

$$\sin \vartheta_n = k^{-1}\,[(\Phi_d/2\,\pi) + n]. \tag{8.35}$$

n kann bestimmt und damit die Mehrdeutigkeit aufgelöst werden, indem ein weiteres Antennenelement in einem von d verschiedenen Abstand, gemäß Bild 8.5, hinzugeschaltet

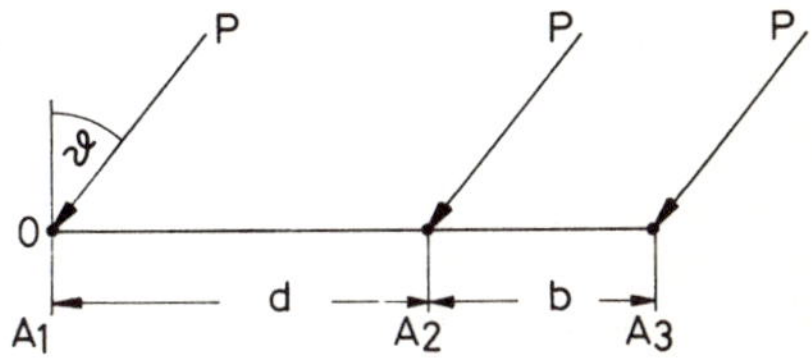

Bild 8.5. Dreielement-Interferometer

wird. Für die gemessene Phasendifferenz zwischen dem Bezugselement und dem zusätzlichen Element ergeben sich analoge Beziehungen zu (8.20) und (8.34)

$$\Phi_b = \frac{2\,\pi}{\lambda}\, b \sin \vartheta \tag{8.36}$$

und bei vieldeutigem Φ_b

$$\Phi_{bm} = \Phi_b + 2\,m\,\pi, \quad (m = 1, 2, \ldots) \tag{8.37}$$

und damit

$$\sin \vartheta_m = \frac{\lambda}{b}\,(\Phi_b/2\,\pi + m). \tag{8.39}$$

Der tatsächliche, nicht länger mehrdeutige Wert für ϑ ergibt sich für

$$\vartheta = \vartheta_n = \vartheta_m. \tag{8.39}$$

n und m sind aus der Messung von Φ_d (8.34) und Φ_b (8.36) zu bestimmen. Aus (8.39) folgt

$$\sin \vartheta_n = \sin \vartheta_m, \tag{8.40}$$

sowie aus (8.35) und (8.38)

$$m = \frac{b}{d} n + \frac{1}{2\pi} \left(\frac{b}{d} \Phi_d - \Phi_b \right). \tag{8.41}$$

b und d sollten so gewählt werden, daß alle potentiellen Mehrdeutigkeiten, d. h. ungenaue Bestimmung von n und m, außerhalb der Richtschärfe der Antenne liegen. Sie scheiden dann als mögliche Lösungen aus.

Die in Bild 8.5 dargestellte lineare Gruppe $A_1A_2A_3$ kann als Interferometerpaar angesehen werden, bestehend aus den Zwillingsinterferometern A_1A_2 und A_2A_3. Beim Interferometer A_1A_2 beträgt der Winkel zwischen den aufeinanderfolgenden Keulen λ/d [rad] und, da die **3-dB-Breite** eines einzelnen Elementes λ/D [rad] beträgt, wobei D dem Elementdurchmesser entspricht, berechnet sich die Anzahl der Maxima in der Hauptstrahlungsrichtung zu [11]

$$z = 1 + (d/D). \tag{8.42}$$

Ist die **Richtschärfe** der Antenne hoch, d. h., ist λ/D klein, dann ist die Anzahl der nicht eindeutigen Maxima im Hauptstrahlungsbündel nur gleich einem Bruchteil dieser Zahl, nämlich

$$z = 1 + \eta \frac{d}{D}, \quad \eta < 1. \tag{8.43}$$

Dies ist auch aus Bild 8.4e ersichtlich, das ja für isotrope Strahler gilt (Gleichung 8.31). Antennenelemente mit endlichem Durchmesser $D (\gg \lambda)$ zeigen mit wachsender Frequenz eine zunehmende Auffiederung des Diagramms, womit das in (8.42) im Nenner stehende D plausibel wird.

Weiterhin kann man darauf schließen, daß zu beiden Seiten des zentralen Maximums je $\eta d/2D$ **Nebenmaxima** existieren, die Mehrdeutigkeiten darstellen. Die gleichen Überlegungen lassen sich für das Interferometer A_2A_3 anstellen.

Ist in (8.41) das Verhältnis der Basislänge d/b ein echter Bruch, der für die kleinsten Ausdrücke p/q geschrieben wird, wobei p und q relative, ganze Primzahlen sind, so fällt die q-te Keule des A_2A_3-Interferometers mit der p-ten Keule des A_1A_2-Interferometers zusammen. Dies ist das erste Mal, daß zwei Nebenkeulen zur Deckung kommen, seit dem Zusammenfallen der zentralen Keulen. Eine notwendige Bedingung, um das Auftreten eines Fehlers infolge von Mehrdeutigkeiten zu vermeiden, ist nun, daß dieses Zusammenfallen, d. h. die Übereinstimmung der Richtungen der Keulenachsen, erst bei solchen Nebenkeulen auftritt, die sowieso außerhalb der **Hauptstrahlungsrichtung** der Antenne liegen. Dies führt auf die folgenden Ungleichungen [11]

$$p > \eta\, d/D \tag{8.44}$$

$$q > \eta\, b/D. \tag{8.45}$$

Ist Φ_d die zwischen A_1 und A_2 und Φ_b die zwischen A_1 und A_3 gemessene Phasendifferenz, so setzen die in der Messung auftretenden Zufallsfehler der Höhe von p und q Grenzen, wenn mehrdeutige Lösungen bei der Bestimmung von ϑ vermieden werden

Bild 8.6. Phasenbeziehungen beim Dreielement-Interferometer [11]

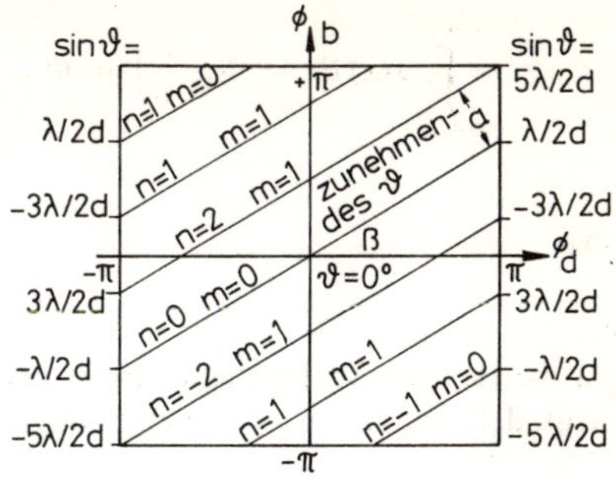

Bild 8.7. Zur Mehrdeutigkeitsauflösung mit dem Dreielement-Interferometer [11]

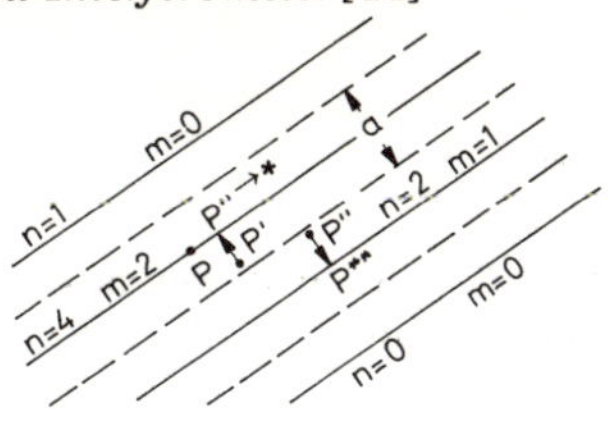

sollen. In Bild 8.6 sind die Phasenbeziehungen für verschiedene ϑ in einer Φ_d, Φ_b-Ebene dargestellt. Die Darstellung gilt für $p = 3$ und $q = 5$. Der Anstieg der Diagonalen sei

$$x = p/q = \tan\beta \tag{8.46}$$

und ihr Abstand auf der Φ_b-Achse beträgt

$$\Delta\Phi_b = 2\pi/q. \tag{8.47}$$

Der gegenseitige Abstand a der Diagonalen ist

$$a = \Delta\Phi_b \cos\beta = \frac{2\pi}{q}\cos\beta = \frac{2\pi}{q\sqrt{1+x^2}} = \frac{2\pi}{\sqrt{p^2+q^2}}. \tag{8.48}$$

Der praktische Wert des Φ_b, Φ_d-Diagramms soll im folgenden erläutert werden:
Wurden bei der Messung der Phasendifferenzen Φ_d und Φ_b Fehler vermieden, so ist durch diese irgendein Punkt auf irgendeiner der Diagonalen bestimmt. Dies entspricht dann, ohne daß eine Mehrdeutigkeit vorhanden ist, einem einzigen Wert von ϑ. Ist die Messung Φ_d und Φ_b nicht fehlerfrei, so wird Punkt $P(\Phi_b, \Phi_d)$ an einem Ort P' abseits der Diagonalen liegen (Bild 8.7). Eine einfache Möglichkeit, ϑ zu bestimmen, liegt nun darin, das Lot von P' auf die nächstliegende Diagonale zu fällen. Im Fußpunkt des Lotes liegt der Punkt P^*, der nicht mit P zusammenfallen muß. Befindet sich P' innerhalb eines Streifens der Breite a, der, wie in Bild 8.7 gezeigt, die den Punkt P enthaltende Diagonale symmetrisch überdeckt, so liegt P^* auf derselben Linie wie P, und der Fehler wird gering und eine stetige Funktion der in den Messungen auftretenden Fehler sein.

Margerum [11] bezeichnet dies als „topologische Unbestimmtheit". Ergibt sich aus einer fehlerbehafteten Messung der Punkt P'', so liegt im Fußpunkt des Lotes auf die diesem Punkt am nächsten liegende Diagonale der Punkt P^{**}, der sich nicht mehr mit P gemeinsam auf einer Diagonalen befindet. Der Fehler ist nun beträchtlich und stellt keine kontinuierliche Funktion in Abhängigkeit von den Meßfehlern mehr dar. Hier liegt eine Mehrdeutigkeit vor.

Für normal verteilte Fehler beträgt die **Wahrscheinlichkeit,** daß P' innerhalb des nicht mehrdeutigen Streifens liegt [21, 31, 71]

$$\int_{-a/2}^{+a/2} p(x)\,\mathrm{d}x = \Phi\left(\frac{a}{2\,\sigma}\right) = \Phi\left(\frac{\pi}{\sigma\,\sqrt{p^2 + q^2}}\right) = \frac{1}{\sqrt{2\,\pi}} \int_{-a/2}^{+a/2} \mathrm{e}^{-\frac{1}{2}\left(\frac{x}{\sigma}\right)^2}\,\mathrm{d}x. \tag{8.49}$$

Da

$$\int_{-\infty}^{+\infty} p(x)\,\mathrm{d}x = 1 \tag{8.50}$$

ist, beträgt die Wahrscheinlichkeit dafür, daß P' außerhalb des Streifens der Breite a liegt, d. h., daß es zu einer mehrdeutigen Lösung kommt,

$$P_{\mathrm{A}} = 1 - \int_{-a/2}^{+a/2} p(x)\,\mathrm{d}x. \tag{8.51}$$

In der obigen Darstellung bedeuten

$x = X - \overline{X}$ = Schwankung einer (schwankenden) der Gaußschen Wahrscheinlichkeitsverteilung **(Normalverteilung)** gehorchenden Größe $X(t)$,

$\sigma^2 = \overline{(X - \overline{X})^2}$ = mittleres Schwankungsquadrat, bzw. **Varianz** oder **Streuung** der Fehler (zweites zentrales Moment),

σ = Standardabweichung.

Bei gegebenem σ entspricht jede **Mehrdeutigkeitswahrscheinlichkeit** einem speziellen Wert von $p^2 + q^2$ sowie einer Grenzbedingung, die besagt, daß die Wahrscheinlichkeit für das Auftreten einer Mehrdeutigkeit kleiner sein muß als irgendein Wert A. Der Zusammenhang zwischen der Wahrscheinlichkeit für eine ungenaue Mehrdeutigkeitsbestimmung und $p^2 + q^2$ ist in Bild 8.8 dargestellt. Die Gesamtlänge der Antennengruppe ist (Bild 8.5)

$$L = d + b \tag{8.52}$$

und da laut (8.44) und (8.45)

$$d < p\frac{D}{\eta} \tag{8.53}$$

und

$$b < q\frac{D}{\eta} \tag{8.54}$$

ist, gilt

$$L < \frac{D}{\eta}(p + q). \tag{8.55}$$

Eine Maximierung der Antennenlänge L für eine feststehende Mehrdeutigkeit sowie für festes σ bedeutet zugleich eine Maximierung von $p + q$ für einen festen Wert von $p^2 + q^2$. Die mathematische Lösung lautet $p = q$, was praktisch jedoch unzulässig ist, da für $d = b$ das System vieldeutig ist. p und q können jedoch betragsmäßig dicht beieinander liegen, so sei z. B. $q = p + 1$. Daraus folgt für die maximale Länge der Gruppe

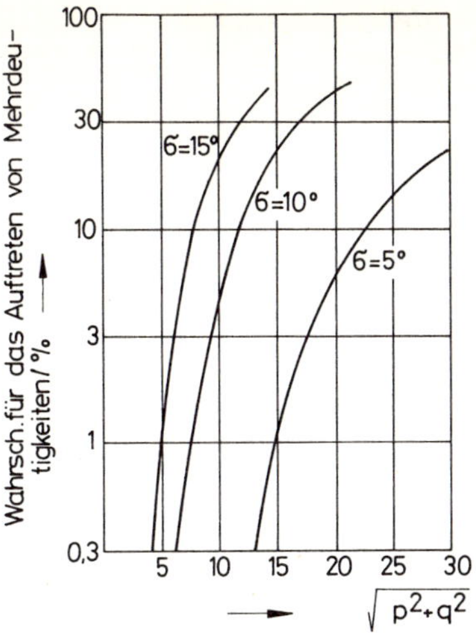

Bild 8.8. Wahrscheinlichkeit einer ungenauen Mehrdeutigkeitsauflösung [11]

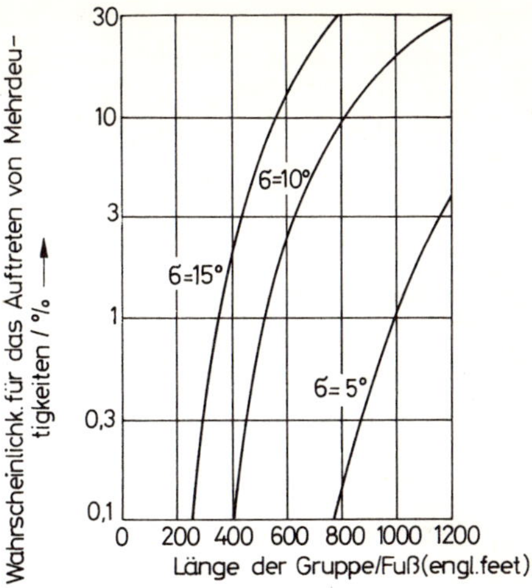

Bild 8.9. Wahrscheinlichkeit einer ungenauen Mehrdeutigkeitsauflösung [11]

$$L < \frac{D}{\eta}\,(2\,p + 1). \tag{8.56}$$

Ist z. B. der Richtfehler gleich $\pm$ 1/4 der Halbwertsbreite bei $\eta = 1/2$ und sind die Elemente Parabolspiegel ($D = 25$ ft), so beträgt die maximale Länge der Gruppe

$$L = 50 + 100\,p \quad [\text{ft}].$$

Für einen gegebenen Wert von p läßt sich nun die Wahrscheinlichkeit einer ungenauen Mehrdeutigkeitsauflösung aus Bild 8.8 entnehmen. In Bild 8.9 ist die Wahrscheinlichkeit für das Auftreten von Mehrdeutigkeiten über der Gesamtlänge der Antenne L (8.52) bei obigem D aufgetragen. Nachdem die Mehrdeutigkeiten bestimmt sind, ergibt sich der genaue Wert von ϑ aus der Phasendifferenz zwischen den auseinanderstehenden Elementen [11]

$$\sin\vartheta = \frac{\lambda}{2\,\pi}\;\left(\frac{\Phi_d + \Phi_b}{d + b}\right) \tag{8.57}$$

bzw.

$$\sin\vartheta = \left((m + n) + \frac{\lambda}{2\,\pi}\right)\;\left(\frac{\Phi_d + \Phi_b}{d + b}\right)\;. \tag{8.58}$$

Der entsprechende effektive Fehler lautet [11]

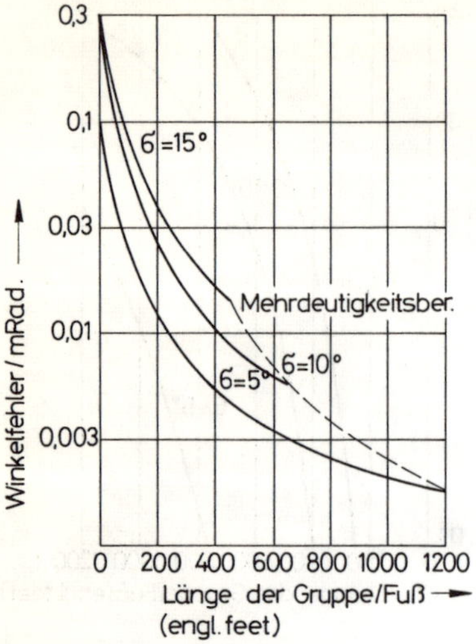

Bild 8.10. Meßgenauigkeit des Systems [11]

$$\sigma_\vartheta = \frac{\lambda}{2\pi} \quad \frac{\sqrt{2}\,\sigma_\Phi}{(d + b)\cos\vartheta}, \tag{8.59}$$

wobei σ_Φ dem effektiven Fehler bei der Phasenmessung entspricht. Eine grafische Darstellung der Gleichung (8.59) ist in Bild 2.8 gegeben. Diese Darstellung ist gültig für das x-Band bei $D = 25$ ft.

Es lassen sich drei wesentliche Ursachen für das Entstehen des Phasenfehlers σ_Φ angeben, und zwar [11] Fehler, die

1. durch atmosphärische Schwankungen hervorgerufen werden;
2. in der Meßeinrichtung auftreten;
3. durch Einstellungsunstimmigkeiten der Phasenzentren der Gruppenelemente hervorgerufen werden.

Alle diese Fehler begünstigen zusammen das Auftreten von Mehrdeutigkeiten.

8.2.4. *Auflösungsvermögen und Ambiguityfunktion*

8.2.4.1. Grundlagen der Optimierung von Radarempfängern

Das den folgenden Überlegungen zugrunde liegende Modell eines Radarempfängers besteht aus einem linearen Filter mit nachfolgendem Detektor. Der Detektor vergleicht die Einhüllende der Ausgangsspannung (Zeitfunktion) $s_0(t)$ des Filters mit einem Schwellwert. Bei Überschreiten der willkürlich vorgegebenen Schwellspannung gibt der Detektor die Anwesenheit eines Echosignals bekannt. Die Höhe der Schwellenspannung beeinflußt die Anzeige- und **Falschmeldewahrscheinlichkeit** des Empfängers. Das Filter hat die Aufgabe, ein möglichst großes Verhältnis von Signalleistung zu Rauschleistung herzustellen. Da theoretisch eine beliebig kurz dauernde Überschreitung der **Schwellenspannung** genügt, um die Anzeige auszulösen, braucht das **Signal-Rausch-Verhältnis** nicht während der ganzen Signaldauer maximal zu sein, sondern nur zu einem beliebigen Zeitpunkt. Das Filter muß das Signal-Rausch-Verhältnis

$$R_f = \frac{s_0(t)^2_{max}}{N'} \tag{8.60}$$

maximieren, wobei $|s_0(t)|_{max}$ dem Maximalwert der Ausgangs-Signal-Spannung und N' der mittleren Rauschleistung am Empfängerausgang entspricht [87].

Die Lösung dieses Maximierungsproblems ist das **Optimalfilter** (engl.: matched filter) [40], das die optimale Methode zum Erkennen von Signalen in Gegenwart von normalverteiltem Rauschen darstellt. Die **Übertragungsfunktion** $H(f)$ im Frequenzbereich (Spektralfunktion) kann mit

$$H(f) = V_a\, S^*(f) \exp(-2\pi f t_1) \tag{8.61}$$

angegeben werden, mit

$$S(f) = \int_{-\infty}^{+\infty} s(t) \exp(-\mathrm{j}\, 2\pi f t)\, \mathrm{d}t \tag{8.62}$$

als Spektrum eines Eingangssignals $s(t)$,

$S^*(f)$ als der konjugiert komplexen Funktion von $S(f)$,

t_1 als der Signaldauer sowie mit

V_a als der maximalen „Verstärkung" des Filters (im allgemeinen gleich eins).

$H(f)$ entspricht bis auf die Phasenverschiebung $\exp(-\mathrm{j}\, 2\pi f t_1)$, die sich gleichmäßig mit der Frequenz ändert und eine stetige zeitliche Verschiebung bewirkt, dem konjugiert komplexen Spektrum des Eingangssignals. Die Verzögerung ergibt sich aus Gründen der physikalischen Realisierbarkeit, da am Ausgang des Filters keine Spannung abgegeben werden soll, solange nicht das Signal am Eingang ganz aufgenommen ist.

Teilt man das Frequenzspektrum $S(f)$ des Signals und $H(f)$ in Amplitudenspektrum $|S(f)|$, bzw. $|H(f)|$, und in Phasenspektrum $[\exp(-\mathrm{j}\, \Phi_s(f))]$, bzw. $[\exp(-\mathrm{j}\, \Phi_{0f}(f))]$, auf, so ergibt sich ohne Berücksichtigung der Konstanten V_a aus (8.61)

$$|H(f)| \exp(-\mathrm{j}\, \Phi_{0f}(f)) = |S(f)| \exp(\mathrm{j}[\Phi_s(f) - 2\pi f t_1]). \tag{8.63}$$

Daraus ergeben sich die Beziehungen

$$|H(f)| = |S(f)| \tag{8.64}$$

$$\Phi_{0f}(f) = -\Phi_s(f) + 2\pi f t_1, \tag{8.65}$$

und man sieht, daß sich die Amplitudenspektren entsprechen, während das Phasenspektrum des Optimalfilters gleich dem negativen des Signals ist, zuzüglich einer Phasenverschiebung proportional der Frequenz.

Das Optimalfilter läßt sich auch über die **Stoßantwort** [28, 29, 30, 31, 32, 33, 40, 88] wie folgt charakterisieren:

Die Vorschrift für die Berechnung der zu einem **Einzelimpuls** gehörenden Ausgangsfunktion lautet

$$s_0(t) = \int_{-\infty}^{+\infty} S_0(f) \exp(\mathrm{j}\, 2\pi f t)\, \mathrm{d}f. \tag{8.66}$$

Mit

$$S_0(f) = H(f)\, S(f) \tag{8.67}$$

und

$$s(t) \triangleq \delta(t) \circ\!\!-\!\!\bullet\; 1 \triangleq S(f) \tag{8.68}$$

(wobei $\circ\!\!-\!\!\bullet$ das **Transformationssymbol** zwischen Zeit- und Frequenzbereich darstellt) folgt daraus

$$s_0(t) \triangleq h(t) = \int_{-\infty}^{+\infty} H(f) \exp(\mathrm{j}\, 2\pi f t)\, \mathrm{d}f. \tag{8.69}$$

Durch Einsetzen der Gleichung (8.62) in die Gleichung (8.70) ergibt sich

$$h(t) = V_a \int_{-\infty}^{+\infty} S^*(f) \exp(-\mathrm{j}\, 2\pi f (t_1 - t))\, \mathrm{d}f. \tag{8.71}$$

Da aber

$$S^*(f) = S(-f) \tag{8.72}$$

ist, wird aus Gleichung (8.71)

$$h(t) = V_a \int_{-\infty}^{+\infty} S(-f) \exp[\mathrm{j}\, 2\pi (-f)(t_1 - t)(-1)]\,(-\mathrm{d}f). \tag{8.73}$$

Mit der Substitution

$$-f = f_z \tag{8.74}$$

erhält man schließlich

$$h(t) = V_a \int_{-\infty}^{+\infty} S(f_z) \exp(\mathrm{j}\, 2\pi f_z (t_1 - t))\, \mathrm{d}f_z \tag{8.75}$$

$$h(t) = V_a\, s(t_1 - t). \tag{8.76}$$

Die Stoßantwort zeigt also auch, daß die Ausgangsfunktion des Filters gleich dem zeitlichen Spiegelbild der Eingangsfunktion ist (Bild 8.11).

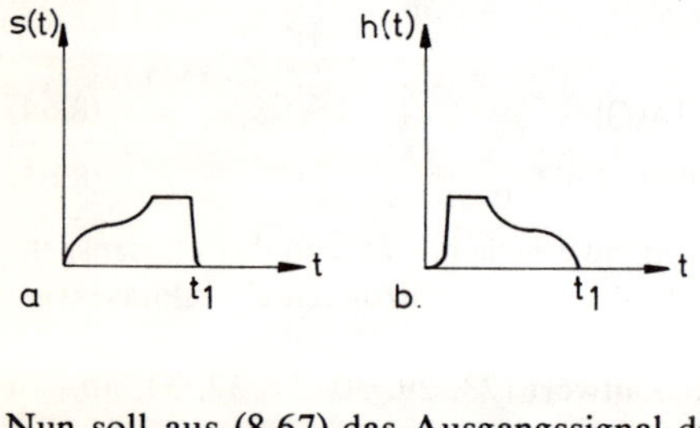

Bild 8.11. Zum Optimalfilter
a) empfangene Signalform s(t)
b) Impulsantwort h(t) des Optimalfilters auf die Erregung mit s(t)

Nun soll aus (8.67) das Ausgangssignal des Optimalfilters durch Faltung [36, 37, 88] der **Echosignalfunktion** $s(t)$ mit der Stoßantwort (8.71) des auf das erwartete Signal $s_{\mathrm{Ref.}}(t)$ abgestimmten Filters berechnet werden. $s_{\mathrm{Ref.}}(t)$ ist dabei abgesehen von einer zeitlichen Verschiebung nichts anderes als eine im Gerät gespeicherte Kopie des zuvor ausgesandten Signals

$$S(f)\, H(f) \bullet\!\!-\!\!\circ\, s(t) * h(t) \tag{8.77}$$

$$s_0(t) = s(t) * h(t) = \int_{-\infty}^{+\infty} s(\tau)\, h(t - \tau)\, \mathrm{d}\tau. \tag{8.78}$$

Mit

$$h(t - \tau) = V_a\, s_{\mathrm{Ref.}}(t_1 - t + \tau) \tag{8.79}$$

erhält man

$$s_0(t) = V_a \int_{-\infty}^{+\infty} s(\tau)\, s_{\mathrm{Ref.}}(t_1 - t + \tau)\, \mathrm{d}\tau. \tag{8.80}$$

Setzt man nun noch die willkürliche Konstante t_1 ohne Berücksichtigung der Kausalität gleich Null, dann ergibt sich

$$s_0(t) = V_a \int_{-\infty}^{+\infty} s(\tau)\, S_{\mathrm{Ref.}}\, (\tau - t)\, \mathrm{d}\tau, \tag{8.81}$$

und man sieht, daß das Ausgangssignal des Optimalfilters gleich der Kreuzkorrelationsfunktion von Echosignal und Referenzsignal ist. Bild 8.14 zeigt die Ausgangsfunktion eines Optimalfilters für einen eingangsseitigen Rechteckimpuls nach Bild 8.13. Da das Referenzsignal genau dem um die Laufzeit verschobenen Echosignal entspricht, kann man auch sagen, daß das Optimalfilterausgangssignal gleich der **Autokorrelationsfunktion** (AKF) des Signals ist.

Die Ausgangsspannung eines Filters mit der Übertragungsfunktion $H(f)$ ist durch die Gleichungen (8.66) und (8.67) gegeben.

$$|s_0(t)| = \left| \int_{-\infty}^{+\infty} S(f)\, H(f) \exp(\mathrm{j}\, 2\, \pi\, f\, t)\, \mathrm{d}f \right| \tag{8.82}$$

Die mittlere Rauschausgangsleistung beträgt nach [31, 40]

$$N' = \frac{N_0}{2} \left| \int_{-\infty}^{+\infty} \right| H(f)|^2\, \mathrm{d}f, \tag{8.83}$$

wobei N_0 gleich der Eingangsrauschleistung ist, mit der Dimension: Watt/Hz.

Der Faktor 1/2 vor dem Integral erscheint deshalb, weil die Grenzen sich von $-\infty$ bis $+\infty$ erstrecken, obwohl N_0 **nur** im positiven Frequenzbereich definiert ist.

Setzt man die obigen beiden Gleichungen unter der Annahme in die Gleichung (8.60) ein, daß der Wert $|s_0(t)|^2$ gerade zur Zeit t_1 maximal ist, so ergibt sich daraus für das Signal-Rausch-Verhältnis

$$R_f = \frac{\left| \int_{-\infty}^{+\infty} S(f)\, H(f) \exp(\mathrm{j}\, 2\, \pi\, f\, t_1)\, \mathrm{d}f \right|^2}{\frac{N_0}{2} \int_{-\infty}^{+\infty} |H(f)|^2\, \mathrm{d}f}. \tag{8.84}$$

Diese Gleichung läßt sich mit Hilfe der Schwarzschen Ungleichung [33, 36, 38, 40, 42] übersichtlicher ausdrücken.

Die **Schwarzsche Ungleichung** lautet für den Fall der beiden komplexen Funktionen $\mathfrak{A}$ und $\mathfrak{B}$

$$\int \mathfrak{A}^* \mathfrak{A} \, \mathrm{d}x \cdot \int \mathfrak{B}^* \mathfrak{B} \, \mathrm{d}x \geqq \left|\int \mathfrak{A}^* \mathfrak{B} \mathrm{d}x\right|^2; \tag{8.85}$$

dabei hat das Gleichheitszeichen nur dann Gültigkeit, wenn

$$\mathfrak{A} = k \, \mathfrak{B} \tag{8.86}$$

erfüllt ist mit $k =$ konst. Nun sei

$$\mathfrak{A}^* = S(f) \exp(2 \pi f t_1) \tag{8.87}$$

und

$$\mathfrak{B} = H(f), \tag{8.88}$$

dann verändert sich der Zähler in (8.84) wegen

$$\int \mathfrak{A} \, \mathfrak{A}^* \, \mathrm{d}x = \int |\mathfrak{A}|^2 \, \mathrm{d}x \tag{8.89}$$

wie folgt,

$$R_\mathrm{f} \leqq \frac{\int\limits_{-\infty}^{+\infty} |H(f)|^2 \, \mathrm{d}f \int\limits_{-\infty}^{+\infty} |S(f)|^2 \, \mathrm{d}f}{\frac{N_0}{2} \int\limits_{-\infty}^{+\infty} |H(f)|^2 \, \mathrm{d}f} \tag{8.90}$$

$$R_\mathrm{f} \leqq \frac{\int\limits_{-\infty}^{+\infty} |S(f)|^2 \, \mathrm{d}f}{\frac{N_0}{2}}. \tag{8.91}$$

Durch Anwendung des **Parsevalschen Theorems** [32, 36, 38, 40, 42] gelangt man schließlich zu dem nachstehenden Ergebnis

$$\int\limits_{-\infty}^{+\infty} |S(f)|^2 \, \mathrm{d}f = \int\limits_{-\infty}^{+\infty} |s(t)|^2 \, \mathrm{d}t. \tag{8.92}$$

Dabei ist

$$\int\limits_{-\infty}^{+\infty} |s(t)|^2 \, \mathrm{d}t = E', \tag{8.93}$$

also gleich der Signalenergie. Damit lautet Gleichung (8.91)

$$R_\mathrm{f} \leqq \frac{2 E'}{N_0}. \tag{8.94}$$

Die eingangs geforderte Maximierung ist erfolgt, wenn

$$R_\mathrm{f} = \frac{2 E'}{N_0}, \tag{8.95}$$

d. h., wenn Gleichung (8.86) erfüllt ist. Danach ist

$$S^*(f) \exp(-\mathrm{j} \, 2 \pi f t_1) = k \, H(f). \tag{8.96}$$

Diese Gleichung ist mit

$$k = 1/V_a \tag{8.97}$$

identisch mit Gleichung (8.61). Es gehört zu den Eigenschaften des Optimalfilters, daß, wie Gleichung (8.95) zeigt, das maximale Signal-Rausch-Verhältnis unabhängig von der Signalform des Eingangssignals $s(t)$ ist. Das Problem, die **Entdeckungswahrscheinlichkeit** des Systems bei vorgegebener Falschmeldewahrscheinlichkeit zu maximieren, läßt sich daher durch eine entsprechende Dimensionierung des Filters lösen.
Das Auflösungsvermögen des Systems kann zusätzlich durch die Wahl einer geeigneten Signalform optimiert werden, ohne daß die oben beschriebene optimale Entdeckungswahrscheinlichkeit dadurch beeinflußt wird. Bisher war angenommen worden, daß das Auflösungsvermögen gleich der Halbwertsbreite der Hauptkeule einer Antenne, bzw. beim Interferometer gleich der Halbwertsbreite der zentralen Keulen der Charakteristik sei. Nun soll der **Begriff Auflösungsvermögen** ganz **allgemein** verstanden werden, insofern, als ein Ziel in der Gegenwart von anderen Zielen eindeutig erkannt werden kann, selbst wenn sich die von verschiedenen Zielen herrührenden Impulse gleicher Stärke überlappen. Die Wahrscheinlichkeit, daß der **Optimalempfänger** dabei irrtümlich zwei überlagerte Echos für eines hält oder ein Echo für zwei, ist bei großem Signal-Rausch-Verhältnis [38, 87, 89, 90, 91, 92, 93, 94, 95]

$$Q \approx \exp\left(-\frac{1}{16} R_f [1 - \chi(\Delta\tau, \Delta f_d)]^2\right). \tag{8.98}$$

Dabei entspricht $\chi(\Delta\tau, \Delta f_d)$ der von Woodward [42] in die Radartechnik eingeführten **Ambiguityfunktion,** die im folgenden Abschnitt eingehend behandelt wird. $\Delta\tau$ entspricht dem zeitlichen Abstand zweier Ziele, Δf_d dem frequenzmäßigen Abstand, d. h. dem Geschwindigkeitsunterschied. Gehen die Zeit- und Frequenzunterschiede der beiden Echosignale gegen 0, dann nähert sich die Wahrscheinlichkeit einer Verwechslung dem Wert 1, da die normierte Ambiguityfunktion in diesem Fall den Wert 1 annimmt. Gleichung (8.98) läßt sich als implizite Definition des Auflösungsvermögens verstehen, wobei sich das kleinste auflösbare Intervall $\Delta\tau$, Δf_d bei vorgegebener Wahrscheinlichkeit Q in Abhängigkeit vom Signal-Rausch-Verhältnis R_f und der durch χ ausgedrückten Signalform ergibt [87]. Des weiteren ist für eine Optimierung nur noch die Signalform von Interesse, die, wie gesagt, durch die Ambiguityfunktion bestimmt ist.

8.2.4.2. Ableitung der Ambiguityfunktion

Die Ambiguityfunktion soll zunächst ausgehend von der Autokorrelationsfunktion (AKF) vom Echosignal $s(t)$ und dem im Empfänger gespeicherten Referenzsignal, einer um die angenommene Signallaufzeit τ verzögerte Kopie des gesendeten Signals, bestimmt werden. Die AKF lautet

$$r(\tau, y) = \int_{-\infty}^{+\infty} s(t)\, s(t - \tau)\, dt. \tag{8.99}$$

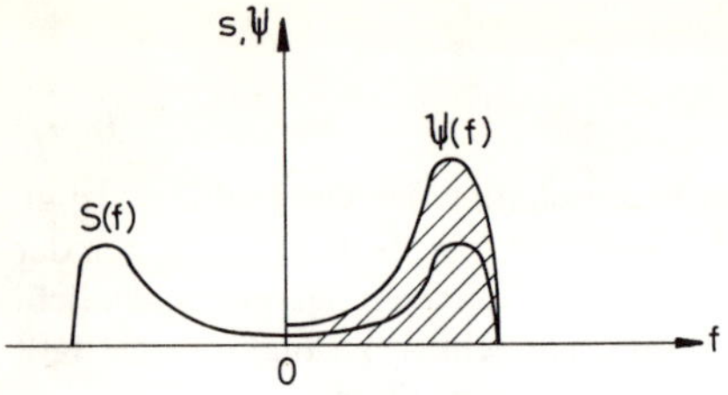

Bild 8.12. Zur Definition des analytischen Signals ψ(f) [33]

Zur Vereinfachung des folgenden Rechnungsganges soll der Dopplereffekt zunächst unberücksichtigt bleiben, ebenso werden komplexe Signalfunktionen eingeführt, indem das physikalisch existente, reelle Signal $s(t)$ als Realteil eines abstrakten komplexen Signals $\psi(t)$ beschrieben wird. Das Signal $\psi(t)$ entsteht durch Unterdrückung des zu $s(t)$ gehörenden Amplitudenspektrums $S(f)$ bei $f < 0$ und durch Verdopplung der Amplituden bei (Bild 8.12) $f > 0$. Es gilt

$$s(t) = \mathrm{Re}\{\psi(t)\}. \tag{8.100}$$

$\psi(t)$ ist wiederum aufgeteilt in Modulationsfunktion

$$u(t) = a(t) \exp(\mathrm{j}\,\varphi(t)) \tag{8.101}$$

und **Trägerschwingung** $\exp(\mathrm{j}\,\omega_0\,t)$, also

$$\begin{aligned} s(t) &= \mathrm{Re}\{a(t)\exp(\mathrm{j}\,\varphi(t))\exp(\mathrm{j}\,\omega_0\,t)\} \\ &= \mathrm{Re}\{u(t)\exp(\mathrm{j}\,\omega_0\,t)\}. \end{aligned} \tag{8.102}$$

Ist in (8.102) die Trägerfrequenz $f_0 = \omega_0/2\,\pi$ größer als die halbe Bandbreite [38]

$$f_0 > B/2, \tag{8.103}$$

dann gilt

$$\Psi(f) = \begin{cases} 2\,S(f), & f > 0 \\ 0, & f < 0. \end{cases} \tag{8.104}$$

Unter Anwendung des **Faltungssatzes** [34, 37, 88] bei zwei komplexen Signalfunktionen

$$\psi_1(t)\,\psi_2(t) \circ\!\!-\!\!\bullet\ \Psi_1(f) * \Psi_2(f) \tag{8.105}$$

und der Bedingung [36, 37]

$$\psi^*(t) \circ\!\!-\!\!\bullet\ \Psi(-f) \tag{8.106}$$

ergibt sich, wenn die Faltung ausgeschrieben wird

$$\int_{-\infty}^{+\infty} \Psi_1(f')\,\Psi_2^*(-f+f')\,\mathrm{d}f' = \int_{-\infty}^{+\infty} \psi_1(t)\psi_2^*(t)\exp(\mathrm{j}\,2\,\pi\,f\,t)\,\mathrm{d}t \tag{8.107}$$

und bei $f = 0$

$$\int_{-\infty}^{+\infty} \psi_1(t)\,\psi_2^*(t)\,\mathrm{d}t = \int_{-\infty}^{+\infty} \Psi_1(f')\,\Psi_2^*(f')\,\mathrm{d}f. \tag{8.108}$$

Gleichung (8.108) entspricht dem Parsevalschen Theorem [71]. Entsprechend gilt für zwei reelle Signalfunktionen $s_1(t)$ und $s_2(t)$

$$\int_{-\infty}^{+\infty} s_1(t)\, s_2(t)\, \mathrm{d}t = \int_{-\infty}^{+\infty} S_1(f)\, S_2^*(f)\, \mathrm{d}f \tag{8.109}$$

bzw.

$$\begin{aligned}\int_{-\infty}^{+\infty} S_1(f)\, S_2^*(f)\, \mathrm{d}f &= \int_{-\infty}^{0} S_1(f)\, S_2^*(f)\, \mathrm{d}f + \int_{0}^{\infty} S_1(f)\, S_2^*(f)\, \mathrm{d}f \\ &= -\int_{0}^{-\infty} S_1(f)\, S_2^*(f)\, \mathrm{d}f + \int_{0}^{\infty} S_1(f)\, S_2^*(f)\, \mathrm{d}f.\end{aligned} \tag{8.110}$$

Führt man nun im ersten Term der rechten Seite in der Gleichung (8.110) eine Substitution $f = -f$ durch und beachtet die Beziehung (8.72)

$$S^*(f) = S(-f), \tag{8.111}$$

so ergibt sich

$$\begin{aligned}\int_{-\infty}^{+\infty} S_1(f)\, S_2^*(f)\, \mathrm{d}f &= \int_{0}^{\infty} S_1(-f)\, S_2^*(-f)\mathrm{d}f + \int_{0}^{\infty} S_1(f)\, S_2^*(f)\, \mathrm{d}f \\ &= \int_{0}^{\infty} [S_1^*(f)\, S_2(f) + S_1(f)\, S_2^*(f)]\, \mathrm{d}f \\ &= 2\,\mathrm{Re}\left\{\int_{0}^{\infty} S_1(f)\, S_2^*(f)\, \mathrm{d}f\right\};\end{aligned} \tag{8.112}$$

aus (8.104) folgt aber, daß

$$\int_{-\infty}^{+\infty} S_1(f)\, S_2^*(f)\, \mathrm{d}f = 2\,\mathrm{Re}\left\{\frac{1}{4}\int_{-\infty}^{+\infty} \Psi_1(f)\, \Psi_2^*(f)\, \mathrm{d}f\right\} \tag{8.113}$$

ist und daß mit (8.108) und (8.109)

$$\begin{aligned}\int_{-\infty}^{+\infty} s_1(t)\, s_2(t)\, \mathrm{d}t &= \frac{1}{2}\,\mathrm{Re}\left\{\int_{-\infty}^{+\infty} \Psi_1(f)\, \Psi_2^*(f)\, \mathrm{d}f\right\} \\ &= \frac{1}{2}\,\mathrm{Re}\left\{\int_{-\infty}^{+\infty} \psi_1(t)\, \psi_2^*(t)\, \mathrm{d}t\right\}\end{aligned} \tag{8.114}$$

gilt. Wird nun das durch Gleichung (8.114) definierte Theorem auf Gleichung (8.99) angewandt, so ergibt sich

$$r(\tau, f_\mathrm{d}) = \int_{-\infty}^{+\infty} s(t)\, s(t-\tau)\, \mathrm{d}t = \frac{1}{2}\,\mathrm{Re}\left\{\int_{-\infty}^{+\infty} \psi(t)\, \psi^*(t-\tau)\, \mathrm{d}t\right\}. \tag{8.115}$$

Setzt man nun noch das durch den Dopplereffekt frequenzmäßig verformte, komplexe Echosignal

$$\psi(t) = u(t)\; \mathrm{e}^{\mathrm{j}2\pi(f_0 + f_\mathrm{d})t} \tag{8.116}$$

und die gespeicherte und zeitlich verzögerte Kopie des ursprünglich gesendeten Signals

$$\psi(t-\tau) = u(t-\tau)\ \mathrm{e}^{\mathrm{j}2\pi(f_0+f_\mathrm{d})t} \tag{8.117}$$

in die Gleichung (8.115) ein, so erhält man aus der nachstehenden Rechnung

$$\begin{aligned} r(\tau, f_\mathrm{d}) &= \frac{1}{2}\,\mathrm{Re}\left\{\int_{-\infty}^{+\infty} u(t)\ \mathrm{e}^{\mathrm{j}2\pi f_0 t}\ \mathrm{e}^{\mathrm{j}2\pi f_\mathrm{d} t}\ u^*(t-\tau)\ \mathrm{e}^{-\mathrm{j}2\pi f_0 \mathrm{t}}\ \mathrm{e}^{\mathrm{j}2\pi f_0 \tau}\ \mathrm{d}t\right\} \\ &= \frac{1}{2}\,\mathrm{Re}\left\{\mathrm{e}^{\mathrm{j}2\pi f_0 \tau} \int_{-\infty}^{+\infty} u(t)\ u^*(t-\tau)\ \mathrm{e}^{\mathrm{j}2\pi f_\mathrm{d} t}\ \mathrm{d}t\right\} \\ &= \frac{1}{2}\,\mathrm{Re}\left\{\mathrm{e}^{\mathrm{j}2\pi f_0 \tau}\ \chi(\tau, f_\mathrm{d})\right\} \end{aligned} \tag{8.118}$$

die Woodwardsche Abiguityfunktion [42]

$$\chi(\tau, f_\mathrm{d}) = \int_{-\infty}^{+\infty} u(t)\ u^*(t-\tau)\ \mathrm{e}^{\mathrm{j}2\pi f_\mathrm{d} t}\ \mathrm{d}t. \tag{8.119}$$

Woodward hatte die Ambiguityfunktion ursprünglich aus der mittleren quadratischen Abweichung zwischen $s(t)$ und $s(t-\tau)$ ermittelt, also über den Ansatz [42]

$$\begin{aligned} \varepsilon^2 &= \int_{-\infty}^{+\infty} |\psi(t) - \psi(t-\tau)|^2\ \mathrm{d}t \\ &= \int_{-\infty}^{+\infty} [|\psi(t)|^2 + |\psi(t-\tau)|^2]\ \mathrm{d}t - 2\,\mathrm{Re}\left\{\int_{-\infty}^{+\infty} \psi(t)\ \psi^*(t-\tau)\ \mathrm{d}t\right\}. \end{aligned} \tag{8.120}$$

Der erste Term steht für die in beiden Signalen enthaltene Energie, aus dem zweiten läßt sich analog zu Gleichung (8.115) die Ambiguityfunktion entwickeln. Dies sei jedoch nur am Rande erwähnt.

Im vorherigen Abschnitt 8.2.4.1 war bereits das Ausgangssignal eines Optimalfilters als Kreuzkorrelation eines Echosignals und eines Referenzsignals, bzw. wegen der Ähnlichkeit der beiden Signale, als Autokorrelation gedeutet worden. Aus dem Vergleich der Gleichungen (8.81) und (8.99) sowie aus dem mit (8.118) gefundenen Ausdruck kann nun auch die Folgerung gezogen werden, daß die Ambiguityfunktion gleich der komplexen zeitinversen **Einhüllenden** der Optimalfilterausgangssignale in Abhängigkeit von zeitlicher Verzögerung und Dopplerverschiebung, d. h. von Entfernung und Geschwindigkeit des Zieles, ist [87, 89]. Die reelle Ausgangsfunktion wird dadurch gefunden, daß man den Träger mitberücksichtigt und den Betrag von $\chi(\tau, f_\mathrm{d})\ \mathrm{e}^{\mathrm{j}\pi f_0 \tau}$ bildet. Die reelle Einhüllende ist dann $|\chi(\tau, f_\mathrm{d})|$ [38].

Mathematisch gesehen stellt der Betrag der Funktion $\chi(\tau, f_\mathrm{d})$ eine Fläche dar, die über der Frequenz-Zeit-Ebene aufgespannt ist. Jeder Schnitt durch das Ambiguitygebirge parallel zur Zeitachse beschreibt ein Ausgangssignal, dessen Dopplerverschiebung gegenüber dem Referenzsignal gerade dem Abstand von der Zeitachse entspricht.

Praktisch sei an eine **Optimalfilterbank** gedacht, bei der jedes Filter auf eine bestimmte Dopplerverschiebung abgestimmt ist, so daß der Optimalfilterempfänger in der Lage ist, auf eine unbekannte Dopplerverschiebung zu reagieren. Die Ambiguityfunktion beschreibt dann die gesamte **zweidimensionale** Ausgangsfunktion in Abhängigkeit von Verzögerung und Dopplerverschiebung f_d.

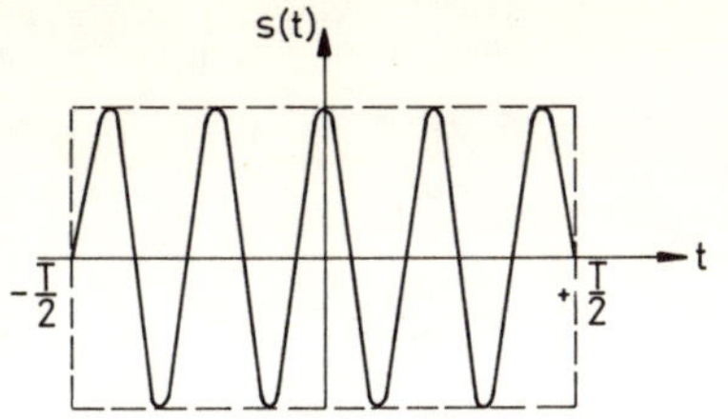

Bild 8.13. Sinusförmiger Träger mit rechteckiger Einhüllenden [33]

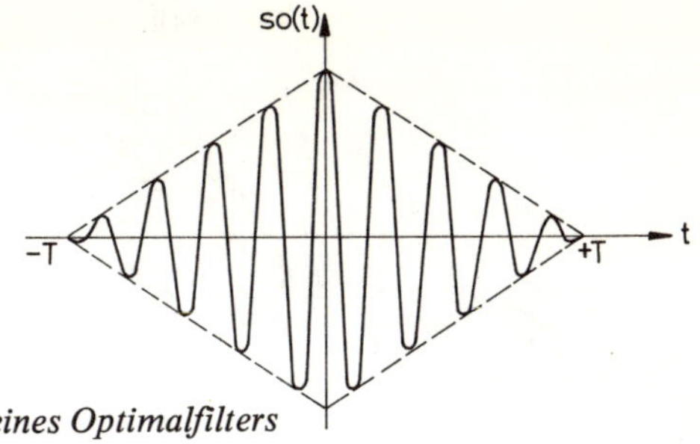

Bild 8.14. Ausgangsfunktion eines Optimalfilters bei eingangsseitigem Rechteckimpuls [33]

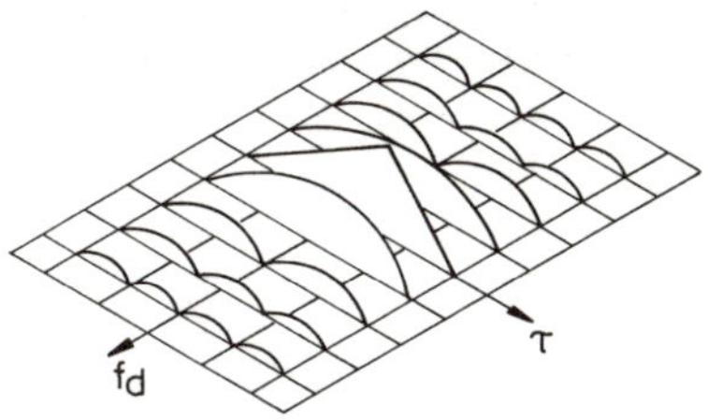

Bild 8.15. Ambiguityfunktion bei verschiedenen Werten: f_d = konst. [40]

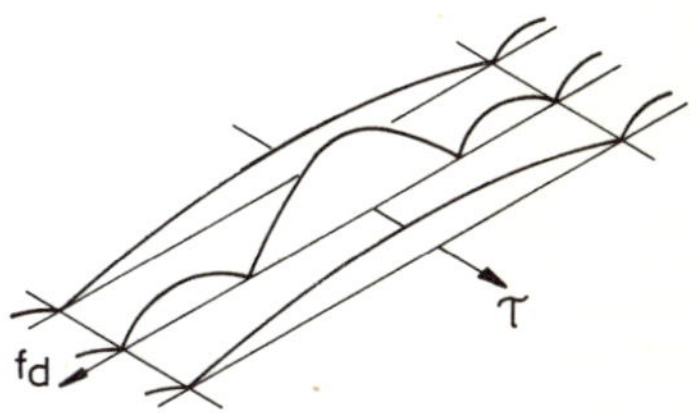

Bild 8.16. Ambiguityfunktion bei verschiedenen Werten: τ = konst. [40]

Trägt man $|\chi|$ über der τ, f_d-Ebene auf, so stellt $|\chi|$ die **kombinierte** Ausgangsfunktion **aller** Filter einer Dopplerbank mit infinitesimalem Abstand zwischen den verschiedenen f_d-Werten dar. $|\chi|$ wird meist in normierter Form abgebildet, dergestalt, daß

$$|\chi(0,0)| = 1$$

gilt. Bei der Zielgeschwindigkeit Null entspricht

$$\chi(\tau, 0) = \int_{-\infty}^{+\infty} u(t)\, u^*(t-\tau)\, \mathrm{d}t \tag{8.121}$$

der Ausgangsfunktion des auf das Signal mit der Dopplerverschiebung Null abgestimmten Filters aus der Optimalfilterbank und ist identisch mit der Autokorrelationsfunktion. Diese sieht bei einem Rechteckimpuls nach Bild 8.13 dreieckförmig aus, entspricht also, wie unschwer zu erkennen ist, der in Bild 8.14 dargestellten Funktion in demodulierter Form [89, 93], die Halbwertsbreite und damit ungefähr die kleinste auflösbare **Entfernungsdifferenz** ist gleich der Impulsdauer [10]. Damit ist zugleich eine weitere mögliche Definition des Auflösungsvermögens gegeben. Reiht man nun die Ausgangsfunktionen der einzelnen Optimalfilter in Abhängigkeit von der Frequenzabweichung nebeneinander auf, so erhält man eine Darstellung gemäß Bild 8.15. Bei feststehenden Verzögerungswerten ergibt sich die in Bild 8.16 gezeigte Form. Bei der Verzögerung $\tau = 0$ erkennt man das Amplitudenspektrum eines Rechteckimpulses. Bild 8.17

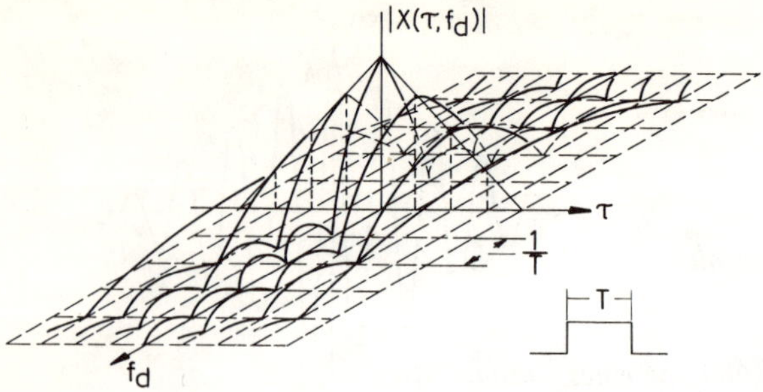

Bild 8.17. Ambiguityfunktion eines Rechteckimpulses als Überlagerung von Bild 8.15 und Bild 8.16 [96, 97]

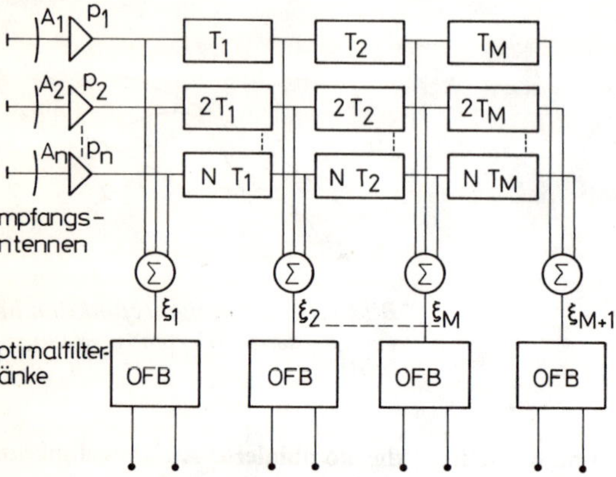

Bild 8.18. Lineare Antennengruppe mit Verzögerungsnetzwerken [98]

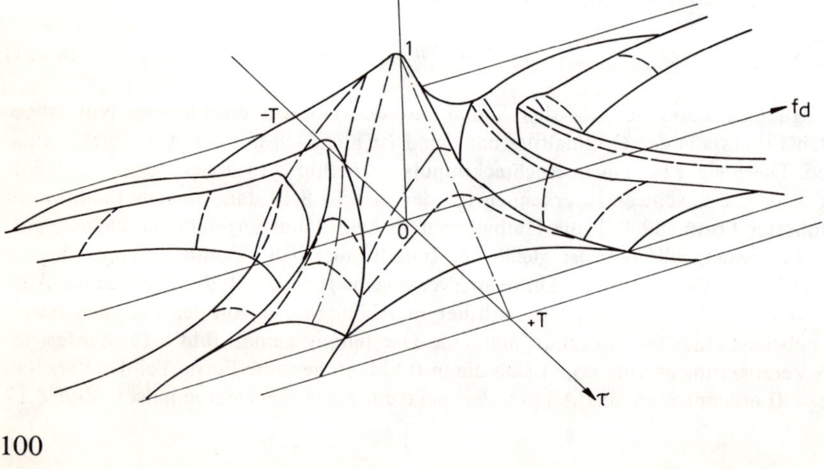

Bild 8.19. Ambiguityfunktion eines Rechteckimpulses der Dauer T [98]

zeigt schließlich die sich aus den Bildern 8.15 und 8.16 ergebende dreidimensionale Darstellung des **Ambiguitygebirges** für einen Rechteckimpuls [40, 97]. Bild 8.19 zeigt noch einmal die Einhüllende der Ambiguityfunktion bei einem Rechteckimpuls.

Jedem einzelnen sich im Radarstrahl befindlichen Ziel wird eine Ambiguityfunktion zugeordnet, wobei Betrag und Phase des Echosignals durch Betrag und Phase des Reflexionskoeffizienten des Zieles bestimmt sind. Dann werden alle Ambiguityfunktionen superponiert, um auf diese Weise die für alle Ziele günstige Empfängerausgangsfunktion zu erhalten. Ein Schnitt durch das Ambiguitygebirge bei einer bestimmten Frequenzverschiebung f_d liefert dann die für alle Ziele gültige Ausgangsfunktion desjenigen Filters, das auf diese bestimmte Dopplerfrequenz abgestimmt ist. Aus einer solchen Funktion ist dann klar ersichtlich, welche Gipfel als zentrale „Keulen“ der Ausgangsfunktion, d. h. als auflösbare Ziele anzusehen sind. Die **Verwechslungswahrscheinlichkeit** ist dabei durch Gleichung (8.98) definiert. Die wünschenswerte Form der Ambiguityfläche hängt vom Anwendungsfall des Radarsystems ab. Sollen z. B. die Echos sowohl nach Entfernung als auch nach Geschwindigkeit eines Zieles getrennt werden, dann besitzt die erstrebenswerte Ambiguityfläche die Gestalt einer **Nadel** (Bild 8.20a, thumbtack ambiguity [38]). Interessiert die Dopplerauflösung aber nicht, so ist eine Ambiguityfläche von der in Bild 8.20a dargestellten Form ausreichend. In jedem Fall ist es jedoch wichtig, daß außerhalb des Hauptmaximums auftretende Nebenmaxima möglichst klein sind, da sonst die Messung **mehrdeutig, „ambigous“** ist; denn ein hohes Nebenmaximum an einer Stelle $\tau = t_1$ und $f_d = f_{d1}$ hat nach Gleichung (8.98) für Echos mit dem Abstand $\Delta\tau = t_1$ und $\Delta f_d = f_{d1}$ eine hohe Verwechselwahrscheinlichkeit Q zur Folge [42].

Die Ambiguityfunktion wird immer für eine bestimmte Signalform festgelegt, daher wird $\chi(\tau, f_d)$ auch die Ambiguityfunktion einer Signalform genannt. Leider ist es nicht möglich die Signalform aus einem vorgegebenen Ambiguitygebirge zu berechnen [38]. Es ist der umgekehrte Weg zu beschreiten und durch systematisches Probieren das vorteilhafteste Ambiguitygebirge anzunähern.

8.2.4.3. Impulskompression

Werden in einem System durch Modulation eines Trägers geformte Signale verwandt, so ist ganz allgemein die „Schärfe“ des Optimalfilterausgangssignals umgekehrt proportional der effektiven Signalbandbreite [42, S. 117 – 120, 38]. Soll also das Signal am Optimalfilterausgang als scharfe Spitze erscheinen, dann muß die Signalbandbreite groß sein. Aus dieser Forderung nach einer großen Signalbandbreite ergeben sich Anforderungen an das Radarsystem, wenn z. B. zwecks Erhöhung der Signalbandbreite die **Impulsdauer** herabgesetzt wird. Da das Signal-Rausch-Verhältnis eines Zieles und die Meßgenauigkeit vom Energieinhalt des verwendeten Signals abhängen, muß die abgestrahlte Leistung proportional zur Verkürzung der Impulsdauer erhöht werden, wenn die abgestrahlte Energie konstant bleiben soll. Hier setzt die **Spitzenleistung** des Senders einer Impulsverkürzung Grenzen. Zudem ist eine gute Doppler-Auflösung an eine große Impulsdauer gebunden. Um nun sowohl eine große Impulsbreite als auch eine gute **Ent-**

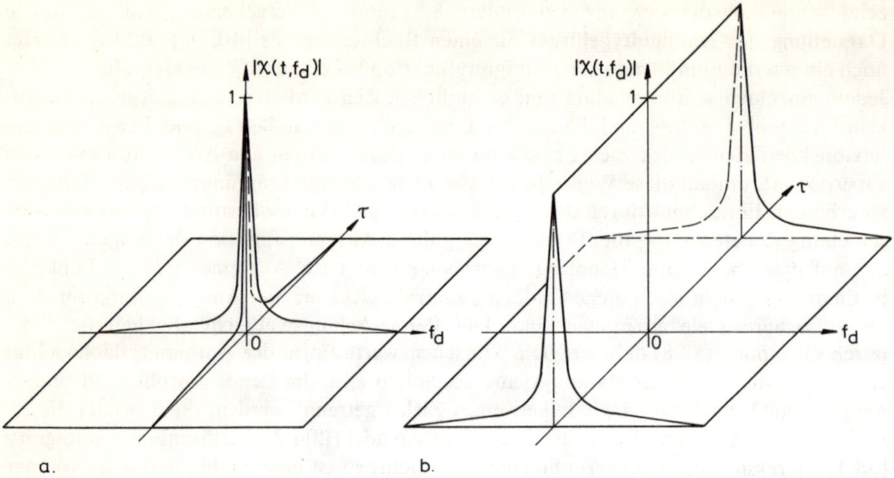

Bild 8.20. Idealform der Ambiguityfläche
a) für hohe Zeit- und Frequenzauflösung
b) nur für Zeitauflösung

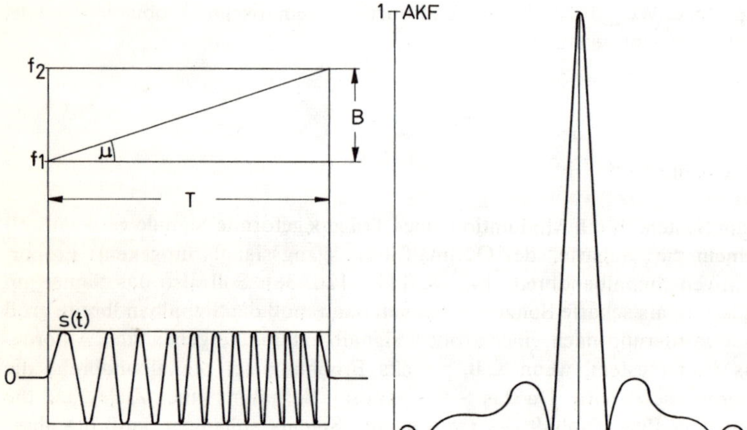

Bild 8.21. Pulskompression durch lineare Frequenzmodulation [89]

fernungsauflösung zu erreichen, werden die Impulse frequenz- oder phasenmoduliert, bzw. auch frequenz- und phasenumgetastet [89, 95].
Im Falle einer Frequenzmodulation wird für einen Impuls mit der Amplitude A und der Dauer T die Sendefrequenz linear von f_1 bis f_2 geändert (Bild 8.21a) mit $f_2 > f_1$.
Das Echosignal passiert dann ein **Impulskompressionsfilter,** in dem die Ausbreitungsgeschwindigkeit des Signals eine Funktion der Frequenz ist, so daß die später eingetroffenen Impulsanteile höherer Frequenz beschleunigt werden [40]. Dadurch ist die in dem ursprünglichen Impuls der Länge T enthaltene Energie in einem kürzeren von ungefähr der Dauer $1/B$ enthalten, mit

$$B = f_2 - f_1 \tag{8.122}$$

als dem **Frequenzhub.** Die ursprüngliche Spitzenleistung des Empfängers ist nach Passieren des Impulskompressionsfilters um einen Faktor $B \cdot T$ angestiegen. Die entsprechende Form der AKF zeigt Bild 8.21b. Das Zeit-Bandbreite-Produkt $B \cdot T$ wird auch **Pulskompressionsverhältnis** genannt [38]. Der wichtigste Unterschied zwischen einem am Signaleingang erscheinenden, „dem Filter formangepaßten" **(matched signal)** Signal großer Zeitbandbreite, beziehungsweise zu „komprimierenden" Impuls und einem einfachen Impuls liegt darin, daß der erste ein großes Zeit-Bandbreite-Produkt im Vergleich zu eins hat[1].
Ein anderes Impulskompressionsverfahren ist die **binäre Phasenumtastung.** Hierbei wird ein langer Impuls der Dauer T in $B \cdot T$ gleichlange Intervalle der Dauer $1/B$ unterteilt, wobei jedem Intervall die Phase 0° oder 180° zugewiesen wird. Die Modulationsfunktion läßt sich also vollständig durch eine Folge von binären Elementen der Form +, −, −, usw., die die Phase repräsentieren, beschreiben. Eine solche Folge nennt man **Kode** [45, 46, 47, 30, 31]. Das Kompressionsverhältnis ist gleich der Anzahl der Elemente des Kodes. Die Form der Autokorrelationsfunktion hängt vom Kode ab. Dabei ist ein möglichst großes Verhältnis der Höhen von Haupt- und Nebenmaxima von Bedeutung, da ein zu großes Nebenmaximum ein weiteres Ziel vortäuschen könnte. Bei nicht modulierten Rechteckimpulsen ist die AKF dreieckförmig, wie bereits bekannt ist (Bild 8.22a), und die Halbwertsbreite ist gleich der Impulsdauer

$$T = 1/B.$$

Bei modulierten Impulsen hat die AKF neben dem Hauptmaximum mehrere Nebenmaxima (Bild 8.21b, 8.22b). Auch hier entspricht die kleinste auflösbare Entfernungsdifferenz etwa der Halbwertsbreite des Hauptmaximums [38]. Diese beträgt aber nur noch einen Bruchteil der Halbwertsbreite des unmodulierten Impulses. Sehr gute Korrelationsfunktionen haben die Barker-Kodes [30, 89], bei denen das Verhältnis von Haupt- zu Nebenmaximum gleich der Zahl der Elemente ist. Möglich sind Barker-Kodes bis zu 13 Elementen (Bild 8.23a).
Um höhere Kompressionsverhältnisse zu erreichen, sind Kodes mit entsprechend großer Elementzahl zu wählen. Für die technische Anwendung bei hohen Elementzahlen sind

1 Unter „komprimiertem" Impuls ist dabei der am Optimalfilterausgang auftretende Impuls zu verstehen.

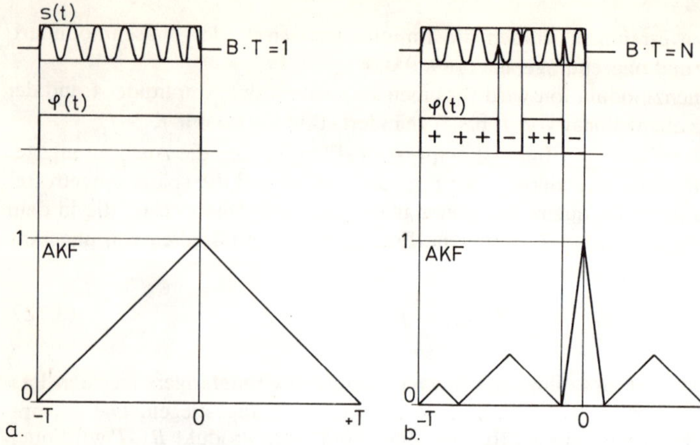

Bild 8.22 Veränderung der Autokorrelationsfunktion durch Phasen-Modulation [89]

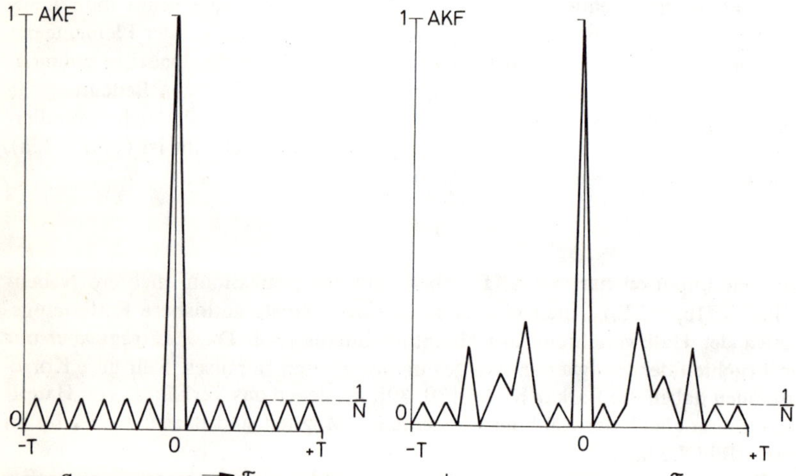

Bild 8.23 Autokorrelationsfunktionen von a) Barker-Kode (N = 13) und b) Pseudo-Rausch-Kode (N = 15) [87]

die **Pseudo-Rausch-Kodes** [38, 39, 100] besonders geeignet. Diese Kodierung simuliert das weiße Rauschen (Bild 8.23b).

8.2.4.4. Signalform und Antennendiagramm

Zunächst sei die Ausgangsfunktion einer linearen Antennengruppe aus isotropen Elementen mit infinitesimalem Abstand gemäß Bild 8.24a angegeben [38]

$$\psi(t, \vartheta) = \int_{-\infty}^{+\infty} \psi(t - \tau)\ I(x)\ e^{j\,\Phi(x)}\,dx. \tag{8.123}$$

In Gleichung (8.123) ist $x = l/\lambda$,

$$\psi(t - \tau) = u(t - \tau)\ e^{j\,2\pi f_0 (t - \tau)}, \tag{8.124}$$

ein von einem bestimmten Gruppenelement aufgefangenes, im allgemeinen schmalbandiges Signal und

$$\tau = \frac{l}{\lambda f_0} \sin \vartheta, \tag{8.125}$$

Bild 8.24 Zur Herleitung des Strahlungsdiagramms einer kontinuierlichen Antenne a) Geometrie, b), c), d) Komplexe Modulationsfunktion in Frequenz- und Zeitbereich [38]

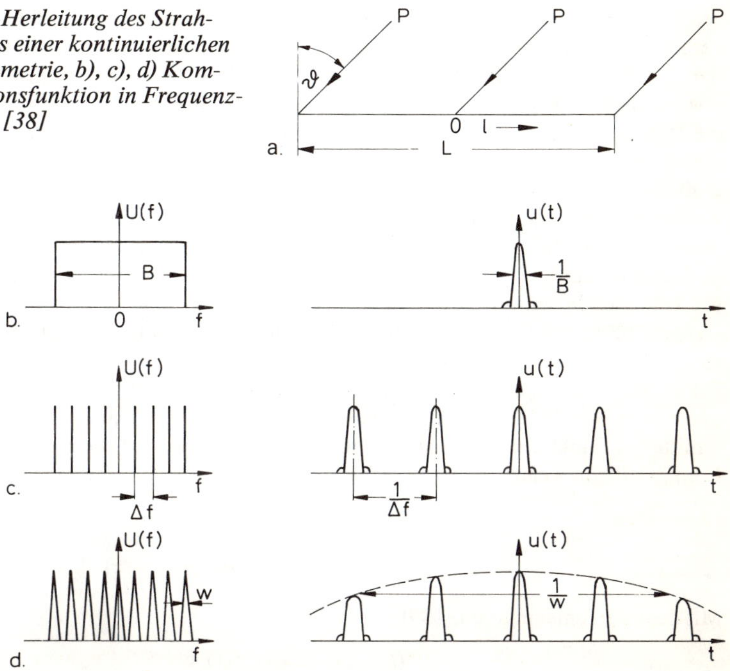

die durch die Entfernungsdifferenz l verursachte zeitliche Verzögerung zwischen dem betreffenden Element und dem Bezugselement mit der Verzögerung $\tau = 0$.

$I(x)\ \mathrm{e}^{\mathrm{j}\Phi(x)}$ ist gleich der Belegungsfunktion, wobei die Phasenbeziehung $\Phi(x)$ der Möglichkeit Rechnung trägt, jedem Gruppenelement eine andere Phasenverschiebung zuzuschreiben. Die Elementcharakteristik ist für diese Betrachtung nicht von Interesse und wird stets gleich 1 angenommen, weil isotrop strahlende Elemente vorliegen. Umgeschrieben lautet die Gleichung (8.123)

$$\Psi(t, \vartheta) = \mathrm{e}^{\mathrm{j}\,2\pi f_0 t} \int_{-\infty}^{+\infty} u\left(t - \frac{x}{f_0} \sin\vartheta\right) \mathrm{e}^{-\mathrm{j}\,2\pi x \sin\vartheta}\, I(x)\, \mathrm{e}^{\mathrm{j}\Phi(x)}\, \mathrm{d}x. \qquad (8.126)$$

Im Falle eines kontinuierlichen, sinusförmigen Signals ist die Einhüllende $u(t)$ gleich einer Konstanten und braucht nicht mehr berücksichtigt zu werden. So lautet die Ausgangsfunktion der Antenne nunmehr

$$\Psi(\vartheta) = \int_{-\infty}^{+\infty} I(x)\, \mathrm{e}^{\mathrm{j}\Phi(x)}\, \mathrm{e}^{-\mathrm{j}\,2\pi x \sin\vartheta}\, \mathrm{d}x. \qquad (8.127)$$

Ein Vergleich von (8.127) mit der Fourier-Darstellung des komplexen Signals $\psi(t)$

$$\psi(t) = \int_{-\infty}^{+\infty} \Psi(f)\, \mathrm{e}^{\mathrm{j}\,2\pi f t}\, \mathrm{d}f \qquad (8.128)$$

zeigt, daß die Ausgangsfunktion (Fernfeld) einer Antenne sich zur Belegungsfunktion verhält wie eine Signalform zu ihrem Frequenzspektrum. Ein kleiner Unterschied liegt darin, daß $\sin\vartheta$ anstelle von ϑ als Analogon zur Zeit t auftritt, was praktisch jedoch nur von geringer Bedeutung ist, da die interessierenden Strahlungskeulen so schmal sind, daß die Näherung $\sin\vartheta \approx \vartheta$ gültig ist. Es läßt sich also eine gewisse Analogie von Antennendiagramm und Signalform feststellen. Sollen Mehrdeutigkeiten vermieden werden, dann muß die Belegungsfunktion kontinuierlich sein, d. h., sie darf keine Unstetigkeit aufweisen. Große und plötzlich auftretende Amplituden der Belegungsfunktion $I(x)$ verursachen hohe Nebenkeulen, ebenso wie plötzliche Amplituden im Amplitudenspektrum zu Nebenmaxima in der Signalform führen. Die Höhe der Nebenkeulen kann gleich der der Hauptkeule sein, wie es beim Interferometer oder ganz allgemein bei einer linearen Gruppe mit einem Elementabstand $d > \lambda$ immer der Fall ist. Diese Nebenkeulen werden dann **Gitterkeulen** (engl.: **grating lobes**) genannt.

Da in den vorhergehenden Abschnitten die Optimalfilterausgangsfunktion eingehend untersucht worden ist, liegt es nahe, Gleichung (8.127) auch mit einer der vorher ermittelten Funktionen zu vergleichen. Dazu wird zunächst Gleichung (8.98) umgeformt. Für $f_\mathrm{d} = 0$ gilt, wenn

$$r(\tau, 0) = \mathrm{Re}\,\{\rho(\tau, 0)\} \qquad (8.129)$$

$$\rho(\tau, 0) = \frac{1}{2} \mathrm{e}^{\mathrm{j}\,2\pi f_0 \tau} \int_{-\infty}^{+\infty} u(t)\, u^*(t - \tau)\, \mathrm{d}t. \qquad (8.130)$$

Mit dem Verschiebungssatz [37] gilt

$$u^*(t - \tau) \circ\!\!-\!\!\bullet\ U^*(f)\, \mathrm{e}^{\mathrm{j}\,2\pi f \tau} \qquad (8.131)$$

und so wird daraus

$$\rho(\tau, 0) = \frac{1}{2} e^{j 2\pi f_0 \tau} \int_{-\infty}^{+\infty} | U(f) |^2 \; e^{j 2\pi f \tau} \, df. \tag{8.132}$$

Die Einhüllende der reellen AKF oder Optimalfilterausgangsfunktion ist dann

$$\rho(\tau, 0) = \frac{1}{2} \left| \int_{-\infty}^{+\infty} u(t) \; u^*(t - \tau) \, dt \right| = \frac{1}{2} \left| \int_{-\infty}^{+\infty} | U(f) |^2 \; e^{j 2\pi f \tau} \, df \right|. \tag{8.133}$$

In einem Vergleich von (8.127) und (8.133) nimmt $I(x)$ den Platz des Energiedichtespektrums $| U(f) |^2$ der komplexen Signaleinhüllenden ein. Nun erhebt sich die Frage, ob ein Vergleich der Gleichung (8.127) mit Gleichung (8.133) eher angebracht ist als der mit Gleichung (8.128). Ein Radarsystem ist nicht in der Lage, ein kontinuierliches Spektrum bis hinunter zu $f = 0$ auszusenden, wie es zur Vermeidung von Mehrdeutigkeiten bei Entfernungsmessungen nötig wäre. Es muß vielmehr einem Träger ein passendes Spektrum überlagert werden, bevor das Signal gesendet wird, und die Genauigkeit der Entfernungsmessung hängt so allein von der **komplexen** Einhüllenden ab. Bei einer Antennensystem können ähnliche Schwierigkeiten umgangen werden, indem die Belegungsfunktion über die ganze Länge der Apertur kontinuierlich gehalten wird. Aus diesem Grunde entspricht $I(x) \, e^{j\Phi(x)}$ eher $| U(f) |^2$ als $| \Psi(f) |^2$.

Ist $U(f)$ ein „regelmäßiges" Spektrum mit Spektrallinien gleicher Amplitude im Abstand Δf, so besteht nach den Regeln der Fourier-Analyse $u(t)$ aus einer Anzahl gleichartiger Keulen im Abstand $1/\Delta f$ (Bild 8.24c), wobei die einzelnen Keulen die gleiche Form haben, wie die Keule eines kontinuierlichen Spektrums mit der gleichen Einhüllenden wie $U(f)$ (Bild 8.24b). Die regelmäßigen Lücken im Spektrum verursachen also mehrdeutige Nebenmaxima im Originalbereich und damit Mehrdeutigkeiten in der Entfernungsmessung, sprich Laufzeitmessung. Die entsprechende eindimensionale Gruppe ist eine lineare Gruppe aus isotropen Elementen mit einer **Vielkeulenstruktur** des Strahlungsdiagramms, z. B. ein Gitterinterferometer. Wird jede Spektrallinie in Bild 8.24c zu einem Frequenzband erweitert, so ergibt sich im Zeitbereich eine Konfiguration gemäß Bild 8.24d aus der Multiplikation des Signalzuges aus Bild 8.24c mit einer Einhüllenden, deren Breite sich reziprok zur Spektrallinienbreite verhält. Die außen liegenden Nebenmaxima werden gedämpft und können sogar ganz zum Verschwinden gebracht werden. Je größer also die Spektrallinenbreite ausfällt, desto geringer ist die Anzahl der wiederholten Signale. Stellt man den Vergleich zu einer Antenne an, so sieht man, daß durch eine Steigerung der physikalischen Ausdehnung der Elemente, z. B. durch eine Vergrößerung der Parabolspiegeldurchmesser, sofern solche zur Anwendung gelangen, die Anzahl der mehrdeutigen Gitterkeulen verringert wird. Werden Lücken im Spektrum vermieden, so ergibt sich eine einzelne Keule im Zeitbereich, ebenso wie eine kontinuierliche Belegungsfunktion eine einzelne schmale Hauptkeule im Strahlungsdiagramm der Antenne bewirkt. Je größer die Ausdehnung eines Gruppenelementes und damit die Richtwirkung eines Elementes ist, desto schärfer ist die Hauptkeule, d. h., desto geringer ist die Halbwertsbreite, und desto größer ist das Auflösungsvermögen. Ist eine sehr hohe Genauigkeit der Winkelauflösung verlangt, so werden die Antennendimensionen so groß, daß aus praktischen Erwägungen darauf verzichtet wird, entweder einmal eine kontinuierliche Belegung der Elemente zu gewährleisten oder zum anderen, den Elementabstand so klein zu wählen, daß das Auftreten hoher Nebenkeulen vermieden wird. Man wählt eher einen Elementabstand von vielen Wellenlängen, wie es beim Interferometer der Fall ist, und löst die Mehrdeutigkeiten z. B. beim Zwillingsinterferometer, wie im Abschnitt 8.2.3 beschrieben, mit Hilfe eines dritten Elements. Bei einer größeren Elementzahl verringert man zweckmäßigerweise, wie noch gezeigt werden wird, die Gitterkeulen und damit den Anteil an Mehrdeutigkeit durch Wahl einer geeigneten Signalbandbreite.

Bei der Definition der Gleichung (8.127) war ein kontinuierliches, sinusförmiges Signal vorausgesetzt worden, so daß $u(t)$ als Konstante aus dem Integral herausgezogen werden konnte. Das ist auch noch möglich, wenn die Variationen von $u(t)$ über eine Integrationsperiode vernachlässigbar sind. Diese entspricht der maximalen zeitlichen Verzögerung, die sich ergibt, wenn das Signal bei einer Antenne nach Bild 8.24a eintrifft

$$\tau_{max} = \frac{L}{c} \sin \vartheta . \tag{8.134}$$

$u(t)$ kann nur dann als konstant angesehen werden und damit einen vernachlässigbaren Einfluß auf die Antennencharakteristik ausüben, wenn die Signaldauer T bedeutend größer als τ_{max} ist. Für ein Zeit-Bandbreite-Produkt $B \cdot T = 1$ lautet daher die Bedingung für ein Nichteinwirken der Signalform auf die Antennencharakteristik $\tau \ll 1/B$

$$B \ll \frac{c}{L \sin \vartheta_0} . \tag{8.135}$$

Für $\vartheta = 0$ ist die obige Bedingung immer erfüllt.

Da die Halbwertsbreite der Hauptkeule durch die Beziehung $\vartheta = \lambda/L$ gegeben ist, beträgt der Winkel bei einer Abweichung entsprechend einer vollen Keulenbreite von Zenit, d. h. von der Achse der Hauptkeule, $\vartheta_0 = \lambda/L$.

In diesem Fall ergibt sich anstelle von (8.135), wenn zugleich $\sin \vartheta \approx \vartheta$ gilt,

$$B \ll \frac{c}{L \sin \vartheta_0} \tag{8.136}$$

bzw.

$$\frac{B}{f_0} \ll 1. \tag{8.137}$$

Bei kleinen prozentualen Bandbreiten B/f_0 ist die Form der Hauptkeule, wie durch die Herleitung der Gleichung (8.137) gezeigt werden sollte, unabhängig von der Signalform.

Nun soll eine lineare Gruppe betrachtet werden, deren Elementabstand $d > \lambda$ ist. Zugleich sei die zeitliche Verschiebung zwischen dem Eintreffen des Signals bei zwei benachbarten Elementen größer als die Impulsdauer $\tau \geqq T$ bzw.

$$B/f_0 \geqq 1. \tag{8.138}$$

Nun kann der Einfluß der Modulationsfunktion $u(t)$ auf die Antennencharakteristik nicht länger vernachlässigt werden. Die Nebenkeulenamplituden werden gedämpft. Di Franco und Rubin [97] haben einen Weg gewiesen, den Zusammenhang zwischen Signalform und Antennencharakteristik dazu auszunutzen, um die Anzahl der Nebenkeulen eines aus N Elementen bestehenden Interferometers zu reduzieren, indem ihre Amplituden auf das $1/N$-fache der Hauptkeulenamplitude verkleinert werden. Im nächsten Abschnitt soll näher darauf eingegangen werden.

8.2.4.5. Ambiguityfunktion bei Radarsystemen mit linearer Antennengruppe oder Interferometeranordnung

8.2.4.5.1. Signalbandbreite und Mehrdeutigkeit

Es soll eine lineare aus diskreten, parallel gespeisten Elementen bestehende und hinsichtlich der Erdoberfläche horizontale Apertur mit der Länge L betrachtet werden. Treffen Echosignale in Normalrichtung, d. h. im **Zenit,** bei der Apertur ein, so ist die Energie in Phase, da alle Elemente gleichzeitig erreicht werden. Bei einer Abweichung vom Zenit um den Winkel ϑ ergibt sich eine zeitliche Differenz nach (8.134) zwischen dem Eintreffen der Signalenergie bei den beiden äußeren Elementen der Apertur. Des weiteren läßt sich ein Unterschied zwischen dem Zenitwinkel ϑ des Zieles sowie dem Zenitwinkel ϑ^* der zentralen Achse einer Gitterkeule des Strahlungsdiagramms definieren. Meist ist es jedoch zweckmäßig, die folgenden Ausdrücke zu verwenden (Bild 8.3, 8.4)

$$\begin{aligned} \xi &= \sin\vartheta \\ \xi^* &= \sin\vartheta^*. \end{aligned} \tag{8.139}$$

Da die an den Ausgangsklemmen der Antenne erhältliche Spannung eine Funktion der Richtungsparameter ξ und ξ^* ist, besteht auch eine Abhängigkeit des zur weiteren Verarbeitung weitergegebenen Echosignals von ξ und ξ^*, das mit $s(t, \xi, \xi^*)$ bezeichnet werden soll. Daraus folgt für die Gleichung der komplexen Ambiguityfunktion ebenfalls eine Abhängigkeit von ξ und ξ^* [98]

$$\chi(\tau, f_\mathrm{d}, \xi, \xi^*) = \int_{-\infty}^{+\infty} u(t, \xi, \xi^*)\, u^*(t-\tau, \xi, \xi^*)\; \mathrm{e}^{\mathrm{j}\,2\pi f_\mathrm{d} t}\; \mathrm{d}t. \tag{8.140}$$

In den meisten zu erwägenden Fällen hängt das Echosignal jedoch nur von der Differenz

$$\Delta\xi = \xi - \xi^*$$

ab, so daß $s(t, \xi, \xi^*)$ als $s(t, \Delta\xi)$ und die Ambiguityfunktion als $\chi(\tau, f_\mathrm{d}, \Delta\xi)$ geschrieben werden kann.

Es soll nun ein System betrachtet werden, in dem eine feststehende Sendeantenne das zu überwachende Gebiet mit einer Keule überstreicht und eine lineare Antennengruppe oder ein Interferometersystem zum Empfang der von einem Ziel reflektierten Echosignale verwendet wird. Das in Bild 8.18 dargestellte System ist mit Verzögerungsgliedern an den Ausgängen der Antennenelemente ausgestattet, um bei verschiedenen Zenitwinkeln ϑ

Strahlungskeulen zu erzeugen. Die Amplitudenbelegung p_n des n-ten Gruppenelementes sei als reell angenommen.

Die Ambiguityfunktion soll nun aus der Ausgangsfunktion derjenigen Optimalfilterbank ermittelt werden, die der Strahlungskeule mit der Achse im Zenit zugeordnet ist. Der Zielwinkel ϑ kann jedoch verschiedene Werte einnehmen. Untersucht man die Ausgangsfunktion der zu einer außerhalb des Zenits befindlichen Keule gehörenden **Optimalfilterbank,** so gelangt man zum gleichen Ergebnis. Befindet sich das Ziel genau im Zenit, d. h. $\Delta\xi = 0$, dann ist das Signal an allen Elementausgängen in Phase, und das Signal, das am Ausgang des Summierers erscheint, entspricht dem zuvor vom Sender abgestrahlten, doch um die Laufzeit τ verzögerten und durch den Doppler-Effekt verzerrten Signal.

Die Optimalfilter am Ausgang des Summierers sind auf die verzögerten und frequenzverschobenen Signale abgestimmt, so daß am Ausgang der Optimalfilterbank die zwei-

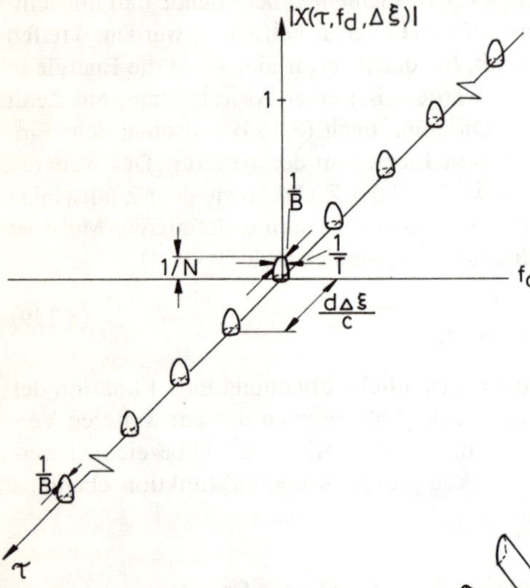

Bild 8.25 Ambiguityfunktion breitbandiger Signale für eine Zielposition außerhalb des Zenits [98, 101, 102]

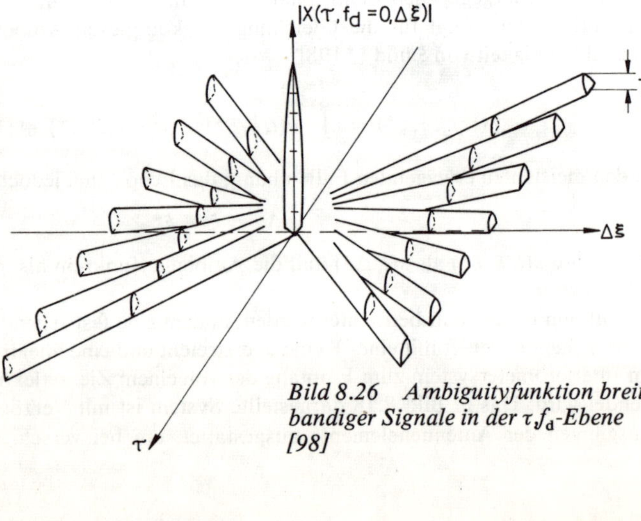

Bild 8.26 Ambiguityfunktion breitbandiger Signale in der τ, f_d-Ebene [98]

dimensionale Ambiguityfunktion für das betreffende Signal erhältlich ist, die im optimalen aber nicht realisierbaren Fall das in Bild 8.20a gezeigte Aussehen hat. Für den Fall, daß sich das Ziel um einen Winkel ϑ_1 von der Zenitachse, d. h. von der Aperturnormalen, entfernt hat, ist die Ambiguityfunktion durch Bild 8.25 dargestellt. Dabei wurde angenommen, daß die Impulsdauer eines z. B. durch **Phasenumtastung** modulierten Impulses um ein wesentliches geringer ist als die Zeitdifferenz zwischen dem Eintreffen des Signals bei zwei benachbarten Elementen, dergestalt, daß ein zeitliches Überschneiden der von den verschiedenen Antennenelementen weitergegebenen Impulse unmöglich ist. Ebenso ist eine gleichförmige Belegung der Elemente vorausgesetzt worden. Der zeitliche Abstand zwischen je zwei Gipfeln der Ambiguityfunktion gemäß Bild 8.25 berechnet sich zu

$$\tau = \frac{d}{c} \cdot \Delta\xi_1. \tag{8.141}$$

Bild 8.26 zeigt die Ambiguityfunktion in Abhängigkeit von τ und $\Delta\xi$ für $f_d = 0$ in einer zu Bild 8.25 äquivalenten Darstellung.

Üblicherweise ist die Gleichung für das Strahlungsdiagramm eine Funktion des Elementabstandes, wobei für

$$k = \frac{d}{\lambda_0} > 1 \tag{8.142}$$

Gitterkeulen entstehen, mit k gleich dem Elementabstand, ausgedrückt in Wellenlängen, und λ_0 gleich der Trägerwellenlänge. Diese Abhängigkeit ist aus Bild 8.26 nicht zu erkennen. Wie oben gezeigt worden ist, ergab sich für eine genau im Zenit befindliche **Zielposition** eine normierte Ambiguityfunktion mit der Höhe eins, die allein von der verwendeten Signalform abhängig war und auf die die im Abschnitt 8.2.4.2 getroffenen Aussagen zutrafen. Bei einer Abweichung des Zielwinkels vom Zenit, d. h. für $\Delta\xi \neq 0$, zusammen mit den oben getroffenen Annahmen, sind die von den einzelnen Elementantennen weitergegebenen Energieanteile nicht mehr in Phase und können sich daher nicht mehr überlagern. Auf diese Weise „erzeugt" jedes einzelne Antennenelement eine **normierte Ambiguityfunktion** der Höhe $1/N$. Der Elementabstand d bestimmt dabei nur den zeitlichen Abstand, in dem diese N Ambiguityfunktionen auftreten, deren Amplitude von d unabhängig ist. Die angenommene kurze Impulsdauer macht eine große Signalbandbreite erforderlich. Es erhebt sich nun die Frage nach dem Aussehen der Ambiguityfunktion bei schmalbandigen Signalen, d. h., wenn für $\Delta\xi \neq 0$ die Dauer der am Ausgang der Optimalfilter erscheinenden komprimierten Impulse wesentlich größer ist als die Differenz zwischen dem Eintreffen des Signals bei zwei benachbarten Elementen, so daß sich die Einhüllenden der von den auseinanderstehenden Elementen aufgefangenen und weitergegebenen Impulse zeitlich überlappen. Zudem seien die Träger gegeneinander phasenverschoben. Die Reaktion eines Optimalfilters auf das vom n-ten Gruppenelement weitergegebene Signal entspricht dann der **Kreuzkorrelation** dieses Signals mit dem Referenzsignal, multipliziert mit p_n und um $a = \Delta\xi \; d\omega_0 \, n/c$ phasenverschoben (analog zu Gleichung 8.81)

$$\chi(\tau, f_d, 0) \; p_n \; e^{j \Delta\xi \, d\omega_0 \, n/c}$$

Die Ausgangsfunktion eines Optimalfilters bezüglich der ganzen Gruppe ist dann

$$s_0(\tau, f_d) = \chi(\tau, f_d, 0) \sum_{n=i}^{N} p_n \; e^{j \Delta\xi \, d\omega_0 \, n/c}. \tag{8.143}$$

Die p_n werden normiert

$$\sum_{n=1}^{N} p_n = 1. \tag{8.144}$$

Mit $p_n = 1/N$ und dem Bildungsgesetz für geometrische Summen erhält man die Einhüllende der Optimalfilterausgangsfunktion

$$|s_0(\tau, f_d)| = \frac{1}{N} \, |\chi(\tau, f_d, 0)| \frac{\sin N \dfrac{\Delta\xi \, d\omega_0}{2c}}{\sin \dfrac{\Delta\xi \, d\omega_0}{2c}}. \tag{8.145}$$

Der Vollständigkeit wegen soll der **letzte** Term der Gleichung (8.145) an dieser Stelle berechnet werden.

$$\begin{aligned} \sum_{n=1}^{N} e^{j a n} &= \frac{e^{j a(N+1)} - 1}{e^{j a} - 1} - 1 \\ &= \frac{e^{j(N+1)a/2}}{e^{j N a/2}} \; \frac{e^{j a/2(N+1)} - e^{-j a/2(N+1)}}{e^{j a/2} - e^{-j a/2}} - 1 \\ &= e^{j N a/2} \; \frac{\sin (N+1) \, a/2}{\sin a/2} - 1 \\ &= e^{j N a/2} \; X - 1, \end{aligned} \tag{8.146}$$

mit

$$X = \frac{\sin (N+1) \, a/2}{\sin a/2}. \tag{8.147}$$

Daraus folgt für den Betrag

$$\begin{aligned} \left| \sum_{n=1}^{N} e^{j a n} \right| &= \sqrt{(X \cos (N a/2) - 1)^2 + j(X \sin (N a/2))^2} \\ &= \sqrt{X^2 - 2X \cos (N a/2) + 1}, \end{aligned} \tag{8.148}$$

mit

$$\sin (N+1) \, a/2 = \sin N a/2 \; \cos a/2 + \cos N a/2 \; \sin a/2 \tag{8.149}$$

$$\begin{aligned} \left| \sum_{n=1}^{N} e^{j a n} \right| &= \frac{1}{\sin a/2} \sqrt{\sin^2 (N a/2) \; \cos^2 (a/2) - \cos^2 (N a/2) \; \sin^2 (a/2) + \sin^2 (a/2)} \\ &= \frac{1}{\sin a/2} \sqrt{\sin^2 (N a/2) \; \cos^2 (a/2) - \sin^2 (a/2) \; (1 - \cos^2 (N a/2))} \\ &= \frac{\sin (N a/2)}{\sin (a/2)}. \end{aligned} \tag{8.150}$$

Bild 8.27 Ambiguityfunktion schmalbandiger Signale [98]

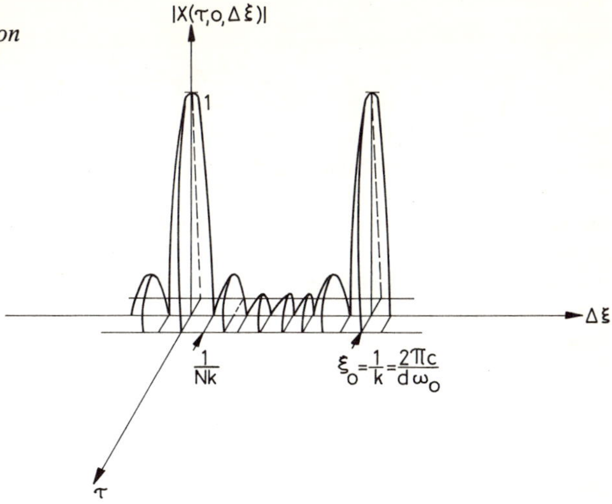

Aus den Gleichungen (8.143) und 8.144) ist abzulesen, daß in der τ,f_d-Ebene die Gestalt der Ambiguityfunktion unabhängig davon ist, ob sich das Ziel im Zenit oder abseits davon befindet, abgesehen davon, daß letzteren Falles die Amplitude der Spitze durch den dritten Term der Gleichung (8.143) bestimmt ist. Bild 8.27 zeigt die Ambiguityfunktion in der $\tau,\Delta\xi$-Ebene und man sieht, daß eine Abhängigkeit vom Faktor

$$k = d/\lambda_0 \tag{8.151}$$

besteht, da für

$$k < 1 \tag{8.152}$$

keine, jedoch für

$$k > 1 \tag{8.153}$$

Gitterkeulen auftreten.

Es entsteht die Frage, wie bei $k > 1$ die Bandbreite zu wählen ist, damit die Anzahl der Gitterkeulen herabgesetzt und so die Mehrdeutigkeit vermindert wird. Sie soll zunächst für den Fall beantwortet werden, in dem die Amplitude der Gitterkeulen auf das $1/N$-fache der Amplitude der Hauptkeulen abgesunken ist. Dies trifft gerade noch zu, sobald sich die modulierten von den einzelnen Gruppenelementen herrührenden Impulse bei den **Halbspannungspunkten** überschneiden [88], d. h. bei den Punkten, durch die die Impulsdauer definiert ist. Das Überschneiden der Impulse an den bezeichneten Stellen findet nur statt, wenn sie im zeitlichen Abstand von einer Impulsdauer bei den Elementen eintreffen. Durch diese Forderung ist die Impulsdauer und damit auch die Signalbandbreite bestimmt. Der zeitliche Abstand zwischen den Impulsen bei einem Einfallswinkel, der durch die Richtung der Achse der ersten Gitterkeule und die Aperturnormale gebildet wird, d. h. bei

$$\Delta\xi_0 = \frac{1}{k} = \frac{\lambda_0}{d}, \tag{8.154}$$

beträgt

$$\tau = \frac{d\,\Delta\xi_0}{c} = \frac{d}{\lambda_0 f_0\,k} = \frac{1}{f_0} \tag{8.155}$$

für die genannten Bedingungen (Bild 8.27). Die Impulsdauer ist also gleich $1/f_0$ zu wählen, umgekehrt muß die Signalbandbreite dann gleich f_0 sein.
Wird die Signalbandbreite verringert, d. h., die Impulsdauer nimmt zu, dann überschneiden sich die modulierten Impulse oberhalb der Halbspannungspunkte. Daraus resultiert ein Anwachsen der Amplitude der ersten Gitterkeule. Bei vorgegebener Bandbreite läßt sich der gewünschte Gitterkeulenpegel auch über eine ausreichende Anzahl von Gruppenelementen einstellen.
Zusammenfassend sei noch einmal darauf hingewiesen, daß die in Bild 8.26 angegebene Form der Ambiguityfunktion allein durch einen großen Elementabstand, jedoch in Verbindung mit einem schmalbandigen Signal, nicht erreicht werden kann, selbst wenn für sehr großes d und großes $\Delta\xi$ bei kleiner Signalbandbreite die Ambiguityfunktion auch einmal von der in Bild 8.26 gezeigten Form sein kann, so treten doch für kleine $\Delta\xi$ Gitterkeulen auf.

8.2.4.5.2. Systemtheoretische Betrachtungsweise

Nun soll die Empfangsantenne als ein System mit einer vom Einfallswinkel ϑ abhängenden Übertragungsfunktion (siehe Bild 5.1) angesehen werden. Mit Hilfe der Übertragungsfunktion läßt sich auf einfache Weise die an den Ausgangsklemmen der Antenne über einer Last abfallende Spannung angeben, wenn ein elektromagnetisches Feld im Winkel ϑ auf die Antenne trifft. Die Übertragungsfunktion soll mit $H_E(\omega, \xi, \xi^*)$ bezeichnet werden. Da diese Funktion im allgemeinen von $\Delta\xi$ abhängt, kann sie auch in Form von $H_E(\omega, \Delta\xi)$ geschrieben werden. Bei gleicher Amplitudenbelegung aller Antennenelemente lautet die Übertragungsfunktion (c = Lichtgeschwindigkeit)

$$H_E(\omega, \Delta\xi) = \frac{1}{N}\;\frac{\sin\dfrac{N\,\Delta\xi\,\mathrm{d}\omega}{2\,c}}{\sin\dfrac{\Delta\xi\,\mathrm{d}\omega}{2\,c}}\,. \tag{8.156}$$

Das Optimalfilterausgangssignal ist durch die inverse Transformation des Produktes aus dem Spektrum des einfallenden Signals mit der **Übertragungsfunktion der Antenne** und des Optimalfilters gegeben. In Bild 8.28 ist die Übertragungsfunktion der Antenne in Abhängigkeit von der Frequenz und von $\Delta\xi$ dargestellt [98].
Man erkennt die übliche eindimensionale Darstellung eines Gruppenstrahlerdiagramms in Abhängigkeit vom Einfallswinkel, bei der als ein zusätzlicher Parameter die Frequenz berücksichtigt ist. Im Zenit, d. h. bei $\Delta\xi = 0$, verhält sich die Antenne wie ein Allpaß [88]. Hier sollte die Ambiguityfunktion gleich der des verwendeten Signals sein. Für eine Abweichung der Zielposition vom Zenit trifft das nicht mehr zu, da die Optimalfilterausgangsfunktion nun durch das Produkt $\chi(\omega, f_d, 0)\; H_E(\omega, \Delta\xi)$ gegeben ist, wobei $\chi(\omega, f_d, 0)$ gleich der Fourier-Transformierten der zur verwendeten Signalform gehören-

Bild 8.28 Übertragungsfunktion einer linearen Gruppe (N = 8) [98]

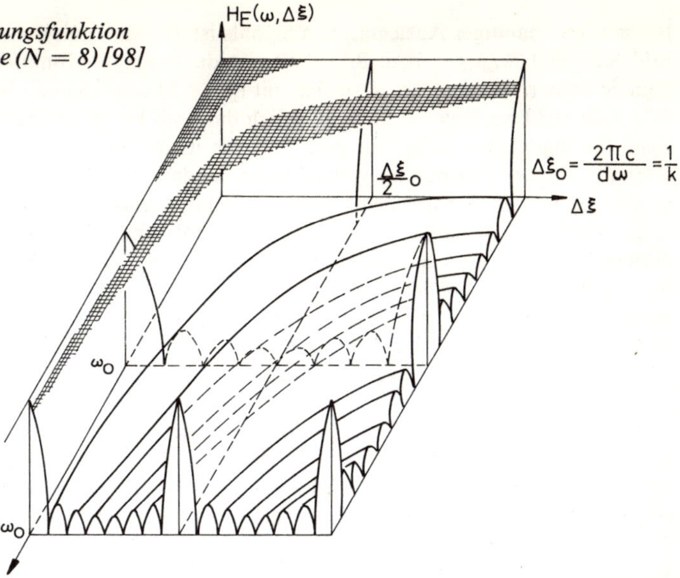

den Ambiguityfunktion $\chi(\tau, f_d, 0)$ ist. In der Absicht, die Ambiguityfunktion für den Fall breitbandiger Signale zu bestimmen, ist es zweckmäßig, zunächst $H_E(\omega, \Delta\xi)$ in Form einer geometrischen Summe auszudrücken

$$\frac{1}{N}\,\frac{\sin\dfrac{N\,\Delta\xi\,\mathrm{d}\omega}{2\,c}}{\sin\dfrac{\Delta\xi\,\mathrm{d}\omega}{2\,c}} = \frac{1}{N}\sum_{n=1}^{N} \mathrm{e}^{(n\,\mathrm{j}\,\Delta\xi\,\mathrm{d}\omega/c)}\,. \tag{8.157}$$

Wendet man nun Gleichung (8.140) unter der Berücksichtigung an, daß eine Multiplikation mit $\mathrm{e}^{\mathrm{j}\,\omega t}$ im Frequenzbereich im Zeitbereich einer Zeitverschiebung um t gleichkommt, so erhält man für die Ambiguityfunktion bei $\Delta\xi \neq 0$

$$\chi(\omega, f_d, 0)\, H_E(\omega, \Delta\xi) \;\bullet\!\!-\!\!\circ\; \chi(\tau, f_d, \Delta\xi)$$

$$\chi(\omega, f_d, 0)\,\frac{1}{N}\sum_{n=1}^{N} \mathrm{e}^{n\,\mathrm{j}\,\Delta\xi\,\mathrm{d}\omega/c} \;\bullet\!\!-\!\!\circ\; \frac{1}{N}\sum_{n=1}^{N} \chi\left(\tau - \frac{n\,\Delta\xi\,d}{c}, f_d\right). \tag{8.158}$$

Für ungerade N gilt dann

$$\chi(\omega, f_d, \Delta\xi) \;\bullet\!\!-\!\!\circ\; \frac{1}{N}\sum_{n=(-N-1)/2}^{(N-1)/2} \chi\left(\tau - \frac{n\,\Delta\xi\,d}{c}, f_d\right). \tag{8.159}$$

Bei sehr breitbandiger Auslegung des Signals ist die Ambiguityfunktion wiederum durch Bild 8.25 und 8.26 gegeben. Bild 8.27 gibt die Ambiguityfunktion für schmalbandige Signale wieder, wie auch ein Vergleich mit Bild 8.28 zeigt (Schnitt bei ω_0).

Bild 8.28 stellt zugleich recht anschaulich dar, daß keine Gitterkeulen vorhanden sind, wenn die Signalbandbreite sehr groß ist. Abseits der Frequenzachse weist die Antenne schmalbandiges Übertragungsverhalten auf, so daß nur ein Teil der am Eingang vorliegenden, d. h. der einfallenden, Energie hindurchgelassen wird, wohingegen sie sich längs der Frequenzachse wie ein Allpaß verhält und die gesamte Energie überträgt. Nimmt man z. B. eine Bandbreite $B = f_0$ an, so zeigt Bild 8.28, daß sich die Antenne für den Winkel $\Delta\xi_0$, bei dem die erste Gitterkeule auftritt, wie ein Bandpaß mit der Bandbreite B/N verhält, so daß nur der Bruchteil $1/N$ der einfallenden Energie weitergegeben wird. Daher ist zu erwarten, daß die Amplitude der ersten Gitterkeulen auf den $1/N$-ten Betrag absinkt, wie es in den Bildern 8.25 und 8.26 gezeigt worden ist.

Für Gitterkeulen, deren Achsen in einem größeren Winkel zur Aperturnormalen geneigt sind, entsprechend (2, 3, 4) $\Delta\xi$, besitzt die Antenne das Übertragungsverhalten eines Kammfilters. Da die Bandbreite der Kammfilterzähne gleich dem $1/N$-fachen des Abstandes zwischen denselben ist, wird wiederum nur ein $1/N$-faches der einfallenden Energie hindurchgelassen, wodurch die Amplitude des entsprechenden Nebenmaximums der Ambiguityfunktion ebenfalls auf das $1/N$-fache absinkt.

Ist eine bestimmte, prozentuale Signalbandbreite B/f_0 vorgegeben, so besteht auch die Möglichkeit, einen erwünschten Gitterkeulenpegel p über eine entsprechende Erhöhung der Elementzahl einzustellen, mit

$$p = \frac{f_0/N}{b f_0} = \frac{1}{b N} \tag{8.160}$$

und

$$b = B/f_0. \tag{8.161}$$

$(f_0/N)/f_0$ entspricht der prozentualen Bandbreite der Übertragungsfunktion der Antenne. Die Amplitude der ersten Gitterkeule ist dann nur gleich dem p-ten Teil der Höhe des Hauptmaximums. So erhält man für $b = 0{,}1$ und ein gewünschtes $p = 0{,}01$ (20 dB) gemäß der Beziehung

$$N = 1/pb, \tag{8.162}$$

eine Elementzahl $N = 1000$.

Damit ist gezeigt worden, daß auch für $k > 1$ Mehrdeutigkeiten vermieden werden können, wenn nur eine entsprechende Signalbandbreite oder Elementzahl gewählt wird.

Als Sonderfall bleibt noch das Zweielement-Interferometer zu erwähnen. Bei diesem speziellen Fall einer linearen Gruppe besteht die Ambiguityfunktion, gemäß einer Darstellung nach Bild 8.26 in der $\tau, \Delta\xi$-Ebene wegen $N = 2$ aus zwei vom Mittelpunkt auslaufenden Giebeln mit der Amplitude $1/N = 1/2$, wie aus dem oben gesagten folgt. Man sieht, daß der Ambiguitybetrag, d. h. das Auftreten von Mehrdeutigkeit, bezüglich Entfernungsbestimmung und Winkelmessung sehr groß ist.

Um eventuellen Mißverständnissen vorzubeugen, sei noch einmal darauf hingewiesen, daß in dem vorliegenden Abschnitt mit dem Ausdruck „Gitterkeulen“ in Analogie zur Antennentheorie die Nebenmaxima der Ambiguityfunktion mit **gleicher** Amplitude wie das Hauptmaximum gemeint sind.

8.2.4.5.3. Ambiguityfunktion bei Simultanbetrieb

Den bisherigen Überlegungen lag ein **kooperatives System** (Abs. 8.4) zugrunde, bestehend aus einer Sendeantenne und einer linearen Gruppe mit einem Elementabstand $d > \lambda$ als Empfangsantenne, so daß im Hauptstrahlungsbündel alle Keulen von gleicher Amplitude waren. Nun soll die Empfangsantenne auch zum Senden verwandt werden. Demnach erhält man bei systemtheoretischer Betrachtungsweise mit Hilfe der Übertragungsfunktion der Sendeantenne am Systemausgang das elektromagnetische, auf eins normierte Fernfeld, wenn eine sinusförmige Einheitsspannung an die Antenneneingangsklemmen gelegt wird. Es ist zweckmäßig, die Übertragungsfunktion derartig zu normieren, daß ihr Betrag für $\Delta\xi = 0$ und $\omega = 1$ gleich eins wird. Man bezeichnet die Übertragungsfunktion mit $H_s(\omega, \Delta\xi)$.
Die beiden Betriebsfälle, den Sende- und Empfangsfall (Indizes S, E), verknüpfende Beziehung lautet [103]

$$H_s(\omega, \Delta\xi) = \mathrm{j}\,\omega\; H_E(\omega, \Delta\xi). \tag{8.163}$$

Für die Gültigkeit der Gleichung (8.163) ist vollständige, frequenzunabhängige Anpassung in beiden Betriebszuständen Voraussetzung, ebenso wie die physikalische Ausdehnung der Antenne größer als die verwendete Wellenlänge sein muß. Aufgrund des Reziprozitätstheorems würde man zunächst erwarten, daß die Übergangsfunktionen beider Betriebsfälle gleich seien. Da die Antenne aber in einem Frequenzbereich betrieben wird, in dem die Gesetze der geometrischen Optik gelten, nimmt die Keulenbreite (= Halbwertsbreite = Nullwertsbreite) proportional der Frequenz ab. Eine Verminderung der Keulenbreite kommt aber einer Steigerung der Feldstärke in Achsenrichtung gleich. Daher wächst bei einer Sendeantenne die Feldstärke direkt proportional zur Frequenz. Dagegen ist jedoch die über einer an einer Empfangsantenne angeschlossene Belastung abfallende Spannung frequenzunabhängig, wenn diese von einer ebenen Welle konstanter Intensität in der Antenne induziert wird.
Bei der Bestimmung der Optimalfilterausgangsfunktion soll der Faktor $\mathrm{j}\,\omega$ in Gleichung (8.163) zunächst unberücksichtigt bleiben. Da das Signal bei jedem Betriebsfall nacheinander je einmal die Antenne passiert, ist die resultierende Übertragungsfunktion $[H_E(\omega, \Delta\xi)]^2$ und die Optimalfilterausgangsfunktion gleich dem Produkt aus $[H_E(\omega, \Delta\xi)]^2$ und dem Spektrum der zu der verwendeten Signalform gehörenden Ambiguityfunktion $\chi(\omega, f_d, 0)$. Dann ergibt sich für ein breitbandiges Signal

$$\chi(\omega, f_d, 0)\,[H_E(\omega, \Delta\xi)]^2 \bullet\!\!-\!\!\circ |\chi(\tau, f_d, 0)| \left|\; \sum_{n=-(N-1)}^{N-1} \frac{N-n}{N^2}\, e^{\mathrm{j}\, n\, \Delta\xi\, \mathrm{d}\omega/c}\right.$$

$$\bullet\!\!-\!\!\circ |\chi(\tau, f_d, \Delta\xi)|. \tag{8.164}$$

Bild 8.29 zeigt das Aussehen der Ambiguityfunktion in der $\tau,\Delta\xi$-Ebene. Wird nun der Faktor $\mathrm{j}\,\omega$ nicht länger vernachlässigt, dann ändert sich dieses nicht nur in der $\tau, \Delta\xi$-Ebene, sondern auch in der τ,f_d-Ebene. Drückt man die in Gleichung (8.163) auftretenden Größen der besseren Anschaulichkeit wegen in der Schreibweise von komplexen

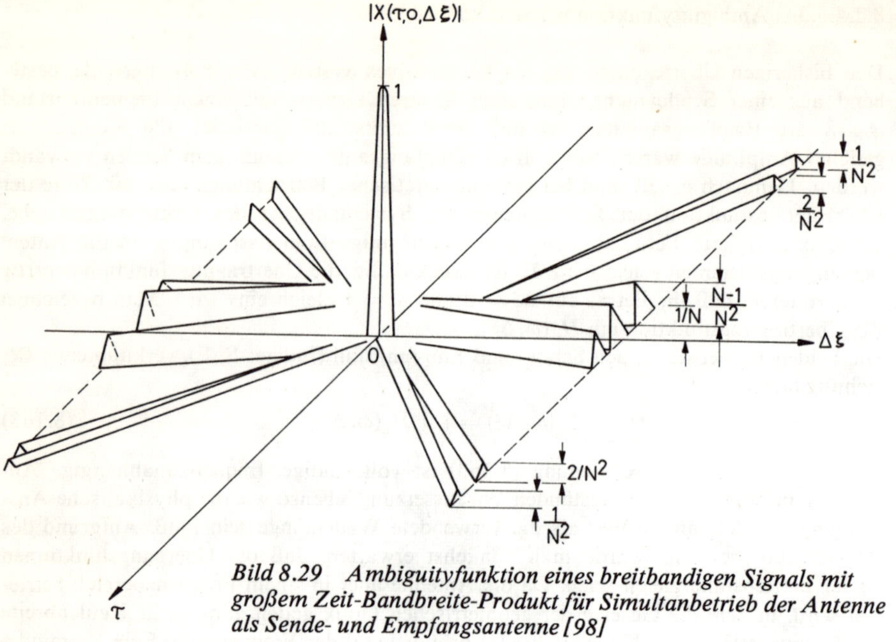

Bild 8.29 Ambiguityfunktion eines breitbandigen Signals mit großem Zeit-Bandbreite-Produkt für Simultanbetrieb der Antenne als Sende- und Empfangsantenne [98]

Modulationseinhüllenden aus, dann wird daraus, wenn man zunächst Gleichung (8.163) im Zeitbereich betrachtet

$$H_s(t, \Delta\xi) = \frac{\mathrm{d}}{\mathrm{d}t} H_E(t, \Delta\xi) \tag{8.165}$$

mit

$$H_s(t, \Delta\xi) = h_s(t, \Delta\xi)\, e^{j\omega_0 t}$$

$$H_E(t, \Delta\xi) = h_E(t, \Delta\xi)\, e^{j\omega_0 t}$$

$$h_s(t, \Delta\xi)\, e^{j\omega_0 t} = \frac{\mathrm{d}}{\mathrm{d}t}\left[h_E(t, \Delta\xi)\, e^{j\omega_0 t}\right]$$

$$= e^{j\omega_0 t} \; \frac{\mathrm{d}}{\mathrm{d}t} h_E(t, \Delta\xi) + j\,\omega_0\, h_E(t, \Delta\xi)\, e^{j\omega_0 t}\,. \tag{8.166}$$

Wegen $j\,\omega_0 = \text{konst.}$ erhält man dann im Frequenzbereich

$$h_s(\omega, \Delta\xi) = j(\omega + \omega_0)\; h_E(\omega, \Delta\xi)$$

$$= j\,\omega_0\, h_E(\omega, \Delta\xi) + j\,\omega\, h_E(\omega, \Delta\xi). \tag{8.167}$$

Im Sendefall wird die Übertragungsfunktion der Antenne also in zwei Komponenten aufgeteilt, von denen die eine bis auf den konstanten Faktor ω_0 mit der Übertragungsfunktion desjenigen Falles identisch ist, in der der Faktor $j\,\omega$ nicht berücksichtigt wurde, während die zweite Komponente gleich dem Produkt aus j ω und derselben Übertragungsfunktion ist, was im Zeitbereich der ersten Ableitung nach der Zeit gleichkommt. Aus dem oben gesagten folgt, daß auch die Ausgangsfunktion des Optimalfilters aus zwei Teilen besteht, d. h., die Ambiguityfunktion ist durch den Betrag der Funktion gegeben, die durch die Überlagerung der Funktion entsteht, welche ohne Berücksichtigung des Faktors j ω am Ausgang des Optimalfilters erscheint und der ersten Ableitung eben dieser Funktion nach der Zeit. Bei Verwendung schmalbandiger Signale kann der differenzierte Term vernachlässigt werden. Bild 8.29 stellt die Ambiguityfunktion für den Simultanbetrieb der Antenne dar.

8.2.5. *Einfluß der atmosphärischen Brechung auf die Winkelmessung*

Infolge der atmosphärischen Brechung ist der Elevationswinkel ϑ'_0, in dem eine elektromagnetische Welle auf die Erdoberfläche auftrifft, nicht identisch mit dem Elevationswinkel ϑ' der direkten Verbindung zwischen Aperturmitte und Zielobjekt P (Bild 8.30). In diesem Abschnitt soll nun der durch die Atmosphäre verursachte Fehler bei der Winkelmessung mit einem Zwillingsinterferometer bestimmt werden [103, 104, 105, 106]. In Bild 8.30 sind die geometrischen Zusammenhänge für ein Interferometer mit sehr geringem Elementabstand d, bzw. für einen Parabolspiegel mit dem Aperturdurchmesser d angegeben, wobei d so klein ist, daß die Krümmung der Erdoberfläche vernachlässigt werden kann. ϑ'_0 und ϑ' unterscheiden sich um dem Fehlerbetrag

$$\varepsilon = \vartheta'_0 - \vartheta'. \tag{8.168}$$

Da ein Parabolspiegel geschwenkt werden kann, bleiben die in Bild 8.30 gezeigten Verhältnisse für einen großen Elevationswinkelbereich nahezu konstant. Unter der Annahme, daß die Strahlen ungefähr parallel einfallen, gilt die folgende Beziehung

$$\cos \vartheta'_0 \approx s_0/d \tag{8.169}$$

mit

ϑ'_0 = aus der Phasenmessung mit dem Interferometer berechneter Einfallswinkel, der in guter Näherung gleich ϑ' ist.
s_0 = Zusätzliche Weglänge, die Strahl zwei gegenüber Strahl eins zurückzulegen hat.
d = Elementabstand.

Bei einem Zwillingsinterferometer mit großem Elementabstand herrschen jedoch andere Bedingungen, die mit den folgenden Einschränkungen untersucht werden sollen:

1. Für das Verhältnis von direkter Entfernung R zwischen Ziel P und Aperturmitte gilt die Beziehung

$$R/d > 100.$$

2. Der **Elevationswinkel** ist nur in den Grenzen

$$10° < \vartheta' < 90°$$

definiert.

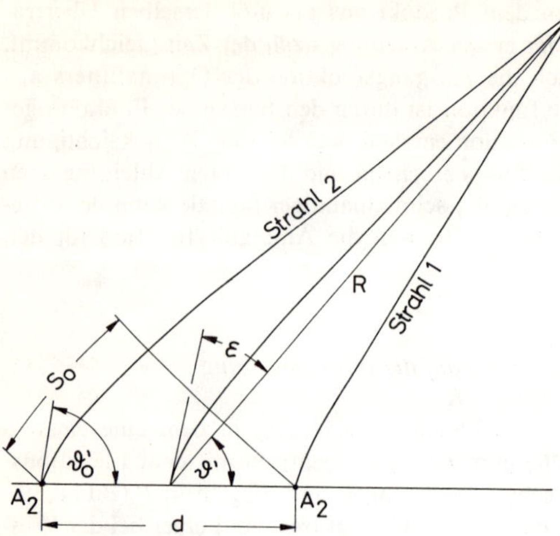

Bild 8.30 Brechungsgeometrie bei Vernachlässigung der Erdkrümmung [104]

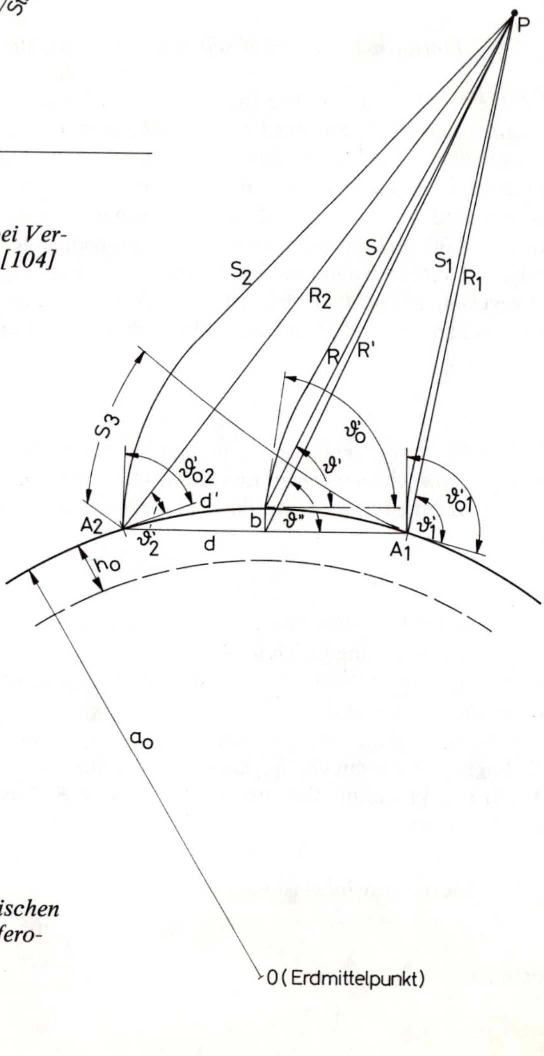

Bild 8.31 Einfluß der atmosphärischen Brechung beim Zweielement-Interferometer [105]

3. Die Atmosphäre besteht aus der Überlagerung gleichmäßiger sphärischer Schichten. Sind R_{01} und R_{02} nach den Gesetzen der Lichtoptik die Entfernungen zwischen der jeweiligen Antenne und dem Ziel, so ergibt sich aus der Phasenmessung mit dem Interferometer ein Einfallswinkel in Abhängigkeit von der Differenz

$$\Delta R_0 = R_{02} - R_{01}. \tag{8.170}$$

R_{01} und R_{02} sind definiert durch die folgende Beziehung

$$R_{01} = \int_0^{s_i} n(s)\,\mathrm{d}s \tag{8.171}$$

mit

$n(s)$ = Brechungsindex der Atmosphäre als Funktion der jeweiligen Entfernung s längs einer Strecke von der Gesamtlänge s_i.

Des weiteren läßt sich ein durchschnittlicher Brechungsindex definieren

$$\bar{n}_i = \frac{1}{s_i} \int_0^{s_i} n(s)\,\mathrm{d}s, \tag{8.172}$$

woraus folgt, daß

$$R_{0i} = \bar{n}_i\, s_i \tag{8.173}$$

ist. Ebenso kann R_{0i} durch die Beziehung

$$R_{0i} = R_i + \Delta R_{0i} \tag{8.174}$$

angegeben werden, wobei R_i dem direkten Abstand zum Ziel und ΔR_{0i} derjenigen Komponente von R_{0i} entspricht, welche durch die Brechung verursacht wird. Aus den Gleichungen (8.170), (8.173) und (8.174) lassen sich wiederum die folgenden Ausdrücke ableiten

$$\begin{aligned} \Delta R_0 &= R_2 - R_1 + \Delta R_{02} - \Delta R_{01} \\ &= \Delta R + \delta \end{aligned} \tag{8.175}$$

$$\Delta R = R_2 - R_1 \tag{8.176}$$

$$\delta = \Delta R_{02} - \Delta R_{01}. \tag{8.177}$$

Daraus folgt mit (8.173) und (8.174)

$$\delta = \bar{n}_2\, s_2 - \bar{n}_1\, s_1 - \Delta R. \tag{8.178}$$

Es kann gezeigt werden, daß

$$\frac{\bar{n}_2 - \bar{n}_1}{\bar{n}} < 1 \tag{8.179}$$

ist, wenn $n(s)$ sich exponentiell mit der Höhe ändert und $\bar{n}$ dem **durchschnittlichen Brechungsindex** längs der Strecke s entspricht. Bean und Thayer [107, 108, 109, 110] geben für n die folgende Beziehung an

$$n = n_0\, \mathrm{e}^{-c_e (h - h_0)} \tag{8.180}$$

mit

n_0 = Brechungsindex auf der Erdoberfläche,
h = Zielhöhe,
h_0 = Höhe des Radarsystems über dem Meeresspiegel (Bild 8.31),
$c_e = \ln\left(\frac{n_0}{n_1}\right)$, wobei n_1 gleich dem Brechungsindex in 1 km Höhe ist.

Für den von der Beugung durch die Erdkrümmung herrührenden Fehler ergibt sich

$$\frac{\delta R_i}{s_i} = \frac{s_i - R_i}{s_i} < 1. \tag{8.181}$$

Aus Gleichung (8.179) und (8.181) folgt, daß

$$\bar{n} \approx \bar{n}_1, \bar{n}_2 \tag{8.182}$$

und der Beugungsfehler vernachlässigbar ist.
Damit lautet Gleichung (8.178) mit den getroffenen Annahmen

$$\delta = \bar{n}\,(\delta R_2^\circ + R_2 - \delta R_1^\circ + R_1) - \Delta R$$

$$\frac{\delta}{\Delta R} \approx \bar{n} - 1. \tag{8.183}$$

Treffen die Strahlen ungefähr parallel bei den Antennen A_1 und A_2 in Bild 8.31 ein, dann gilt die folgende Beziehung analog zu Gleichung (8.169)

$$\cos \vartheta_0'' = s_3/d \tag{8.184}$$

wobei ϑ_0'' wiederum eine gute Näherung für ϑ_0' sein soll. Da ein Interferometer nicht wie ein Parabolspiegel schwenkbar ist, ergibt sich für Strahl zwei in Abhängigkeit vom Elevationswinkel eine zusätzliche Wegstrecke s_3, längs der der Einfluß der Brechung berücksichtigt werden muß. Paul [8, 105] definiert s_3 mit

$$s_3 = \Delta R_0/\bar{n}_3, \tag{8.185}$$

wobei

$$\bar{n}_3 \approx n_0 \tag{8.186}$$

ist, da sich s_3 in der Nähe des Erdbodens befindet. Mit (8.175), (8.184), (8.185) und (8.186) erhält man

$$\vartheta_0'' = \arccos \frac{\Delta R}{\mathrm{d}n_0}\left(1 - \frac{\delta}{\Delta R}\right). \tag{8.187}$$

Um die nachfolgende Rechnung zu vereinfachen, wird Gleichung (8.187) umgeformt. Man setzt dazu zunächst (8.183) in (8.187) ein und ergänzt die Gleichung mit + 1, − 1

$$\vartheta_0'' = \arccos \frac{\Delta R}{\mathrm{d}n_0}(1 - \bar{n} - 1)$$

$$= \arccos \frac{\Delta R}{d} \frac{\bar{n}}{n_0} = \arccos \frac{\Delta R}{d} \left(1 + \frac{\bar{n}}{n_0} - 1\right) \tag{8.188}$$

$$\vartheta_0' = \arccos x\,(1 + y) \tag{8.189}$$

mit

$$x = \frac{\Delta R}{d} \tag{8.190}$$

und

$$y = \frac{\bar{n}}{n_0} - 1. \tag{8.191}$$

Der Elevationswinkel der Strahlungsquelle ϑ'' berechnet sich aus dem Kosinussatz

$$R_1^2 = \left(\frac{d}{2}\right)^2 + (R')^2 - R'\ d\ \cos \vartheta'' \tag{8.192}$$

$$R_2^2 = \left(\frac{d}{2}\right)^2 + (R')^2 + R'\ d\ \cos \vartheta'' \tag{8.193}$$

$$\cos \vartheta'' = \frac{R_2^2 - R_1^2}{2\,d\,R'} \tag{8.194}$$

$$\vartheta'' = \arccos \frac{\Delta R}{d} \frac{R_1 + R_2}{2\,R'} = \arccos x(1 + y'), \tag{8.195}$$

mit
$$1 + y' = \frac{R_2 + R_1}{2\,R'}. \tag{8.196}$$

Nun werden (4.20) und (4.23) in Taylor-Reihen der Form

$$f(x + h) = f(x) + \frac{h}{1!} f'(x) + \frac{h^2}{2!} f''(x) + \cdots \tag{8.197}$$

umgewandelt, mit

$$\begin{aligned}
h &= xy \\
f(x) &= \arccos x \\
f'(x) &= -\frac{1}{(1 + x^2)^{1/2}} \\
f''(x) &= -\frac{x}{2!(1 + x^2)^{3/2}} \\
f'''(x) &= -\frac{x^2}{3!(1 + x^2)^{5/2}}
\end{aligned}$$

$$\vartheta_0'' = \arccos x - \frac{xy}{1!(1 + y^2)^{1/2}} - \frac{x^3\,y^2}{2!(1 - x^2)^{3/2}} - \frac{x^2(1 + 2\,x^2)}{3!(1 - x^2)^{5/2}} \tag{8.198}$$

und analog dazu

$$\vartheta'' = \arccos x - \frac{xy'}{1!(1-x^2)^{1/2}} - \frac{x^3(y')^2}{2!(1-x^2)^{1/2}} - \dots \tag{8.199}$$

Bildet man nun die Differenz der Winkel ϑ_0'' und ϑ'' analog zu Gleichung (8.168), um auf diese Weise den bei einer Interferometermessung zu erwartenden **Brechungsfehler** auszudrücken, so erhält man (in Abweichung zu (8.168))

$$\begin{aligned} \varepsilon' &= \vartheta_0'' - \vartheta'' \\ &= \arccos x - \frac{xy}{(1-x^2)^{1/2}} - \dots - \arccos x + \frac{xy'}{(1-x^2)^{1/2}} + \dots \end{aligned} \tag{8.200}$$

Der Einfluß von y' auf ε' ist rein geometrischer Natur und ist nur von Bedeutung, wenn sich der Zielbestand R in der Größenordnung des Elementabstandes d befindet. Nur der Beitrag von y zu ε' beruht auf der atmosphärischen Brechung und soll daher allein berücksichtigt werden. Ebenso werden alle quadratischen Glieder sowie alle Glieder höherer Ordnung vernachlässigt. Damit wird

$$\varepsilon' = -\frac{xy}{(1-x^2)^{1/2}} \tag{8.201}$$

und aus (8.199) folgt mit den oben gemachten Einschränkungen

$$\vartheta'' = \arccos x. \tag{8.202}$$

Setzt man nun (8.188), (8.189) und (8.202) in (8.201) ein, so erhält man

$$\begin{aligned} \varepsilon' &= \left(1 - \frac{\bar{n}}{n_0}\right) \frac{\cos \vartheta''}{(1-\cos^2 \vartheta'')^{1/2}} \\ &= \left(1 - \frac{\bar{n}}{n_0}\right) \cot \vartheta'', \end{aligned} \tag{8.203}$$

was dem von Paul [105] gefundenen Ergebnis entspricht. Bean und Thayer [107] lassen die Brechung längs s_3 unberücksichtigt und erhalten daher die Beziehung

$$\varepsilon' = (1 - \bar{n}) \cot \vartheta''. \tag{8.204}$$

Die Differenz

$$\Delta\varepsilon = \varepsilon' - \varepsilon \tag{8.205}$$

gibt an, wie groß der zusätzliche durch Brechung verursachte Fehler bei der Messung mit einem Interferometer gegenüber der mit einem einzelnen Parabolspiegel durchgeführten Messung ist, welcher sich in der Mitte zwischen den Antennen A_1 und A_2 befindet. In Bild 8.32 ist $\Delta\varepsilon$ in Abhängigkeit vom Elevationswinkel ϑ'' aufgetragen. Die aufgenommene Kurve gilt für $n_0 = 1{,}000313$; die anderen Werte, wie $\bar{n}$, ε' und ε, können Tabellen entnommen werden [105].

Bild 8.32 Vergleich des Brechungsfehlers ε mit dem Brechungsfehler ε' eines Interferometers, wenn die Brechung längs S_3 berücksichtigt wird [105]

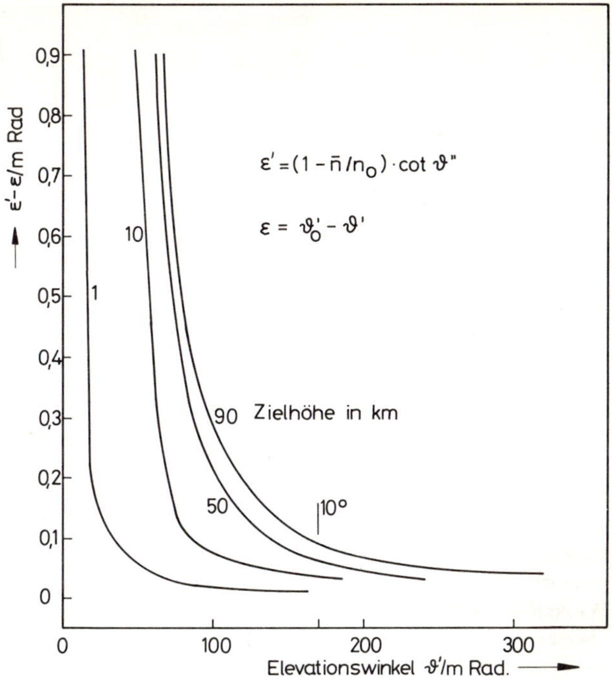

Ein weiterer Fehler in der Berechnung des Brechungsfehlers beruht darauf, daß die tatsächliche Basislänge d' durch ihre Sehne d ersetzt wird (Bild 8.31)

$$d' = 2\,a_0 \arcsin \frac{d}{2\,a_0} \qquad (8.206)$$

mit a_0 = geozentrischer Radius.

Der auftretende Fehler ist jedoch z. B. bei einer Basislänge von 5 km so gering, daß er nicht mehr in Erscheinung tritt. Es bleibt noch zu erwähnen, daß die Kenntnis von ε' für die Radioastronomen nicht sehr bedeutsam ist, da sie ihre Beobachtungsobjekte in Zenitnähe betrachten können, dagegen aber mehr in der Radartechnik.

8.3. Zweidimensionales Phasenvergleichsmonopulsradar

In Bild 8.33 ist das Blockschaltbild eines Radargerätes [39, 40, 47, 113] wiedergegeben, das nach dem Interferometerprinzip arbeitet. Eine der beiden Parabolantennen ist über einen **Duplexer** zugleich mit Sender und Empfänger verbunden, während die andere nur den Eingang eines Empfängers speist. Die beiden Empfangskanäle sind identisch. Die

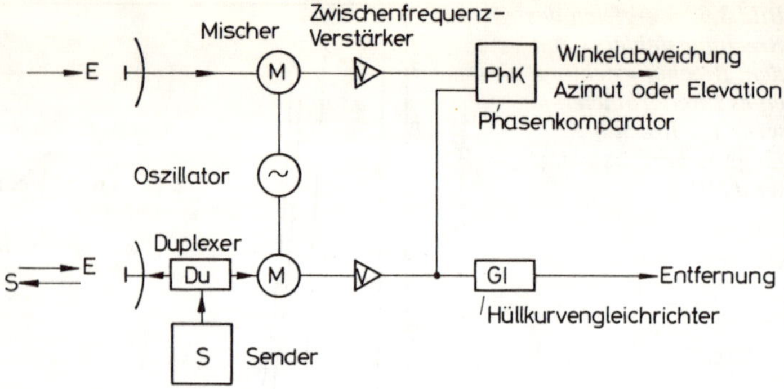

Bild 8.33 Zweidimensionales Phasenvergleichsmonopulsradar

Hochfrequenzechosignale werden durch Überlagerung mit einer Oszillatorfrequenz in eine Zwischenfrequenz umgewandelt. Die Ausgänge der beiden Zwischenfrequenzverstärker werden einer Phasenvergleichsschaltung zugeführt, deren Ausgangsspannung proportional Φ ist, mit $\Phi = 2\,\pi\,d \sin \Theta/\lambda$ (6.1). Diese Spannung entspricht einem **Winkelfehlersignal,** das in einen Regelungskreis eingespeist wird, um die Antennen über einen Hilfsmotor in die Position zu bringen, in der die Abweichung zu null wird. Dies ist der Fall, wenn sich das Ziel in der Hauptazimutachse befindet. Einer der Empfangskanäle enthält einen **Hüllkurvengleichrichter,** um, wie bei einem normalen Radarempfänger, dem Echosignal Informationen über die Entfernung zu entnehmen. Dieses Radarsystem besitzt gegenüber herkömmlichen Systemen zwei Nachteile. Zum ersten ist die Nebenzipfeldämpfung niedriger als der eines einzelnen Parabolreflektors, zum anderen wird die mögliche Antennenapertur nicht ausgenutzt. Da beide Antennen als Empfangsantennen und nur eine als Sendeantenne dienen, sind die effektive oder Antennenwirkfläche, bzw. der Gewinn, die in die **Radargleichung** [21, 47]

$$R_{\max} = \left[\frac{P_s\, G\, A_e\, \sigma}{(4\,\pi)^2\, P_{\min}} \right]^{1/4} \tag{8.207}$$

eingesetzt werden, nur die einer einzelnen Antenne. In obiger Gleichung bedeuten:

$R_{\max}$ = maximale **Radarreichweite,**
P_s = abgestrahlte Sendeleistung [Watt],
A_e = effektive oder Antennenwirkfläche [m^2],
G = Strahlungsgewinn,
σ = Streuquerschnitt eines Radarzieles
$= 4\,\pi \cdot \dfrac{\text{je Raumwinkeleinheit zum Sender zurückgestrahlte Leistung}}{\text{je Flächeneinheit am Ziel einfallende Leistung}}$
$P_{\min}$ = minimale Empfangsleistung.

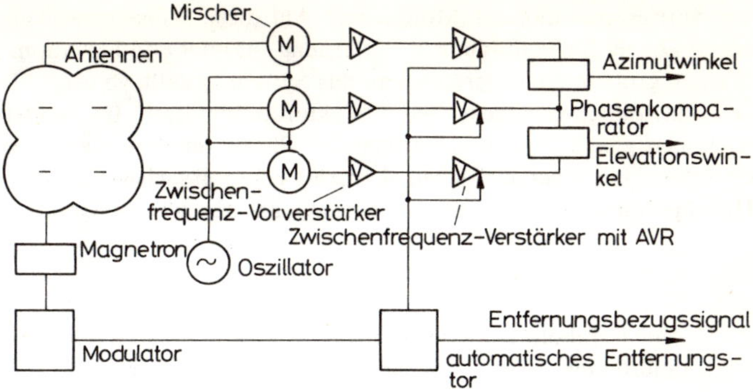

Bild 8.34 Zwei-Ebenen-Monopulssystem mit Phasenvergleich

8.4. Phasenvergleichsmonopulsradar für dreidimensionale Zielverfolgung

In diesem Abschnitt soll ein Interferometerradar zur Zwei-Ebenen-Zielverfolgung behandelt werden. Die Schaltung eines solchen 3-cm-Systems ist in Bild 7.35 wiedergegeben. Die Interferometeranordnung besteht aus vier Parabolreflektoren von je etwa 40 cm Durchmesser und einem gegenseitigen Abstand der Elemente von etwa 38 cm. Eine Reflektorantenne wird zum Senden benutzt, während die drei übrigen Antennen zum Empfang der Echosignale dienen, und zwar zwei im Azimut und zwei in der Elevation, so daß ein Reflektor in beiden Ebenen operiert. Die Hochfrequenzsignale werden in Mischstufen über Signale aus einem gemeinsamen Oszillator in eine Zwischenfrequenz umgewandelt, wobei die relative Hochfrequenzphase und Amplitude erhalten bleiben. Die Mischstufen, der Oszillator und die Zwischenfrequenzverstärker befinden sich auf der Rückseite der „Kleeblattantenne“, alle anderen Teile sind auf einer festen Platte montiert und durch flexible Kabel mit dem beweglichen Teil verbunden. Eine Einkanaldrehkupplung führt das Sendesignal vom Magnetron zur sendenden Parabolantenne. Die automatische Verstärkungsregelung, AVR (automatic gain control: AGC), verhindert, daß Amplitudenschwankungen am Zwischenfrequenzausgang auftreten. Ein automatisches Entfernungstor (range gate), das durch den Modulator synchronisiert wird, verfolgt das Ziel automatisch in der Entfernung. Die beiden Paare der Zwischenfrequenzsignale konstanter Amplitude werden dann Phasenkomparatoren mit quadratischen Gleichrichtern zugeführt, um das Winkelfehlersignal im Azimut und in der Elevation zu erzeugen. Befindet sich das Ziel in der Hauptazimutachse, dann sind beide Fehlersignale null. Oberhalb und rechts des Hauptazimuts sind die Fehlersignale positiv, unterhalb und links davon negativ. Nach der Videoverstärkung werden die **Videoimpulse** geglättet und dazu benutzt, einen Motor anzutreiben, der die Antennenanordnung in die richtige Position bringt. Der Monopulsempfänger und der **Positionsantrieb** bilden einen geschlossenen **Servoschleifenmechanismus.** Wenn das Ziel die **Hauptazimutachse** überschreitet, wechselt die geglättete Ausgangsgröße des Empfängers ihre Polarität und kehrt dabei

die Antriebsrichtung des Motors um. Auf diese Weise erfolgt eine automatische **dreidimensionale Zielverfolgung** in Entfernung, Azimut und Elevation.
Werden größere Anforderungen an das System gestellt, so vergrößert man zur Erhöhung des Auflösungsvermögens den Reflektordurchmesser. Im Sendefall strahlen alle vier Antennen gleich stark und mit gleicher Phase, um eine maximale Zielausleuchtung zu erreichen. Bei einer einfachen 4-Horn-**Monopulsspeisung** liegen die Mittelpunkte der **Hornapertur** auf den Eckpunkten eines Quadrates mit der Kantenlänge a. Die Formel

$$\frac{a}{\lambda} \approx \frac{F}{D} \tag{8.208}$$

mit F, der Parabolbrennweite und D, dem Paraboldurchmesser, ermöglicht es, die Antennenanordnung optimal für eine gewisse Betriebsfrequenz zu gestalten. Ein Nachteil des Monopulsverfahrens beruht auf einer Unsicherheit bezüglich gleichstark von verschiedenen Zielen einfallender Signale.

8.5. Pseudo-Rausch-Kode-Interferometer

Es wird ein **integriertes System** beschrieben, bestehend aus einem an Bord eines Zielflugkörpers befindlichen **Transponders,** der durch eine **Pseudo-Rausch-Kode** bzw. durch einen **Pilotton** in Verbindung mit einem Pseudo-Rausch-Kode modulierte Signale abstrahlt, sowie aus einem Zwillingsinterferometer zum Empfang dieser Signale [104]. In Bild 8.35 ist die Geometrie dieses Systems wiedergegeben. Der **Peilwinkel** ϑ' läßt sich, wie folgt, unter Anwendung des Kosinussatzes ermitteln.

$$\begin{aligned} R_2^2 &= \left(\frac{d}{2}\right)^2 + R^2 - \left(\frac{d}{2}\right) R \; 2 \cos\vartheta' \\ R_2^2 &= \frac{d^2}{4} + R^2 - d\,R\,\cos\vartheta' \\ R_1^2 &= \left(\frac{d}{2}\right)^2 + R^2 - 2\,R\left(\frac{d}{2}\right)\cos(180^\circ - \vartheta'). \end{aligned} \tag{8.209}$$

Wegen

$$\cos(180^\circ - \vartheta') = -\cos\vartheta' \tag{8.210}$$

folgt daraus

$$R_1^2 = \frac{d^2}{4} + R^2 + R\,d\,\cos\vartheta'. \tag{8.211}$$

Durch Elimination von $\cos\vartheta'$ in (8.209) und (8.211) ergibt sich

$$R_1^2 + R_2^2 = \frac{d^2}{2} + 2\,R^2. \tag{8.212}$$

Löst man (8.209) nach $\cos\vartheta'$ auf

$$\cos\vartheta' = \frac{R_2^2 - \frac{d^2}{4} - R^2}{-R\,d} = \frac{R^2 - R_2^2 + \frac{d^2}{4}}{R\,d} \tag{8.213}$$

Bild 8.35 Geometrie eines Zwillings-Interferometers

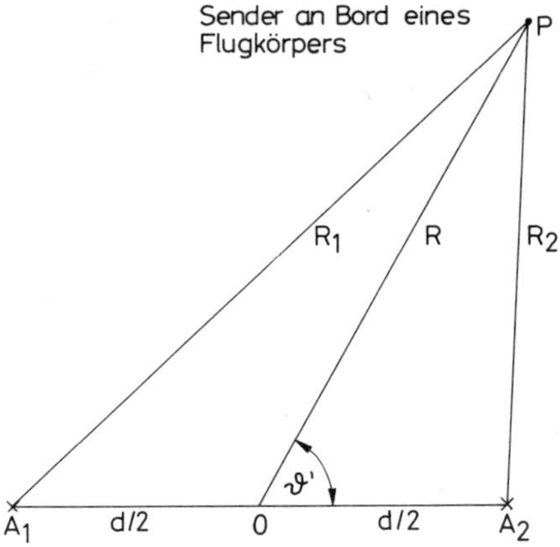

und setzt man (8.212) in das Ergebnis ein, so ist

$$\cos \vartheta' = \frac{\frac{1}{2}\left[R_1^2 + R_2^2 - \frac{d^2}{2}\right] - R_2^2 + \frac{d^2}{4}}{\pm\, d\sqrt{\frac{1}{2}R_1^2 + R_2^2 - \frac{d^2}{2}}}$$

$$= \frac{\frac{R_1^2}{2} - \frac{R_2^2}{2}}{\pm \frac{d}{\sqrt{2}}\sqrt{R_1^2 + R_2^2 - \frac{d^2}{2}}} \tag{8.214}$$

$$\cos \vartheta' = \pm \frac{R_1^2 - R_2^2}{\sqrt{2}\;\; d\sqrt{R_1^2 + R_2^2 - \frac{d^2}{2}}}\,.$$

R_1 und R_2 sind in der obigen Berechnung die Entfernungen zwischen dem Sender und den Empfangsantennen A_1 und A_2. Gleichung (8.214) stellt die genaue Beziehung für den Peilwinkel ϑ' dar. Die Gleichung läßt sich durch die Annahme vereinfachen, daß sich die Interferometerelemente im Fernfeld des Strahlungsdiagramms des Senders befinden. Die Trennungslinie zwischen Nah- und Fernfeld ist dabei durch die Fernfeldbedingung

$$R_F = \frac{2\,d^2}{\lambda} \tag{8.215}$$

definiert [105, 115]. Befindet sich der Flugkörper im Abstand R_F oder in einer größeren Entfernung vom Interferometer, so kann die bei diesem eintreffende Strahlung als parallel angesehen werden und Gleichung (8.214) vereinfacht sich zu dem folgenden Ausdruck

$$\cos \vartheta' = \frac{c\,\tau}{d} \tag{8.216}$$

bzw. mit

$$90° - \vartheta' = \vartheta \tag{8.217}$$

zu

$$\sin \vartheta = \frac{c\,\tau}{d} = \frac{\Phi\,\lambda}{2\,\pi\,d}, \tag{8.218}$$

wobei Φ der in der Mitte der Apertur gemessenen Phasendifferenz zwischen den von den Elementantennen aufgefangenen Signale entspricht und τ gleich der zeitlichen Verzögerung ist, mit der das Signal bei der zweiten Antenne eintrifft.

Sendet der **Transponder** ein nach einem binären Pseudo-Rausch-Kode **phasenumgetastetes Signal,** so wird die Laufzeitdifferenz zwischen den beiden Interferometerelementen durch einfaches Messen der zeitlichen Differenz zwischen dem Erscheinen der AKF-Spitzen an den beiden Optimalfilterausgängen ermittelt (Bild 8.36).

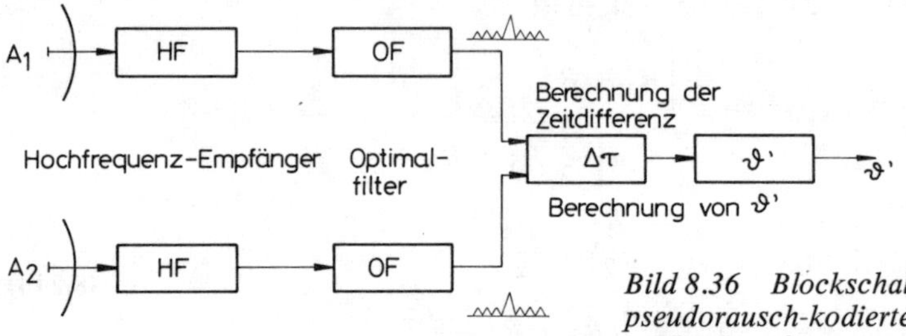

Bild 8.36 Blockschaltbild eines mit pseudorausch-kodierten Signalen arbeitenden Interferometers [114]

In einem anderen Fall wird zusätzlich ein Pilotton zur Modulation eines Trägers verwendet [38]. Die Pseudo-Rausch-Kodierung dient dann der **Grobzeitbestimmung** in der oben beschriebenen Weise, während die Feststellung der Phasendifferenz zwischen den beiden aufeinanderfolgenden Pilottonsignalen einer verfeinerten Zeitbestimmung dient. Durch die gleichzeitige Anwendung beider Modulationsarten werden **Mehrdeutigkeiten** eliminiert. Die Signalfunktion lautet für den Fall, daß sowohl eine Pseudo-Rausch-Kodierung als auch eine zusätzliche Modulation mit einem Pilotton durchgeführt wird [114]

$$s(t) = \cos(\omega_0\, t + \Delta\varkappa\;\varphi(t) + \Delta\varphi\;\cos \omega_{pi} t) \tag{8.219}$$

Dabei ist

$\varphi(t)$ = Pseudo-Rausch-Kode $(-1, +1, -1, -1, \ldots)$
ω_{pi} = Pilottonkreisfrequenz
$\Delta\varphi$ = Modulationsindex des Pilottons
$\Delta\varkappa$ = Modulationsindex des Pseudo-Rausch-Kodes
ω_0 = Kreisfrequenz des Trägers.

In der Absicht, die Genauigkeit bei der Bestimmung des Peilwinkels ϑ' festzustellen, wird das vollständige Differential der Gleichung (8.216) gebildet.

$$\frac{\partial}{\partial \vartheta'} (\cos \vartheta') \, \mathrm{d}\vartheta' = \frac{\partial}{\partial \tau} \left(\frac{c\,\tau}{d^*} \right) \mathrm{d}\tau + \frac{\partial}{\partial d} \left(\frac{c\,\tau}{d} \right) \mathrm{d}d^* - \sin \vartheta' \; \mathrm{d}\vartheta'$$

$$= \frac{c}{d^*} \, \mathrm{d}\tau + (-) \frac{c\,\tau}{d} \, \mathrm{d}d^*$$

$$\mathrm{d}\vartheta' = - \frac{c}{d^* \sin \vartheta'} \, \mathrm{d}\tau + \frac{c\,\tau}{d^{*2} \sin \vartheta'} \, \mathrm{d}d^* \tag{8.220}$$

Da der Elementabstand d^* im allgemeinen als konstant anzusehen ist, wird der zweite Term auf der rechten Seite der Gleichung (8.220) gleich null gesetzt. Für kleine Fehler sei ferner die Annahme

$$\mathrm{d}\vartheta' \approx \Delta\vartheta' \tag{8.221}$$

statthaft. Des weiteren soll

$$\Delta T = \mathrm{d}\tau \tag{8.222}$$

mit **„Zeittoleranz"** bezeichnet werden. Da nur der Betrag der Gleichung (8.715) von Interesse ist, kommt man zu dem untenstehenden Ausdruck

$$\Delta\vartheta' = \left| \frac{c}{d^* \sin \vartheta'} \right| \Delta T \tag{8.223}$$

bzw.

$$\Delta T = \left| \frac{d^* \sin \vartheta'}{c} \right| \Delta\vartheta'. \tag{8.224}$$

In Tabelle 8.1 sind einige Werte für die Zeittoleranz unter der Bedingung zusammengetragen, daß ein vorgegebener Winkelfehlerbereich $\Delta\vartheta'$ bei $d^* = 30$ m unbedingt eingehalten wird. Es werden zwei Werte von $\Delta\vartheta'$ gegenübergestellt. Einmal $\Delta\vartheta' = 4{,}5 \cdot 10^{-5}$ [rad]; dies entspricht einer Meßgenauigkeit von 1,6 km bei der Synchronsatellitenhöhe (36 000 km). Zum anderen ist $\Delta\vartheta' = 1{,}1 \cdot 10^{-3}$ [rad], was bei einer Genauigkeit von 100 m hinsichtlich einer Position über der Erdoberfläche gleichkommt, wenn sich das Interferometer an Bord eines Flugzeuges befindet, das in 10 km Höhe und in einer längs der Erdoberfläche gemessenen Entfernung von 100 km an einem Peilsender vorbeifliegt. Der Elevationswinkel beträgt in diesem Falle 6°.

Es lassen sich nun verschiedene Aussagen über die erforderliche Signalbandbreite treffen. Wird nur ein Pseudo-Rausch-Kode zur Modulation eines Trägers verwendet, dann ergibt sich die Bandbreite aus dem **Zeitbandbreiteprodukt** und ist gleich dem Reziprokwert der Dauer eines binären Kodeelementes

$$B = N/T. \tag{8.225}$$

Beträgt die Elementdauer $T/N = 1\,\mu$s, dann ist $B = 1$ MHz. Wird andererseits während

Tabelle 8.1

ϑ'	0°	15°	30°	45°	84°	90°
$\cos \vartheta'$	1,0	0,966	0,866	0,707	0,105	0
$\tau = \frac{\cos \vartheta'}{10^7}$ s	10^{-7}	$0{,}966 \cdot 10^{-7}$	$0{,}866 \cdot 10^{-7}$	$0{,}707 \cdot 10^{-7}$	$0{,}105 \cdot 10^{-7}$	0
$\sin \vartheta'$	0	0,259	0,500	0,707	0,995	1,000
$A = \frac{c}{d^* \sin \vartheta'}$		$3{,}860 \cdot 10^7$	$2{,}000 \cdot 10^7$	$1{,}414 \cdot 10^7$	$1{,}005 \cdot 10^7$	$1{,}000 \cdot 10^7$
$\Delta T = \frac{\Delta\vartheta'}{A}$ s für $\Delta\vartheta' = 4{,}5 \cdot 10^{-5}$ rad	0	$1{,}17 \cdot 10^{-12}$	$2{,}25 \cdot 10^{-12}$	$3{,}18 \cdot 10^{-12}$	$4{,}5 \cdot 10^{-12}$	$4{,}5 \cdot 10^{-12}$
und $1{,}1 \cdot 10^{-3}$ rad	0	$0{,}285 \cdot 10^{-10}$	$0{,}550 \cdot 10^{-10}$	$0{,}778 \cdot 10^{-10}$	$1{,}1 \cdot 10^{-10}$	$1{,}1 \cdot 10^{-10}$

der Verarbeitung im Optimalfilterempfänger das Pseudo-Rausch-Signal in MHz-Abständen abgetastet, dann kann das Auftreten einer AKF-Spitze nur jede 10^{-6} s registriert werden. Eine Differenzierung zwischen zwei AKF-Spitzen, d. h. die Ermittlung von τ, ist nur bis hinunter zu einem Zeitintervall von $2 \cdot 10^{-6}$ s möglich.
Wird das aufgefangene pseudo-rausch-kodierte Signal in Abständen von 10 MHz abgetastet, so kann das Auftreten einer AKF-Spitze noch innerhalb 0,1 μs festgestellt werden, während die Differenz zwischen zwei Spitzen bis hinunter zu einem Zeitintervall von 0,2 μs gebildet werden kann. In Tabelle 8.1 stellen die ΔT den Zeitbereich dar, auf den τ genau bestimmt werden muß. Ein ΔT von 10^{-12} s bedeutet, daß die Zeit des Auftretens einer AKF-Spitze bis zu einem Zeitbereich von $0{,}5 \cdot 10^{-12}$ s bekannt sein muß, wenn auch noch τ ermittelt werden soll. Diese Anforderung könnte theoretisch durch Erhöhen der Bandbreite auf $2 \cdot 10^{12}$ Hz befriedigt werden, was in der Praxis jedoch auf Schwierigkeiten stößt. Andererseits besteht die Möglichkeit, eine Bandbreite von 10^7 Hz und eine 1000fach höhere **Abtastfrequenz** von 10^{10} Hz in Verbindung mit einer Phasenmessung des Pilotsignals zu wählen. Eine so hohe Abtastfrequenz ist jedoch praktisch unmöglich. Daraus folgt, daß bei der Positionsbestimmung eines Synchronsatelliten die geforderte Genauigkeit mit dem vorliegenden System nicht eingehalten werden kann.

k	$\sin\vartheta_1 = \frac{1}{2k}$	ϑ_1
1	0,5	30°
1,25	0,4	23,6°
1,5	0,333	19,5°
2,0	0,25	14,5°
3,33	0,15	8,7°
4,0	0,125	7,2°
6,0	0,0834	4,75°
8,0	0,0626	3,5°
10,0	0,05	2,8°
12,0	0,0416	2,4°
14,0	0,0358	2,0°
16,0	0,0278	1,8°

Tabelle 8.2

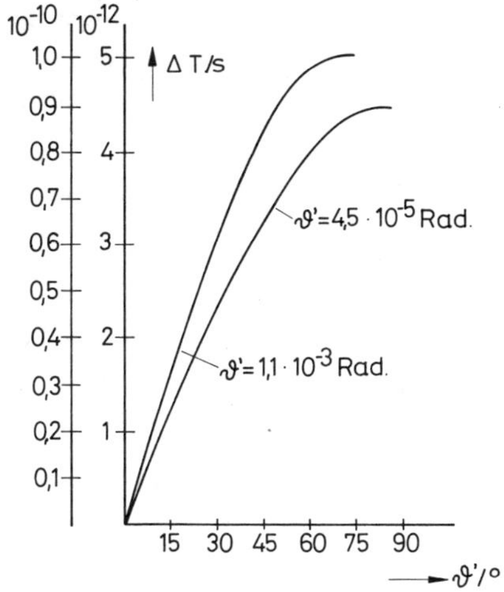

Bild 8.37 Grafische Darstellung zu Tabelle 8.1

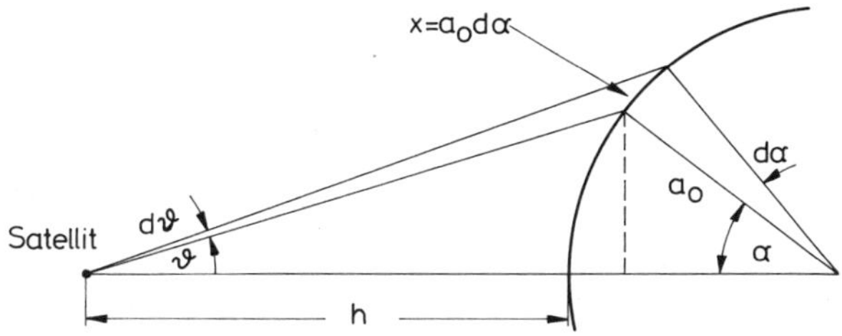

Bild 8.38 Geometrie zur Positionsbestimmung bei Synchronsatelliten [116]

Eine mögliche Verbesserung der **Winkelauflösung** ist nur durch die zusätzliche Ermittlung der Phasendifferenz der Trägerwelle zwischen den beiden Antennenzweigen zu erreichen. Es werden gewissermaßen drei Verfahren gleichzeitig angewandt: Einmal die Zeitabstandsvermessung der durch das pseudo-rausch-kodierte Signal in den Optimalfiltern erzeugten AKF-Gipfel zur Grobzeitbestimmung, zum anderen die Phasenmessung des Pilotsignals und schließlich die Phasenmessung bei der Trägerwelle. Wird z. B. einem $1{,}5 \cdot 10^9$-Hz-Träger ein 10^7-Hz-Pilotton überlagert, und soll eine Winkelauflösung bis auf 1,8° erreicht werden, so entspricht das einer **zeitlichen Auflösung** von [114]

$$\frac{1}{200} \frac{\mathrm{s}}{1{,}5 \cdot 10^9} = \frac{10^{-11}}{3}\,\mathrm{s} = 3{,}33 \cdot 10^{-12}\,\mathrm{s}\,,$$

wobei 1,8° einer 1/200 Periode ist. Die Dauer eines Kodeelementes entspricht dabei einer Periode des Pilotsignals, also $10^{-7}\,\mathrm{s} = 0{,}1\,\mu\mathrm{s}$, was einer Bandbreite von 10 MHz gleichkommt.

8.6. Interferometeranordnung im Navigationssystem von Synchronsatelliten

Die hohe Genauigkeit, die bei der Winkelmessung mit einem Interferometer erzielbar ist, bewirkte, daß dieses Verfahren auch bei der **Positionsbestimmung** synchroner Nachrichtensatelliten Verwendung findet. Ebenso dient es der genauen Ausrichtung der zur Nachrichtenübermittlung benötigten Antennen. In Bild 8.38 ist die Geometrie eines solchen Systems wiedergegeben. Darin bedeuten:

ϑ = Richtwinkel,
$\mathrm{d}\vartheta$ = Fehleinstellung des Richtwinkels,
$x = a_0 \,\mathrm{d}\alpha$ = geodätischer Fehler für $\vartheta \neq 0$,
x_0 = geodätischer Fehler für $\vartheta = 0$,
h = Synchronsatellitenhöhe = 36 000 km = 22 500 Meilen,
a_0 = Erdradius = 6370 km.

Damit lassen sich die folgenden Beziehungen aufstellen:

$$\tan \vartheta = \frac{a_0 \sin \alpha}{h + a_0 - a_0 \cos \alpha} = \frac{\sin \alpha}{a - \cos \alpha} \tag{8.226}$$

mit

$$a = \frac{h + R}{R} \approx 6{,}62 \tag{8.227}$$

α = Winkel zwischen Verbindungslinie Satellit – Erdmittelpunkt und Meßstelle auf der Erdoberfläche (Bild 8.38).

und

$$\frac{x}{x_0} = \frac{a^2 - 2a \cos \alpha + 1}{(a - 1)(a \cos \alpha - 1)} \tag{8.228}$$

Die bei synchroner Flughöhe erforderliche **Richtgenauigkeit** kann Bild 8.39 und Bild 8.40 entnommen werden. So ist in Bild 8.39 zunächst der geodätische Fehler, bei senkrecht auf die Erde ausgerichtetem Satelliten x_0, ausgedrückt in Meilen, als lineare Funktion kleiner Richtfehler $\mathrm{d}\vartheta$ dargestellt. Bild 8.40 zeigt die funktionelle Abhängigkeit

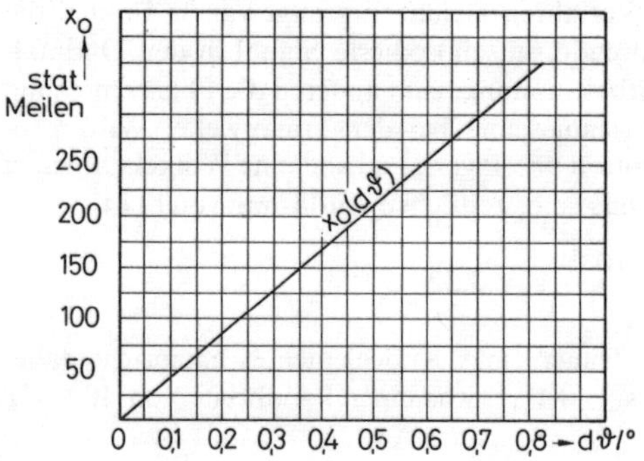

Bild 8.39 Geodätischer Fehler in Abhängigkeit vom Richtwinkelfehler $\mathrm{d}\vartheta$ bei $\vartheta = 0°$ [116]

Bild 8.40 Normierter geodätischer Fehler als Funktion des Richtwinkels [116]

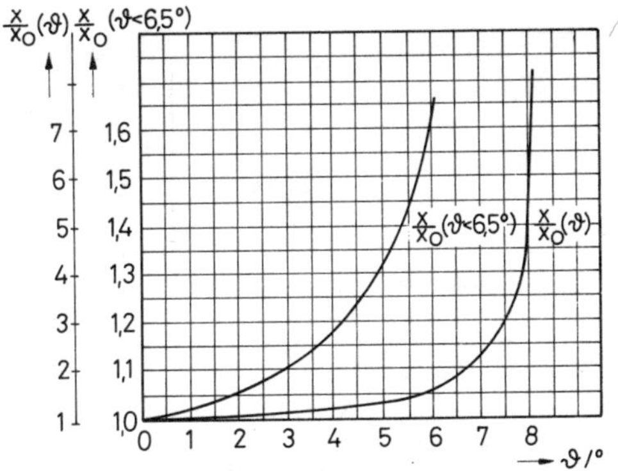

des Verhältnisses $x(\vartheta)/x_0$ vom Richtwinkel ϑ für denselben **Richtfehler** $d\vartheta$ wie in Bild 8.39. Der größeren Ablesegenauigkeit wegen ist diese Funktion für den Bereich $0 \leqq \vartheta \leqq 6{,}5°$ noch einmal in vergrößertem Maßstab wiedergegeben. Bei $\vartheta = 0°$ ergibt sich für einen Richtfehler $d\vartheta = 0{,}125°$ nach Bild 8.39 ein geodätischer Fehler $x_0 = 50$ Meilen. Bei einem Richtwinkel $\vartheta = 6°$ entnimmt man Bild 8.40 einen Wert $x(\vartheta < 6{,}5°)/x_0 = 1{,}46$. Dies entspricht bei dem selben $d\vartheta$ wie oben einem geodätischen Richtfehler von $x = 1{,}46 \cdot 50$ Meilen $= 73$ Meilen. Aus diesen Werten ist ersichtlich, daß die Richtwinkel bis auf wenige Zehntel Grad genau eingehalten werden müssen, wenn an Bord des Satelliten Antennen mit großer Apertur, und damit hoher Richtschärfe, montiert sind. Bild 8.41 zeigt die **Freiheitsgrade** eines Synchronsatelliten hinsichtlich einer Bezugsstation, die mit einem Interferometersystem an Bord des Satelliten ausgemessen und überwacht werden. In Bild 8.42 ist als Beispiel das Blockschaltbild eines geeigneten Systems angegeben. Da sich die Basislinien der beiden Interferometer senkrecht überschneiden, können Drehbewegungen um **Roll- und Gierachse** vermessen werden, womit zugleich die Richtungskosinus der Bezugsstation oder eines Nachrichtenteilnehmers auf der Erdoberfläche bestimmt sind.

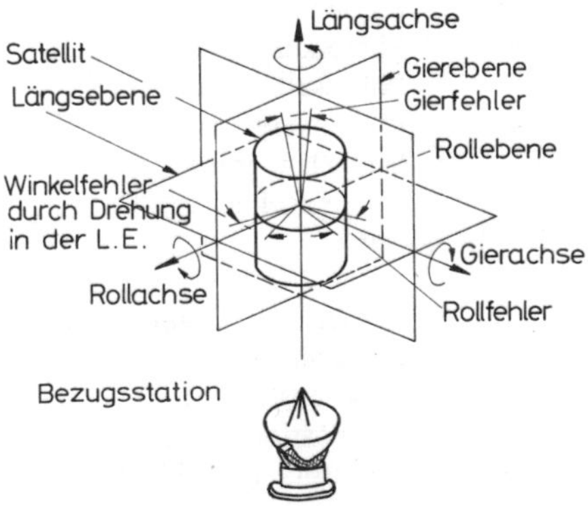

Bild 8.41 Die Stabilitätsgeometrie eines Satelliten [116]

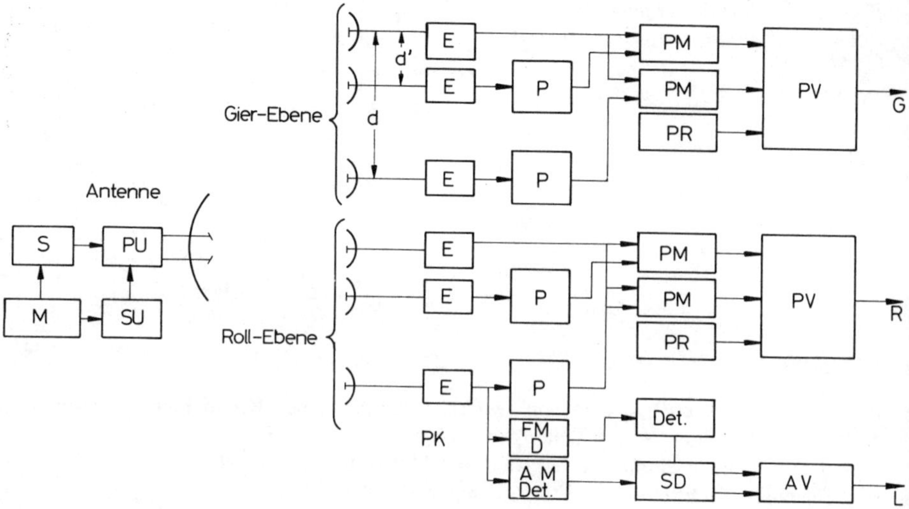

Bild 8.42 Kooperatives System zur Positionsbestimmung bei Synchronsatelliten [116]

Die in Bild 8.42 verwendeten Abkürzungen bedeuten

AV = Amplitudenvergleich
BBS = Bodenbezugsstation
D = Diskriminator
Dec. = Decoder
Det. = Detektor
E = Empfänger
G = Winkeländerung um die Gierachse
L = Winkeländerung um die Längsachse
M = Modulator
P = 90°-Phasenschieber
PK = Polarisationskanal
PM = Phasenmessung
PR = Phasendifferenz
PU = Polarisationsumtastung
PV = Phasenvergleich
R = Winkeländerung um die Rollachse
S = Sender
SN = Navigationssystem des Satelliten
SU = Steuerung für die Polarisationsumtastung
SD = synchrone Demodulation.

Bild 8.43 Auflösung der Winkelmehrdeutigkeit mit Hilfe eines Dreielement-Interferometers

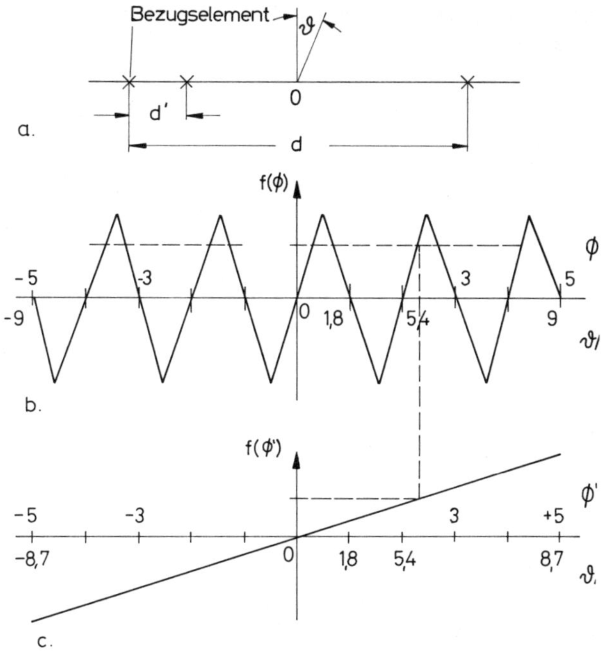

Die Richtung, aus der das Referenzsignal von der Bezugsstation eintrifft, ist durch die Interferometergleichung gegeben Gl (6.1).

$$\Phi = \frac{2\pi}{\lambda} \mathrm{d} \sin\vartheta = 2\pi \; k \; \sin\vartheta. \qquad (8.229)$$

Der Satellit wird mit Hilfe eines Regelsystems so gedreht, bis $\Phi = 0$ ist und er genau auf die Bezugsstation ausgerichtet ist. Das System arbeitet um so genauer, je größer die Phasendifferenz Φ für kleine Werte von ϑ wird, was praktisch durch einen großen Elementabstand k zu realisieren ist. Bild 8.43a zeigt die Geometrie eines Interferometers mit einem Elementabstand $k = 16$. Die Reaktion des Systems bei der Phasendifferenz Φ, entsprechend dem Einfallswinkel ϑ, ist in Bild 8.43b dargestellt und man sieht, daß das Ergebnis zwar sehr genau aber mehrdeutig ist, da jedes $f(\Phi)$ einer ganzen Anzahl möglicher Einfallswinkel ϑ entspricht, d. h., einem gemessenen $f(\Phi)$ kann jede Phasendifferenz

$$(-1)^{n-1} (n\pi - \Phi) \; [\mathrm{rad}] \; (n = 0, \pm 1, \pm 2, \ldots)$$

zugrunde liegen. Der Absolutwert der gemessenen Phasendifferenz beträgt immer

$$|\Phi| = \pi - \Phi \; [\mathrm{rad}].$$

Bild 8.44 Verlauf von ϑ_1 über k [116]

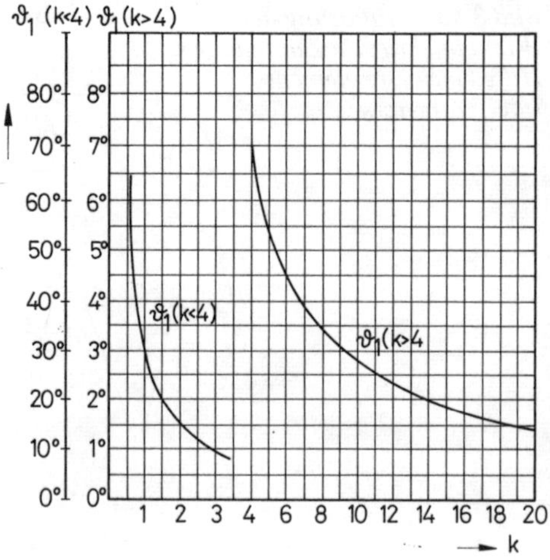

Bild 8.44 zeigt den entsprechenden mehrdeutigen Richtwinkel, aufgetragen über k, für $\Phi_1 = \pi$, wobei für $\vartheta_1(n > 4)$ der größeren Genauigkeit wegen ein gespreizter Maßstab verwendet wird. Die Bild 8.44 zugrunde liegenden Werte können der Tabelle 8.2 entnommen werden.

Man sieht, daß bei $k = 16$ der mehrdeutige Winkelbereich bei 1,8° beginnt, d. h., es ist nicht bekannt, wie oft der Winkel 1,8° dem aus der gemessenen Phasendifferenz berechneten Winkel hinzuaddiert werden muß, um den tatsächlichen Richtwinkel zu erhalten; der gemessene Winkel ϑ ist nun eindeutig im Bereich

$$0 < \vartheta < 1{,}8°.$$

Die **Mehrdeutigkeit** kann nun, wie schon aus den Abschnitten 7.7, 8.2.3 bekannt ist, mit Hilfe eines dritten auf der Basislinie angeordneten Antennenelementes aufgelöst werden, das sich im Abstand d' von der Bezugsantenne befindet (Bild 8.43a). Da Synchronsatelliten häufig einen gesamten Winkelbereich von $\Delta\vartheta = 17{,}4°$ bzw. $\Delta\vartheta/2 = 8{,}7°$, wenn man nur den halben Winkel beachtet, beanspruchen [116], wird das **Kurzbasisinterferometer** so ausgelegt, daß innerhalb des Winkelbereichs $0 < \vartheta < 8{,}7°$ nur eindeutige Lösungen von ϑ möglich sind, wobei 8,7° zweckmäßigerweise einer Phasendifferenz $\Phi = \pi$ [rad] entspricht (Bild 8.43c). Man kann es auch so ausdrücken: Das Kurzbasisinterferometer mit der Basislänge d' dient einer groben aber eindeutigen Winkelbestimmung, während mit dem **„Großbasisinterferometer"** von der Basislänge d die **Feinmessung** innerhalb eines schmalen Winkelintervalls vorgenommen wird. Wie man aus der in Bild 8.44 dargestellten Funktion leicht ablesen kann, entspricht einem geforderten Meßbereich $\vartheta = 8{,}7°$ eine Basislänge $k' = 3{,}3$, womit die physikalischen Dimensionen des Interferometers eindeutig festgelegt wären. Der zulässige Fehler des Richtwinkels wird aus der ersten

Ableitung der Interferometergleichung ermittelt

$$d\Phi = 2\pi \ k \cos\vartheta \ d\vartheta. \tag{8.230}$$

Der maximale Phasenfehler

$$(d\Phi)_0 = 2\pi \ \mathrm{k} \ d\vartheta \tag{8.231}$$

bei konstantem k und $d\vartheta$ tritt bei einem Richtwinkel $\vartheta = 0°$ auf, d. h., wenn der Synchronsatellit genau auf die Erdoberfläche ausgerichtet ist. Die funktionelle Zusammenhang der Gleichung (8.231) ist in Bild 8.45 grafisch dargestellt. Der zulässige Phasenfehler $d\Phi$ für beliebige Werte von ϑ wird durch einfaches Multiplizieres der Gleichung (8.231) mit $\cos\vartheta$ bestimmt.
In Abschnitt 8.2.3 werden die Mehrdeutigkeiten von der Antennentheorie her erklärt. Da eine Interferometerapertur im Vergleich zur Wellenlänge sehr groß ist, sind die Gesetze der **geometrischen Optik** anwendbar. So wurde in diesem Abschnitt gezeigt, daß Mehrdeutigkeiten beim Zweielementinterferometer auch mit Hilfe einfacher geometrischer Zusammenhänge zu lösen sind.
Es bleibt noch zu erwähnen, daß die Messung einer Drehung um die Längsachse durch die Polarisationsbestimmung des linear polarisierten Referenzsignals erfolgt. Die **Faraday-Rotation** [21, 40] beim Weg des Signals durch die Ionosphäre darf daher nur einen vernachlässigbar kleinen Einfluß auf den **Polarisationsvektor** ausüben. Bei 2 GHz ist die Faraday-Rotation kleiner als 2,7° und nimmt darüber hinaus mit $1/f^2$ ab, d. h., daß zweckmäßigerweise nur hohe Frequenzen benutzt werden. Es können zwei orthogonale Polarisationen verwendet werden, die mittels eines Umtasters gesteuert werden [116]. Bei Richtfunkstrecken wird dies als **Polarisationsdiversity** [21] bezeichnet.

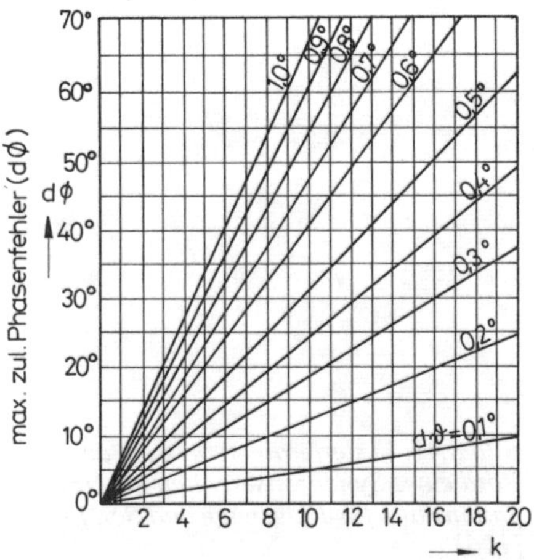

Bild 8.45 Maximaler zulässiger Phasenfehler als Funktion von k [116]

Der Drehsinn wird durch synchrone Demodulation im Satellitenempfänger bestimmt. Daher muß die Bodenstation auch noch ein spezielles **Synchronisierungssignal** zum Satelliten senden.
In Bild 8.46 und Bild 8.47 werden mögliche Anwendungsbereiche gezeigt. In der Darstellung nach Bild 8.46 dient das Interferometersystem der Bestimmung der Lage des Satelliten im Raum hinsichtlich einer Bezugsstation. Zugleich nimmt dieser Satellit die Rolle der Bezugsstation für einen weiteren Nachrichtensatelliten ein, dessen Position sich außerhalb der Reichweite der Erdbezugsstation befindet. Bild 8.47 stellt einen Anwendungsfall des an Bord eines Synchronsatelliten befindlichen Interferometersystems als **Navigationshilfe** für Flugzeuge und Schiffe dar. **Transpondersignale** zwischen dem Interferometersystem des Satelliten und einem Flugzeug oder Schiff geben Auskunft über Entfernung zum Satelliten und über zwei Richtungskosinus, womit die Position auf der Erdoberfläche festgelegt ist.

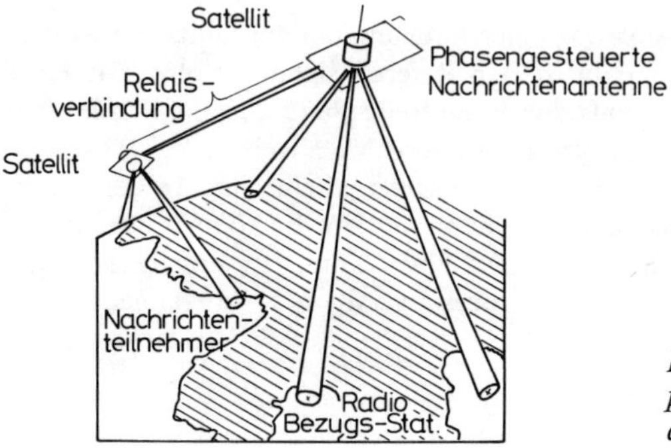

Bild 8.46 Bestimmung der Positionsparameter mit Interferometersystemen an Bord der Synchronsatelliten [116]

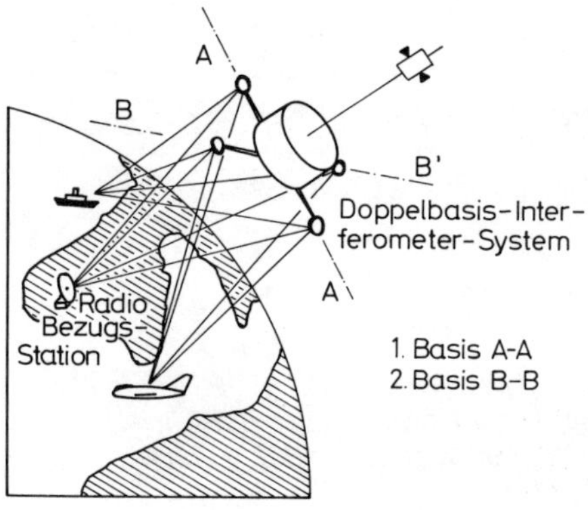

Bild 8.47 Interferometersystem an Bord eines Synchronsatelliten als Navigationshilfe für Flugzeuge und Schiffe [116]

Bild 8.48 Blockschaltbild des Transponders

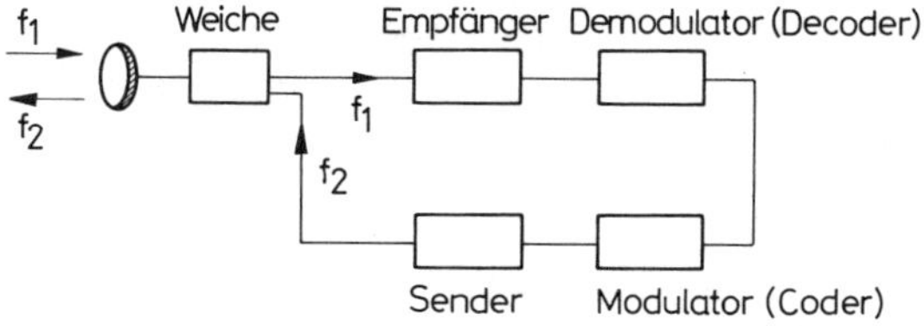

8.7. Rendezvous-Radar der Gemini-Raumkapseln

8.7.1. Beschreibung des Navigationssystems

Bei den Gemini-Rendezvous-Versuchen diente zunächst ein unbemannter Satellit als Ziel [25, 63, 85, 117, 118]. Das zwei Besatzungsmitglieder aufnehmende Raumschiff wurde auf eine Umlaufbahn gebracht, die etwa in der selben Ebene lag wie die des Zielfahrzeugs. Das bemannte Raumschiff ortete das Ziel und führte die zu einem Rendezvous nötigen Änderungen der Umlaufgeschwindigkeit durch. Für das erste Stadium des Projektes war vorgesehen, anstelle eines besonderen Zielfahrzeuges eine elektronische Einrichtungen enthaltende Probekapsel zu verwenden. Eine solche Probekapsel konnte von dem Raumschiff mitgenommen werden und nach Erreichen der Umlaufbahn mit geringer Relativgeschwindigkeit ausgestoßen werden.

Das für das **Rendezvous-Manöver** benötigte Radarsystem war ein kooperatives System (cooperative system), bestehend aus einem Abfragesender im Raumschiff und einem Transponder im Zielfahrzeug. Dieses Verfahren besitzt den Vorteil eines hohen Signal-Rausch-Verhältnisses sowie den einer sehr geringen **Winkelszintillation**[1]. Das Antwortsignal ist gegenüber dem Abfragesignal sowohl zeitlich besonders verzögert, als auch in der Frequenz versetzt (Bild 8.48). Durch die Frequenzversetzungen lassen sich die Antwortsignale von reflektierten Abfragesignalen unterscheiden. Die zeitliche Verzögerung macht die Ortung des Zieles noch bei kleinsten Entfernungen möglich; die Antwort trifft immer erst während der dem Sendevorgang nachfolgenden Empfangsperiode ein.

Die Entfernung wird durch Laufzeitmessung ermittelt. Ist die Entfernung groß (in dieser Zeit wird der meiste Brennstoff für das Annäherungsmanöver verbraucht), so werden digitale Meßwerte zur Steuerungsrechnung im Digitalrechner des Raumschiffes benutzt. Bei kleiner Entfernung wird eine **Analoginformation** auf eine in etwa logarithmisch verzerrten Skala eines Anzeigeinstrumentes gegeben, so daß der Astronaut unmittelbare Angaben für die von ihm selbst ausgeführte Bremsung des Raumschiffs erhält.

Die Winkelmessung beruht auf dem Interferometerprinzip, bei dem die zeitliche Differenz des Empfangs an zwei Antennen ermittelt wird. Die Phasendifferenz wird gewöhnlich mit Hilfe eines veränderbaren geeichten Phasenschiebers in einem der beiden Antennenpaare gemessen; ein Servomechanismus stellt ihn so ein, daß die Phasendifferenz zu null wird. Um die Fehler bei der Winkelmessung zu verringern, wird meist der Antennenabstand gleich einem vielfachen der Wellenlänge gemacht. Beim Gemini-Radar

[1] Ist eine sprunghafte Phasenvariation, bedingt durch die um das Peilminimum springende, Einfallsrichtung des Signals.

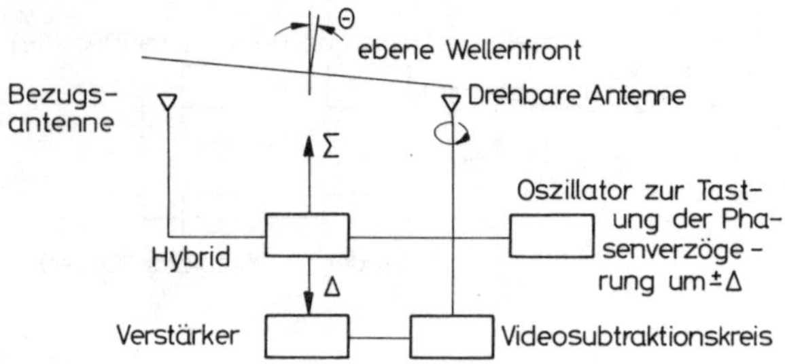

Bild 8.49 Blockschaltbild des Gemini-Radar-Systems

konnte nun der Antennenabstand durch die Verwendung eines extrem linearen Phasenschiebers klein gehalten werden.

Für die automatische Zielverfolgung benötigt die Antenne Verstärkungskanäle sowohl im **Summen**- als auch im **Differenzzweig** des **Hybrids**[1] sowie eine präzise veränderbare Phasenschiebung. Das Hybrid bewirkt eine Anpassung der Antenne unabhängig von einer Fehlanpassung an den Summen- und Differenzanschlüssen. Das Blockschaltbild des Systems ist in Bild 8.49 wiedergegeben.

Die Phasenschiebung wird mit Antennen bewerkstelligt, die zirkular polarisiert sind. Sie sind als Archimedische Spiralen ausgebildet, die unmittelbar auf eine Scheibe aus Epoxydharz aufgeätzt sind. Durch einfaches, mechanisches Drehen der Antennen erlangt man eine Phasenschiebung, da es zu den Eigenschaften der Spiralantennen gehört, daß die Phase eines einfallenden Signales linear von der geometrischen Drehung um die Wellenausbreitungsrichtung z in ihrem Ursprung abhängt. Da die Antenne sehr leicht ist, genügt ein direkter Antrieb ohne Getriebe.

Drei Antennenelemente, davon zwei drehbar, d. h. in jeder Koordinate eine, sind für das Empfangssystem erforderlich. In Bild 8.49 wurde nur eine Ebene berücksichtigt, und eine vierte feststehende wird als Sendeantenne benutzt. Die drei Empfangsantennen werden wie beim **2-Ebenen-Phasenvergleichs-Monopuls-Radar** zu zwei Interferometern zusammengeschaltet, wobei das eine Antennenpaar zur Azimutpeilung dient und das andere zur Elevationspeilung. Der Abstand der Antennenelemente entspricht nicht ganz einer Wellenlänge ($0{,}82\,\lambda$) und ist gerade so groß, daß keine **Phasenmehrdeutigkeit** auftritt. Zudem sorgt dieser Abstand für die erforderliche Polarisationsdämpfung zwischen den Elementen. Die Peilung erfolgt nun dadurch, daß z. B. die eine Azimutantenne hinsichtlich der Bezugsantenne (der Antenne im Fußpunkt, d. h. der nicht drehbaren Antenne, die beiden Empfangsebenen gemeinsam ist) um ihre Achse gedreht wird, bis die Phasendifferenz null wird; der Differenzzweig des Hybrids gibt dann null an. Da eine zirkular polarisierte Antenne in einem zirkular polarisierten Feld, das vom Transponder erzeugt wird, gedreht wird, besteht zwischen Phase und geometrischer Antennendrehung ein näherungsweise linearer Zusammenhang. Der gemessene Betrag der Drehung entspricht dann dem Azimutwinkel. Die Messung des Elevationswinkels verläuft entsprechend. Auf die beschriebene Art können Ziele innerhalb $\pm 25°$ in Azimut und Elevation erfaßt und verfolgt werden.

[1] Ist ein Viertor, das aus zwei einfallenden Signalen das Summen- und Differenzsignal bildet.

Bild 8.50 Fehlersignale
a) Fehlersignal mit Tastung um $\pm\Delta$
b) Endfehlersignal nach Videosubtraktion

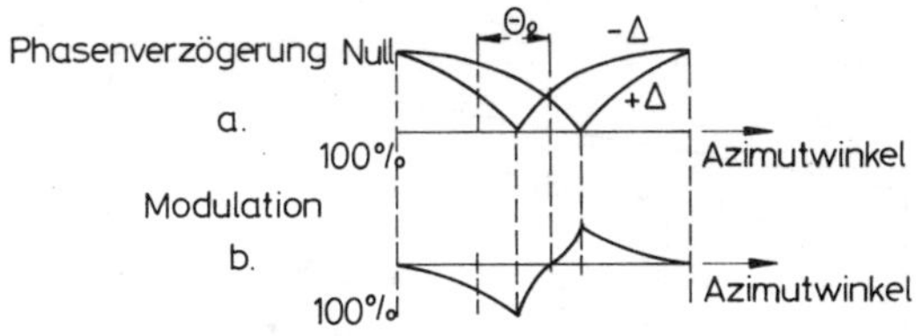

Die Phasenverzögerung wird in einem Zweig des Interferometers synchron mit dem Pulsantwortbetrag abgetastet (dithered). Die Phase wird abwechselnd um $\pm\Delta$ geändert. Der Endfehler ist das Videodifferenzsignal zwischen benachbarten Pulsumkehrungen. Die beiden verschiedenen Diagramme für eine Phasenverschiebung von $+\Delta$ und $-\Delta$ werden in Bild 8.50 für den Fall, daß sich das Ziel Θ_0 Grad von der Breitseite befindet, gezeigt. Das Fehlersignal für den Zielwinkel Φ kann durch eine Phasenverschiebung zum Verschwinden gebracht werden, so daß

$$\Phi = \frac{2\pi}{\lambda} d \sin \Theta_0$$

ist (6.1).

Da durch die Drehung der Antennen die Phasendifferenz zu null wird, ergibt sich auch eine null aus dem Videosubtraktionskreis, wenn sich das Ziel direkt vor der Antenne, d. h. im Hauptazimut befindet. Eine Zielantwort aus jeder anderen Richtung führt zu einem Fehlersignal, das dazu dient, die drehbaren Antennen zu regeln, so daß sie genau den Transponder des anderen Raumfahrzeugs anpeilen und verfolgen.

8.7.2. Phasencharakteristik von Spiralantennen bei Interferometeranwendungen

Dieses aus Spiralelementen bestehende Antennensystem erzeugt eine Elliptizität von nur 0,2 dB. Die Richtwirkungsdifferenz einer Spirale in bezug auf die benachbarte innerhalb 50° von der Hauptazimutrichtung liegt bei 0,1 dB.

Elliptizität und Strahlungskopplung treten als Hauptursachen für Phasenfehler in Erscheinung. Die Linearität zwischen Phase und Drehwinkel kann dadurch empfindlich gestört werden. Die nun folgende Fehleranalyse besitzt nicht alleine Gültigkeit in bezug auf das Gemini-Radarsystem, sondern sie läßt sich auf jedes elliptisch polarisierte Radarsystem erweitern, in dem das Interferometerprinzip zur Anwendung gelangt:

1. Fehler, die sich infolge der **Elliptizität** der Polarisation [14, 25] ergeben.

Man gehe davon aus, daß die Transponderantenne des Zielfahrzeugs ein elliptisch polarisiertes Feld [25] abstrahle. Die Gleichung für den normierten Vektor des elektrischen Feldes kann daher wie folgt angegeben werden

$$\vec{E}_T = \vec{n}_x + j\, e_T\, \vec{n}_y, \qquad (8.232)$$

wobei $\vec{n}_x$ und $\vec{n}_y$ als Einheitsvektoren im x-y-z-Koordinatensystem und e_T als das axiale Verhältnis der Polarisationsellipse des Transponders in Richtung auf das Gemini-Radar-

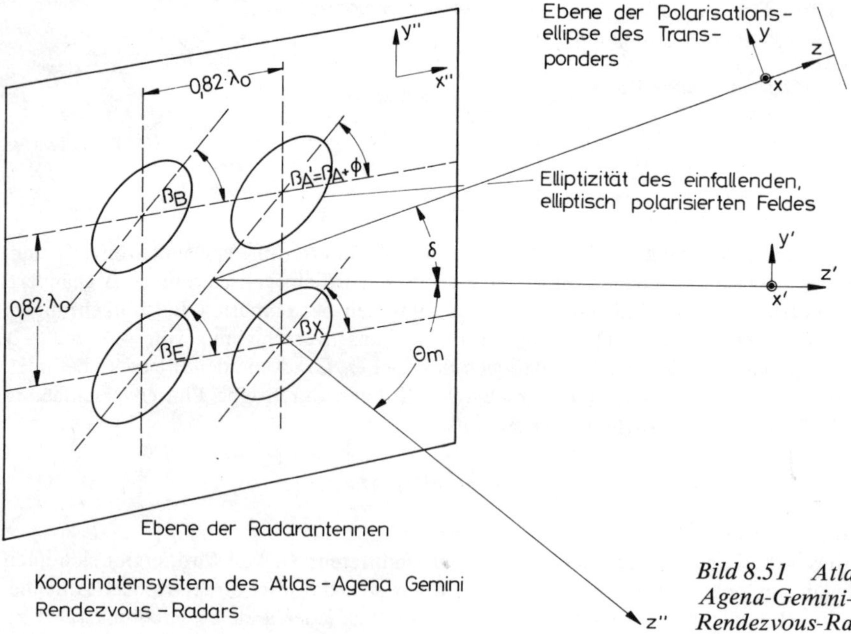

Bild 8.51 Atlas-Agena-Gemini-Rendezvous-Radar

system anzusehen sind. Beim „Skin-Tracking" ist $\vec{E}_T$ gleich dem reflektierten Signal (skin-tracking = verfolgen nach Echo von der Objektoberfläche). Alle axialen Verhältnisse, die im folgenden auftreten, sind positiv und kleiner oder gleich eins. Für die Bezugsantenne ($\vec{P}_B$) und die drehbare Azimutempfangsantenne ($\vec{P}_A$) kann ein normierter Empfangsvektor (Einheitsvektor) angegeben werden

$$\underline{\vec{P}}_B = (\cos\beta_B - j\ e_B \sin\beta_B)\ \vec{n}_x'' + (\sin\beta_B + j\ e_B \cos\beta)\ \vec{n}_y'' \tag{8.233}$$

$$\underline{\vec{P}}_A = [\cos(\beta_A + \Phi) - j\ e_A \sin(\beta_A + \Phi)]\ \vec{n}_x'' + [\sin(\beta_A + \Phi) + j\ e_A \cos(\beta_A + \Phi)]\ \vec{n}_y'', \tag{8.234}$$

wobei $\vec{n}_x''$ und $\vec{n}_y''$ Einheitsvektoren im x''-y''-z''-Koordinatensystem darstellen, wie aus Bild 8.51 ersichtlich ist. β_A entspricht dem Neigungswinkel der großen Achse der Polarisationsellipse der Azimutantenne und Φ der Fußpunktdrehung der Azimutantenne. e_B ist das axiale Verhältnis der **Polarisationsellipse** der Bezugsantenne und e_A das der Azimutantenne, definiert in der x''-y''-z''-Ebene, d. h. in der Ebene der Radarantennen. Nach Rumsey [118] kann die komplexe Spannung, die in den Empfangsantennen induziert wird, wie folgt, angegeben werden

$$\underline{U}_B = \underline{\vec{P}}_B^*\ \underline{\vec{E}}_T \tag{8.235}$$

und

$$\underline{U}_A = \underline{\vec{P}}_A^*\ \underline{\vec{E}}_T, \tag{8.236}$$

wobei durch * konjugierte komplexe Zeiger gekennzeichnet werden. Man könnte (8.235, 8.236) auch direkt in der **Zeigerschreibweise** angeben

$$\underline{U}_A = | \underline{U}_A | \underline{/\Psi_A} \qquad (8.237)$$

bzw.

$$\underline{U}_B = | \underline{U}_B | \underline{/\Psi_B}\,. \qquad (8.238)$$

Durch Transformation des x''-y''-z''-Systems in das x-y-z-System und durch Auflösen des konjugiert komplexen Skalarproduktes, erhält man für den Tangens der Phasenwinkel der induzierten Spannungen

$$\tan \Psi_B = \frac{e_B \sin \beta_B \cos \Theta_m + e_T \sin \beta_B \cos \delta - e_T \cos \beta_B \sin \Theta_m \sin \delta}{\cos \beta_B \cos \Theta_m + e_B\, e_T \cos \beta_B \cos \delta + e_B\, e_T \sin \beta_B \sin \Theta_m \sin \delta} \qquad (8.239)$$

und

$$\tan \Psi_A = \frac{e_A \sin(\beta_A + \Phi) \cos \Theta_m + e_T \sin(\beta_A + \Phi) \cos \delta - e_T \cos(\beta_A + \Phi)}{\cos(\beta_A + \Phi) \cos \Theta_m + e_A\, e_T \cos(\beta_A + \Phi) \cos \delta + e_A\, e_T \sin(\beta + \Phi)} \times$$

$$\times \frac{\sin \Theta_m \sin \delta}{\sin \Theta_m \sin \delta}\,. \qquad (8.240)$$

In dieser Darstellung ist Θ_m gleich dem **Azimutblickwinkel** und δ gleich dem **Elevationsblickwinkel.**

Für eine Nullstelle der Phasendifferenz, die mit Hilfe des **Phasendrehprinzips** [25] herbeigeführt wird, ist

$$\Psi_B = \Psi_A + \Theta_e, \qquad (8.241)$$

wobei Θ_e der elektrischen Phasenverschiebung entspricht, die durch die Abweichung vom Hauptazimut hervorgerufen wird. Der entstehende Fehler ist gegeben durch

$$\sigma = \Phi + \Theta_e. \qquad (8.242)$$

Es wird noch die Voraussetzung getroffen, daß die Neigungswinkel der Polarisationsellipsen der Interferometerpaare gleich sein sollen. Der allgemeine Ausdruck für den normierten Fehler σ_n lautet

$$\sigma_n = \sigma - \sigma_b \qquad (8.243)$$

mit

$$\sigma = \arctan \frac{K + \tan \Theta_e}{1 - K \tan \Theta_e}, \qquad (8.244)$$

wobei

$$K = \frac{(K_2 K_3 - K_2 K_6) + (K_1 K_6 + K_2 K_4 - K_2 K_7 - K_3 K_5) \tan \beta + (K_1 K_7 - K_4 K_5) \times}{(K_3 K_5 + K_2 K_7) + (K_2 K_3 + K_4 K_5 - K_1 K_7 - K_2 K_6) \tan \beta + (K_1 K_6 + K_2 K_4)}$$

$$\times \frac{\tan^2 \beta + (K_1 K_2 + K_2 K_5 - K_3 K_7 - K_4 K_6) \tan \Theta_e \tan \beta +}{\tan^2 \beta + (K_1 K_5 + K_4 K_7 - K_2^2 - K_3 K_6) \tan \Theta_e \tan \beta +} \qquad (8.245)$$

$$\frac{+ (-K_1 K_5 - K_4 K_7) \tan \Theta_e \tan^2 \beta + (-K_2^2 - K_3 K_6) \tan \Theta_e}{+ (K_1 K_2 - K_4 K_6) \tan \Theta_e \tan^2 \beta + (K_3 K_7 - K_2 K_5) \tan \Theta_e}$$

$$\sigma_b = \arctan \frac{(K_1 K_6 - K_3 K_5) \tan\beta}{(K_3 K_5 - K_1 K_6) \tan^2\beta} \tag{8.246}$$

$$K_1 = e_B \cos\Theta_m + e_T \cos\delta$$
$$K_2 = e_T \sin\Theta_m \sin\delta$$
$$K_3 = \cos\Theta_m + e_B\, e_T \cos\delta$$
$$K_4 = e_B\, e_T \sin\Theta_m \sin\delta$$
$$K_5 = e_A \cos\Theta_m + e_T \cos\delta$$
$$K_6 = \cos\Theta_m + e_A\, e_T \cos\delta$$
$$K_7 = e_A\, e_T \sin\Theta_m \sin\delta$$

und

$$\Theta_e = \frac{4\pi}{\lambda}\, d \sin\Theta_m \quad [\mathrm{rad}]. \tag{8.247}$$

β ist in obiger Darstellung der Neigungswinkel der Polarisationsellipse des **Transponders,** σ_b der Fehler in der Hauptazimutachse gegenüber dem optischen Blickwinkel und σ_n der normierte Fehler, nachdem jeder Abweichfehler vom Schielfehler zwischen Hauptazimut und optischen Sichtwinkel abgezogen worden ist. Die Formel

$$\Theta_e = \frac{4\pi}{\lambda}\, d \sin\Theta_m$$

wurde von der vertrauten Interferometergleichung (6.1) her definiert, wobei d den Abstand von Mitte zu Mitte zwischen der Bezugs- und der Azimutantenne beschreibt; λ entspricht der Freiraum-Wellenlänge. Beim Gemini-Radar nimmt der Term $4\pi\, d/\lambda$ den Wert 5,17 ein. Die oben aufgeführten Gleichungen stellen die Verhältnisse für das Azimutantennenpaar dar. Analoge Beziehungen lassen sich für die Elevationsantennen entwickeln.

2. Fehler, die durch **Strahlungskopplung** zwischen benachbarten Antennenelementen hervorgerufen werden.

Jedes der Elemente wird durch die Anwesenheit der benachbarten Elemente des Radarsystems in seiner Wirkungsweise beeinflußt. Dies führt zu Phasenänderungen bei beiden Interferometerpaaren. Es sollen wiederum die Azimutantennen betrachtet werden. Die Kopplung der diagonal gegenüberstehenden Antennen sei vernachlässigt. Für die Bezugsantenne läßt sich die gesamte induzierte Spannung wie folgt definieren

$$\underline{U}_B = \vec{\underline{P}}_B^* \vec{\underline{E}}_T(t) + \vec{\underline{P}}_B^* \underline{E}_A^R(t) + \vec{\underline{P}}_B^* \vec{\underline{E}}_E^R(t). \tag{8.248}$$

Der Index E steht für Elevation und die Hochzahl R gibt an, daß der Term eine Funktion der Strahlungskopplung (mutual coupling) ist, mit

$$\vec{\underline{E}}_T(t) = [(\cos\beta - \mathrm{j}\, e_T \sin\beta)\, \vec{n}_x + (\sin\beta + \mathrm{j}\, e_T \cos\beta)\, \vec{n}_y]\, e^{\mathrm{j}\,\omega t} \tag{8.249}$$

$$\vec{\underline{E}}_A^R(t) = A\, [(\cos\beta_{A'} - \mathrm{j}\, e_A \sin\beta_{A'})\, \vec{n}_x + (\sin\beta_{A'} + \mathrm{j}\, e_A \cos\beta_{A'})\, \vec{n}_y]\, e^{\mathrm{j}(\omega t + \tau_A)}, \tag{8.250}$$

mit

$$\beta_{A'} = \beta_A + \Phi . \tag{8.251}$$

Ferner sei

$$\underline{\vec{P}}_B = \vec{n}_x + j\, e_B\, \vec{n}_y \tag{8.252}$$

der normierte **Empfangsvektor** der Bezugsantenne im *x-y-z*-Koordinatensystem.

Für $\underline{\vec{E}}_E^R(t)$ ergibt sich der folgende Ausdruck

$$\underline{\vec{E}}_E^R = E\,[(\cos\beta_E - j\, e_E\, \sin\beta_E)\, \vec{n}_x + (\sin\beta_E + j\, e_E\, \cos\beta_E)\, \vec{n}_y]\; e^{j(\omega t + \tau_E)}. \tag{8.253}$$

Bildet man nun das skalare Produkt und faßt die Ausdrücke zusammen, so erhält man

$$\begin{aligned} \underline{U}_B = {} & (\cos\beta - j\, e_T\, \sin\beta - j\, e_B\, \sin\beta + e_B\, e_T\, \cos\beta)\; e^{j\,\omega t} + \\ & + A\,(\cos\beta_{A'} - j\, e_A\, \sin\beta_{A'} - j\, e_B\, \sin\beta_{A'} + e_B\, e_A\, \cos\beta_{A'}\,)\; e^{j(\omega t + \tau_A)} + \\ & + E\,(\cos\beta_E - j\, e_E\, \sin\beta_E - j\, e_B\, \sin\beta_E + e_E\, e_B\, \cos\beta_E)\; e^{j(\omega t + \tau_E)}. \end{aligned} \tag{8.254}$$

In dieser Gleichung kann man die Zeit eliminieren, ohne Auswirkungen für die anderen Veränderlichen befürchten zu müssen, indem man einfach $\omega\, t = 0$ setzt. Dann kann das Argument des Zeigers $\underline{U}_B$ durch Division des Imaginärteiles durch den Realteil ermittelt werden

$$\Psi_B = \arctan \frac{-(e_B\, e_T)\, \sin\beta + A\,[-(e_A + e_B)\, \sin\beta_{A'}\, \cos\tau_A + }{(1 + e_B\, e_T)\, \cos\beta + A\,[(1 + e_B\, e_A)\, \cos\beta_A\, \cos\tau_A + }$$

$$\frac{+ (1 + e_A\, e_B)\, \cos\beta_{A'}\, \sin\tau_A] + E\,[-(e_E + e_B)\, \sin\beta_E \cos\tau_E + }{+ (e_A + e_B)\, \sin\beta_{A'}\, \sin\tau_A] + E\,[(1 + e_E\, e_B)\, \cos\beta_E\, \cos\tau_E \times} \tag{8.255}$$

$$\frac{+ (1 + e_E\, e_B)\, \cos\beta_E\, \sin\tau_E]}{\times\, (e_E + e_B)\, \mathrm{sind}\,\beta_E\, \sin\tau_E]}.$$

In obiger Beziehung sind β, β_A und β_E die winkelmäßigen Entfernungen zur großen Halbachse der Ellipsen, gemessen in Richtung gegen den Uhrzeigersinn von der $\vec{n}_x$-Achse aus. A und E sind die Kopplungsfaktoren der Azimut- und der Bezugsantenne; τ_A und τ_E repräsentieren die Phasenverzögerungen für die parasitäre Strahlung der Azimut- und Elevationsantenne.

Die Änderung von Ψ, d. h. $\Delta\Psi$, verdient mehr Beachtung als Ψ selbst. Man wählt ein Bezugs-Ψ so, daß es in der Bezugsachse (*x*-Achse) liegt und $\beta = 0$ wird. Nimmt man ferner an, daß alle **Axialverhältniswerte** *e* eins sind, oder nahezu eins, dann ist

$$\Psi_B = \arctan \frac{-2\,A\, \sin(\beta_{A'} - \tau_A) - 2\,E\, \sin(\beta_E - \tau_E)}{2 + 2\,A\, \cos(\beta_{A'} - \tau_A) + 2\,E\, \cos(\beta_E - \tau_E)}. \tag{8.256}$$

Aus der Gleichung (8.256) ist ersichtlich, daß der größte Fehler bei der Azimutantenne auftritt, wenn $\beta_A - \tau_A = 90°$ ist. Der größte Fehler bei der Elevationsantenne ergibt sich sinngemäß für $\beta_E - \tau_E = 90°$. Setzt man den ungünstigsten Fall voraus, und ist weiterhin $A = E$, was näherungsweise angestrebt wird, so läßt sich bei kleinem A ($\approx 0{,}05$) Gleichung (8.256) auf folgenden Ausdruck reduzieren

$$\Delta \Psi_B = \arctan - \left(\frac{4A}{2}\right) = -\arctan 2A \approx -2A \quad [\mathrm{rad}]. \tag{8.257}$$

Dieselbe Überlegung läßt sich für die Azimutantenne anstellen. Ist

$$\Delta \Psi_A = 2A,$$

so kann im ungünstigsten Falle bei diesem Interferometerpaar der Fehler nahezu $4A$ betragen. Es ist ebenso interessant, zu sehen, daß, wenn das axiale Verhältnis e_T des einfallenden Feldes linear gegen null geht, der Fehler zweimal so groß ist wie beim zirkular einfallenden Signal. Der Ausdruck für die Strahlungskopplung wird noch komplizierter durch die Tatsache, daß die Kopplung kaum durch einen konstanten Faktor beschrieben werden kann, sondern sich mit der Ausrichtung der gesamten Antenne und durch die Elliptizität der Polarisation der Elemente ändert.

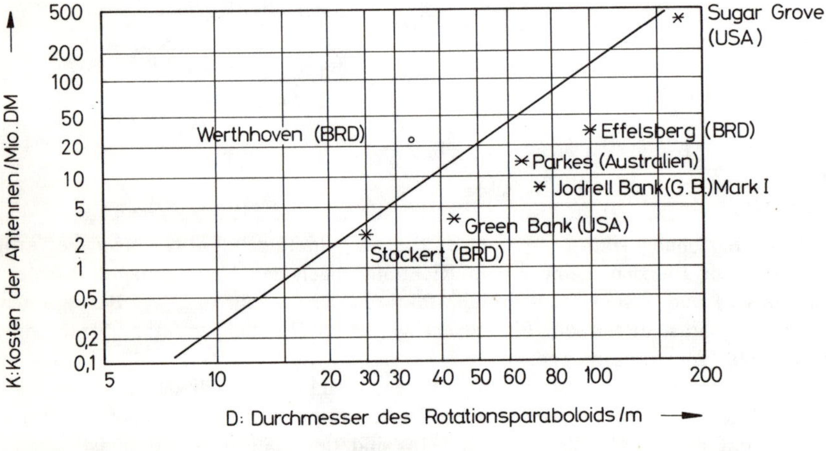

Bild 8.52 Planungs- und Herstellungskosten großer, beweglicher Paraboloid-Reflektorantennen, Gerade: $\triangleq K = D^{2,7}$

9 Liste verwendeter Symbole

A	numerische Apertur
ΔA	Flächenausschnitt, Auffangfläche
A_e	Effektive Antennenfläche (Apertur)/m^2
A_m	Maximalwert von A_e
a_0	Erdradius
B	absolute Bandbreite
B_c	Flächenhelligkeit unpolarisierter Strahlung
B_f	Bandbreite des Interferenzstreifenfilters
B_p	Flächenhelligkeit polarisierter Strahlung
B_{ZF}	Bandbreite des Zwischenfrequenzfilters
b	relative Bandbreite
C	Integral über Quadrat der Autokorrelationsfunktion (AKF)
C_e	Brechungsmaß
c	Freiraumlichtgeschwindigkeit
d	Abstand zwischen Interferometerelementen bzw. trennbaren Objektpunkten
E'	Energieinhalt eines Signals
$E(\vartheta)$	Elektrische Feldstärke im Fernfeld
ΔE	Energie im Frequenzintervall Δf
$\vec{E}_e$	Elektrische Feldstärke, einfallend
E_Θ	Θ-Komponente von E_e
E_φ	φ-Komponente von E_e
$\vec{e}_\varphi$	Azimut-Einheitsvektor
$\vec{e}_\Theta$	Zenitwinkeleinheitsvektor
$F(s)$	Fourier-Transformierte von $f(t)$
f	Tastfrequenz
Δf	Interferenzstreifenabstand
f_0	Mittenfrequenz, Trägerfrequenz
f_d	Dopplerfrequenz
$f(t)$	Signalzeitfunktion
G	Richtfaktor
$U(t)$	Antennenleerlaufspannung
$H(f)$	Übertragungsfunktion eines Systems (Netzwerks)
$H_E(\omega, \Delta\xi)$	Übertragungsfunktion einer Empfangsantenne
$H_S(\omega, \Delta\xi)$	Übertragungsfunktion einer Sendeantenne
h	Höhe des Elements über N.N. (See-I.)
$\vec{h}$	vektorielle, effektive Höhe
h_φ	φ-Komponente von $\vec{h}$
h_ϑ	ϑ-Komponente von $\vec{h}$
$h(t)$	Impulsantwort
I_e	Eingangsstrom

$I_{m,n}$ im m- bzw. n-ten Element induzierter Strombetrag
$I(x) \exp(j\Phi(x))$ Strombelegungsfunktion mit $x = 1/\lambda$
k Elementabstand in Freiraumwellenlängen, Boltzmannsche Konstante
L Gesamtlänge einer Apertur
$\underline{L}(\Theta)$ Elementdiagramm
$\underline{M}$ Gruppenfaktor (komplex)
m Ordnung der Interferenz, Index für „mittlere"
N Anzahl der Gruppenelemente, Rauschamplitude
N' mittlere Rauschleistung am Optimalempfängerausgang
N_0 spektrale Rauschleistungsdichte
n Zahl der Durchläufe, Elementzahl, Brechungsindex
n_0 Brechungsindex an der Erdoberfläche
$n(s)$ Brechungsindex
P gesamte, auf die Antenne einfallende Leistungsdichte
P_{min} minimale Empfangsleistung/Watt
P_s Sendeleistung/Watt
p Gitterkeulenpegel, Polarisationsverhältnis
p_n Amplitudenbelegung des n-ten Gruppenelements
$p(x)$ Wahrscheinlichkeitsdichte
Q Verwechselungswahrscheinlichkeit von Nutzsignalen, Produktgrenze
R Abstand Aperturmitte/Ziel
R_F Grenze zwischen Nah- und Fernfeld
R_f Signalrauschverhältnis
R_{max} (maximale) Radarreichweite
R_s Antennenstrahlungswiderstand
r Abstand
$r(t)$ Realteil der AKF ρ
$r(x)$ zeitlicher Mittelwert der Intensitätsfluktuation
S gesamte Strahlungsintensität
$S(f)$ Fourierspektrum von $s(t)$
s Raumfrequenz, Index für „statistisch"
s_k Grenzraumfrequenz
$s(t)$ reelles Zeitsignal
$s_0(t)$ reelles Ausgangssignal
t_a Fourier-Transformierte von T_A
T_A Antennentemperatur
T_Q Strahlungstemperatur der Quelle
ΔT Zeittoleranz
t Zeitvariable
T Aufzeichenzeit
t_Q Fourier-Transformierte von T_Q
$U(f)$ Fourier-Spektrum von $u(t)$
$\underline{U}(u, t)$ Modulationseinhüllende
$U_{1,2}$ Verstärker-Eingangsspannung
U_{02} Verstärker-Ausgangsspannung
U_{04r} Verstärker-Ausgangsspannung
U_{05} Verstärker-Ausgangsspannung

$u(t)$	komplexe Modulationsfunktion
$u_0(t)$	Systemausgangsspannung
V	Verstärkungsfaktor, Quellenhelligkeitsverteilung
V_n	Interferenzfaktor
W_s	gesamte, abgestrahlte Leistung
w	Winkelausdehnung der Quelle
x	Schwankungsgröße, kartesische Koordinate
y	kartesische Koordinate
z	kartesische Koordinate
Z_o	Freiraumwellenwiderstand
α	Phase der Quellenhelligkeit
β	Phasenverschiebung
γ	Phasenverzögerung
δ	Deklination
$\delta(t)$	Diracsche Deltafunktion
ε	atmosphärischer Brechungsfehler bei kleinem d
ε'	atmosphärischer Brechungsfehler bei großem d
η	Depolarisationsfehler
Θ	Winkelauflösungsvermögen, Zenitwinkel
ϑ	Zenitwinkel
ϑ'	Elevationswinkel
$\Delta\varkappa$	Modulationsindex des Pseudo-Rausch-Kode
$\Delta\varphi$	Modulationsindex des Pilottons
λ	Freiraumwellenlänge
λ_0	Trägerwellenlänge
λ_p	Pumpwellenlänge
μ_0	Freiraumpermeabilität
$\xi = \sin\vartheta$	transformierte Koordinate
$\xi' = \sin\vartheta'$	transformierte Koordinate
ρ	komplexe Autokorrelationsfunktion (AKF), Raumfrequenzphase
$\dot{\rho}$	Erdwinkelgeschwindigkeit
σ	Standardabweichung, Streuquerschnitt eines Radarzieles
σ_Φ	Phasenfehler
τ	Signallaufzeit zum Ziel und zurück, Verzögerung, Zeitverschiebung (durch Elementabstand bedingt)
Φ	Phasendifferenz
φ	Azimutwinkel
$\varphi(t)$	Pseudo-Rausch-Kode
χ	Woodwardsche Ambiguityfunktion
$\psi(t)$	komplexes Zeitsignal
$\Psi(f)$	Fourier-Spektrum des komplexen Signals $\psi(t)$
Ω_A	äquivalenter Raumwinkel
$\Delta\Omega$	Raumwinkel
ω	Kreisfrequenz
ω_{pi}	Pilottonfrequenz
ω_P	Pumpkreisfrequenz
ω_{ZF}	Zwischenkreisfrequenz

10 Schrifttum

Bücher (alphabetisch)

Radioastronomie und Antennen

[1] *Bracewell, R. N.:* Paris Symposium on Radio Astronomy. Stanford Univ. Press, Stanford, California 1959. 616 S.

[2] *Born, M./Wolf, E.:* Principles of Optics. Pergamon Press, Oxford 1964. 808 S.

[3] *Bracewell, R. N.:* Radioastronomy techniques. Handbuch der Physik. S. Flügge, Ed. Springer, Berlin 1962. Vol. 54. S. 42–129.

[4] *Bruzek, A.:* Die neue Astronomie. Rheinische Verl.-Anst., Wiesbaden 1960. 254 S.

[5] *Christiansen, W. N./Högbom, J. A.:* Radiotelescopes. Cambridge Univ. Pr. 1969. 231 S.

[6] *Collin, R. E./Zucker, F. J.:* Antenna Theory. Part 1, 2. McGraw-Hill, New York 1969. Vol. I., S. 557–673.

[7] *Evans, J. V./Hagfors, T.:* Radarastronomy. McGraw-Hill, New York 1968. 620 S.

[8] *Großkopf, J.:* Wellenausbreitung I, II. Bibliograph. Institut, Mannheim 1970. S. 215 und 472.

[9] *Hansen, R. C.:* Microwave Scanning Antennas. Vol. I. Apertures. Academic Press, New York 1964. S. 1–105.

[10] *Hansen, R. C.:* Microwave Scanning Antennas. Vol. II. Array and Practices. Academic Press, New York 1966. 400 S.

[11] *Hansen, R. C.:* Microwave Scanning Antennas. Vol. III. Array Systems. Academic Press, New York 1966. 420 S.

[12] *Heilmann, A.:* Antennen I, II, III. Bibliograph. Institut, Mannheim 1970. S. 146, 167, 219.

[13] *Hoffmann, W. C.:* Proceeding of the Symposium on Statistical Methods in Radio Wave Propagation. Pergamon, London 1960. 200 S.

[14] *Kraus, J. D.:* Antennas. McGraw-Hill, New York 1952. 553 S.

[15] *Kraus, J. D.:* Radioastronomy. McGraw-Hill, New York 1967. 481 S.

[16] *Krug, E.:* Radioastronomie. Kosmosbibliothek Frankh, Stuttgart, Band 233, 1962. 80 S.

[17] *Kühn, R.:* Mikrowellenantennen. VEB Technik, Berlin 1964. 712 S.

[18] *Kuz'min, A. D./Salomonovich, A.:* Radioastronomical Methods of Antenna Measurements, Academic Press, New York 1966. 182 S.

[19] *Lovell, B./Cleeg, J. A.:* Radio Astronomy. Chapmann Hall, London 1952. 238 S.

[20] *Mar, J. W./Liebowitz, H.:* Structures Technology for Large Radio and Radar Telescope Systems. The MIT Press, Cambridge (Mass., USA), 1969. 538 S.

[21] *Meinke, H./Gundlach, F. W.:* Taschenbuch der Hochfrequenztechnik. Springer, Berlin, III. Aufl. 1968. 1667 S.

[22] *Papas, C. H.:* Theory of Electromagnetic Wave Propagation. McGraw-Hill, New York 1965. 244 S.

[23] *Pawsey, J. L./Bracewell, R. N.:* Radio Astronomy, Clarendon, Oxford (G.B.) 1955. 372 S.

[24] *Penfield, P./Rafuse, R. P.:* Varactor-Applications. MIT-Press, Cambridge, Mass., 1962. S. 210–223.

[25] *Sahler, H./Zocher, E./Wohlleben, R.:* Antennen für elliptisch polarisierte Wellen und ihre Meßtechnik, Forschungsberichte des Landes Nordrhein-Westfalen, Nr. 1873, 1968. Westdt. Verl., Köln. S. 1–100.

[26] *Steinberg, J. L./Lequeux, J.:* Radioastronomy. McGraw-Hill, New York 1964. 253 S.

[27] *Smith, F. G.:* Radio Astronomy. Pinguin Books, Baltimore 1960. 160 S.

Radartechnik, Nachrichtenverarbeitung, physikalische Interferometrie

[28] *Barton, D. K.:* Radar Systems analysing, Prentice Hall, Englewood Cliffs (New Jersey) 1964.

[29] *Bendat, J. S.:* Principles and applications of random noise theory. Wiley, New York 1958.

[30] *Berkowitz, R. S.:* Modern Radar. Wiley, New York 1965.

[31] *Burdic, W. S.:* Radar Signal Analysis. Prentice Hall 1968. S. 1–324.

[32] *Cook, E. C./Bernfield, M.:* Radar Signals. Academic Press, New York 1967.

[33] *Difranco, J. V./Rubin, W. L.:* Radar Detection. Prentice Hall, Englewood Cliffs (New Jersey) 1968. 646 S.

[34] *Lange, P. H.:* Korrelationselektronik. VEB Technik, Berlin 1962. 230 S.

[35] *Neidhardt, P.:* Informationstheorie und automatische Informationsverarbeitung. Berliner Union, Stuttgart 1964. 268 S.

[36] *Papoulis, A.:* Systems and Transforms with Applications in Optics. McGraw-Hill, New York 1962. 352 S.

[37] *Papoulis, A.:* The Fourier Integral and its Applications. McGraw-Hill, New York 1962. 223 S.

[38] *Rihaczek, A.:* Principles of High-Resolution Radar. McGraw-Hill, New York 1969. S. 1–225.

[39] *Rhodes, D. R.:* Introduction to Monopulse. McGraw-Hill, New York 1959. S. 13 (119 S.).

[40] *Skolnik, M. I.:* Introduction to Radar Systems, McGraw-Hill, ISE, New York 1962. 648 S.

[41] *Skolnik, M. I.:* Radar Handbook. McGraw-Hill, New York 1970. 1740 S.

[42] *Woodward, P. M.:* Probability and Information Theory with Application to Radar. Pergamon Press, London 1964. S. 81–125.

[43] *Wellmann, P.:* Radioastronomie. Dalph-Taschenbücher, München, Band 340, München 1957. 139 S.

[44] *Peters, J.:* Einführung in die allgemeine Informationstheorie. Springer, Berlin 1967. 266 S.

[45] *Wheeler, G. J.:* Radar Fundamentals. Prentice Hall, Englewood Cliffs (N. J.) 1967. 105 S.

[46] *Blackband, W. T.:* Radio Antennas for Aircraft and Aerospace Vehicles. Technivision Services, Maidenhead (G. B.) 1967. 403 S.

[47] *von Rautenfeld, F.:* Impulsfreie elektrische Rückstrahlverfahren (CW-Radar). Dt. Radar-Verl.-Ges., Garmisch 1957. 216 S.

[48] *Wosnik, J.:* Mikrowellentechnik und Antennen. Vieweg, Braunschweig (NTF 23) 1961. 312 S.

[49] *VDE-NTG-URSI:* Antennen und elektromagnetische Felder. VDE-Bezirksv., Frankfurt 1968. 73 S.

[50] *Zemanian, A. H.:* Distribution Theory and Transform Analysis. McGraw-Hill, New York 1965. 371 S.

[51] *Candler, C.:* Modern Interferometers. Hilger, London 1970. 500 S.

[52] *Ficchi, R. F.:* Electrical Interference. Iliffe, London 1964. 262 S.

[53] *Herriott, H.:* Some Applications of Lasers to Interferometry (Progress in Optics, Vol. 6). North-Holland, Amsterdam 1967. 205 S. (Kap. 5).

[54] *IEE (G. B.):* Conference on interference problems associated with the operation of microwave communication systems, IEE (G. B.). El.-Division, London 1968. 176 S.

[55] *Mönch, G. C.:* Interferenzlängenmessung und Brechzahlbestimmung. Teubner, Leipzig 1966. 260 S.

[56] *Nebe, W.:* Analytische Interferometrie. Akademie-Verlag, Berlin 1969. 173 S.

Zeitschriften (nach Zitat im Text)

[57] *Ko, H. C.:* Radio-Telescope Antenna Parameters. IEEE Transactions A. P., Vol. A. P.-12, Dez. 1964. S. 891–898.

[58] *Ko, H. C.:* Antenna Temperature and the Temperature of Electromagnetic Radiation. IEEE Trans., Vol. A. P.-12, Jan. 1964. S. 126 – 127.

[59] *Bracewell, R. N./Roberts, J. A.:* Aerial smoothing in radioastronomy. Australian J. Phys. 1954. Vol. 7, S. 615 – 640.

[60] *MacPhie, R.:* The Compound Intensity Interferometer. IEEE Trans., Vol. A. P.-14, May 1966. S. 369 – 374.

[61] *Vitkevich, V. V.:* Wide band radio interferometer. Dokl. Akad. Nauk., SSSR 1953. 91, S. 1301.

[62] *Culshaw, W.:* The Michelson Interferometer at mm Wavelength. Proc. Phys. Soc. 63-B, 1950. S. 393 – 460.

[63] *Carl, J. S./Guccione, S. A.:* Gemini Rendezvous Radar Error. The Microwave Journal, June 1966. S. 75 – 78.

[64] *Ko, H. C.:* On the determination of the Disk Temperature and the Flux Density of a Radio Source Using High-Gain Antennas. IRE Trans. Vol. A. P.-9, Sept. 1961. S. 500 – 501.

[65] *Feix, G.:* Radioastronomische Interferometrie mit extrem langer Basislänge. NTZ, Heft 5, 1968. S. 263 – 266.

[66] *Swenson, G. W./Mathur, N. C.:* The Interferometer in Radio Astronomy. Proc. IEEE, Dec. 1968. 56, S. 2114 – 2130.

[67] *Skobel'Tsyn, D. V.:* Radiotelescopes. Plenum, London 1966. 171 S.

[68] *Müller, H.:* Astronomische Begriffe. Bibliograph. Inst., Mannheim 1967. Bd. 57/57a, S. 90 – 95.

[69] *Mills, B. Y./Little, A. G.:* A high resolution aerial system of a new type. Australian J. Phys., 1953. 6, S. 272.

[70] *Mills, B. Y.:* Crosstype radio telescopes. Proç. IRE (Australia), 1963. Vol. 24, S. 132.

[71] *Fischer, F. A.:* Einführung in die statistische Übertragungstheorie. Bibliograph. Inst., Mannheim 1969. Bd. 130/130a, S. 78 – 84.

[72] *Clark, B. G.:* Radio Interferometers of Intermediate Type. IEEE Trans. Vol. A. P.-16, Jan. 1968. S. 143 – 144.

[73] *Hanbury-Brown, R./Twiss, R. Q.:* A new type of interferometer for use in radioastronomy. Phil. Mag., 1954. Vol. 45, July, S. 663 – 682.

[74] *Hanbury-Brown, R.:* The stellar interferometer at Narrabri. Australia, Philips Technical Review 1966. Vol. 27, No. 6, S. 141 – 159.

[75] *Reed, I. A.:* On a Moment Theorem for Complex Gaussian Processes. IRE Trans. Vol. I. T.-8, April 1962. S. 194 – 195.

[76] *Hidey, A. G.:* Phase determination of coherence functions by the intensity interferometer. E. C. Jordan, Ed., Electromagnetic Waves, Vol. 6, Part 2. Electromagnetiç Theory and Antennas. Pergamon Press, New York 1963. S. 801 – 810.

[77] *Goldstein, S. J.:* Angular Resolution of Long Baseline Interferometers. NRAO-VLBI-Symp., Apr. 1970, Charlottesville, Virg. USA.

[78] *Vander Vorst, A. S./Colvin, R. S.:* The Use of Degenerate Parametric Amplifiers in Interferometry. IEEE Trans. A. P.-14, No. 5, Sept. 1966. S. 667–668.

[79] *Hooghoudt, B. G.:* A Synthesis Radio Telescope at Westerbork. Holland. „Design and Construction of Large Steerable Aerials", London, June 1966. IEE, Conf. Publ. No. 21, S. 329–334.

[80] *Hooghoudt, B. G.:* The Benelux Cross Antenna Project. Ann. N. Y. Acad. Sci., 116, 1, 1964. S. 13–24.

[81] *Hachenberg, O.:* Studien zur Konstruktion des 100-m-Teleskops. Beiträge zur Radioastronomie. Dümmler, Bonn, Dez. 1968. Bd. 1, Heft 2, 61 S.

[82] *Wohlleben, R./Wielebinski, R./Mattes, H.:* Feeds for the 100 m Effelsberg Telescope. Proceedings of the 2. European Microwave Conference. Stockholm, August 1971. S. B 5/5:1–B 5/5:4.

[83] *Spizzichino, A./Delcourt, J./Giraud, A./Revah, I.:* A new type of continuous wave radar for the observation of meteor trails, Proc. IEEE, Aug. 1965, Vol. 53, S. 1084–1086.

[84] *Ulbricht, G.:* Funkortung in der Raumfahrt. Vorlesungsumdruck TU Berlin 1968. 180 S.

[85] *Wheeler, M. S./Hackers, P. S.:* Interferometer is Disposed for Gemini Radar. Electronics, Nov. 30, 1962. S. 106–108.

[86] *Wohlleben, R./Pfaff, K.:* Fernfeldsimulation linearer Punktstrahlergruppen auf dem Analogrechner. Forschungsbericht d. Landes NRW No. 2121. Westdt. Verlag Köln 1970. 40 S.

[87] *Bachmann, W.:* Auflösungsvermögen und Vieldeutigkeit bei der Ortung mit frequenz- und phasenumgetasteten Impulsen. Dr.-Ing. Diss., Fakultät für Elektrotechnik d. RWTH Aachen, 30. 6. 1969. 107 S.

[88] *Lueg, H. (Herausgeber):* Grundlegende Systeme, Netzwerke und Schaltungen der Impulstechnik. Umdruck des Instituts für Technische Elektronik der TH Aachen 1970. S. 4–48.

[89] *Bachmann, W./Hissen, H.:* Fortschritte der Radartechnik durch Modulationsverfahren, in Bücherei der Ortung und Navigation, Nr. 101. Deutsche Gesellschaft für Ortung und Navigation, Düsseldorf 1968.

[90] *Hissen, H.:* Zur Dimensionierung von Radarsignalen. A. E. Ü. 23, 1969, Heft 7, S. 381–393.

[91] *Bachmann, W.:* Modulation von Radar- und Sonarimpulsen durch binäre Frequenzumtastung. A. E. Ü. 23, Heft 5, 1969. S. 251–257.

[92] *Bachmann, W.:* Beitrag zum Verständnis der Ambiguityfunktion phasengetasteter Impulse. Nachrichtentechnische Zeitschrift (NTZ), 1968. Heft 5, S. 278–282.

[93] *Hissen, H.:* Ortung mit Multifrequenzsignalen. Diss. Juli 1970. Fak. f. Elektrotechnik, RWTH Aachen. 130 S.

[94] *Pahls, J.:* Nebenmaxima der Ambiguityfunktion binär phasengetasteter Multifrequenz-Radarsignale. AEÜ, 23, 1970. S. 164–168.

[95] *Pahls, J.:* Impulskompression zur Radarverstärkung. Analysis und Verarbeitung binär angetasteter Signale. Diss. Fak. f. Elektrotechnik, RWTH Aachen, Juli 1970. 107 S.

[96] *Allen, J. L.:* Array radars- survey of their potential and their limitations. Microwave Journal, Vol. 5, May 1962. S. 67–79.

[97] *Difranco, J. V./Rubin, W. I.:* A high resolution interferometer radar with low angle ambiguity. IRE Trans. Vol. A. P.-11, March 1963. S. 197–198.

[98] *Brookner, E.:* Multidimensional Ambiguity Functions of Linear. Interferometer Antenna Arrays. IEEE Trans. A. P.-12, Sept. 1964. S. 551–561.

[99] *Kosel, G.:* Radarempfänger für ein Rundsichtgerät mit Minimumpeilung. Diss. Juni 1969, Fakultät f. Elektrotechnik, RWTH Aachen. 127 S.

[100] *Achilles, D.:* Impulskompression mit *Hermite*schen Funktionen. NTZ 1969, H. 5, S. 276–280.

[101] *Marchie, R. H.:* Optimum Cross Correlation Radar System. Proc. IRE, 1962. Vol. 50, S. 2508–2509.

[102] *Macphie, R. H.:* A Phase-switched Radar System Giving Improved Control of Directional Pattern. Radio Electron. Engr. Vol. 30, Feb. 1966. S. 81–92.

[103] *Mayo, B. R./Adams, W. S.:* Synthetic Aperture Antenna Investigation. RADC, ARDC, USAF, Griffiss Airforce Base, Rome, N. Y., Final Report Contract AF 30(602)-2323, 1963.

[104] *Paul, R. H.:* Refraction Error in Measurement of Angle with the Radio Interferometer. IEEE Trans. Vol. AES-4, No. 1, Jan. 1968. S. 52–57.

[105] *Paul, R. H.:* A Comparison of Radar and Radio Interferometer Refraction Errors, IEEE Trans. Vol. AES-5, No. 2, March 1969. S. 346–350.

[106] *Callender, D. W.:* Microwave Interferometer Calibrates Aircraft Instrument Landing Systems. Rept. Aerospace, Defense and Marine Products Division, Westinghouse Elect. International Co., 1967.

[107] *Simmons, G. A.:* A Theoretical Study of Errors in Radio Interferometer. Type Measurements Attributable to Inhomogenities in the Medium. IRE Trans. Vol. TRC-3, Dec. 1957. S. 2–5.

[108] *Bean. B. R./Thayer, G. D.:* CRPL exponential reference atmosphere. Central Radio Lab. Nat. Bur. Standards. Boulder, Col., Monograph No. 4, 1959.

[109] *Bean, B. R./Thayer, G. D.:* Models of Atmospheric Radio Refractive Index, Proc. IRE, Vol. 47, 1959. S. 740–755.

[110] *Barton, D. K.:* Multipath Error in a Vertical Interferometer. Proc. IEEE, Vol. 53, No. 5, May 1965. S. 543–544.

[111] *Baars, J. W. M.:* Meteorological Influences on Radio Interferometer Phase Fluctuations. IEEE Trans. Ap-15, July 1967. S. 582–584.

[112] *Baars, J. W. M.:* Dual Beam Parabolic Antennae in Radioastronomy. Diss. Univ. Leiden Wolter-Noordhoff, Groningen 1970. 128 S.

[113] *Cohen, W./Steinmetz, C. M.:* Amplitude and phase sensing monopulse system paramter. Part. I, II, Microwave Journal, Vol. 2, Oct. 1959. S. 27–33.

[114] *D'Antonio, R. A./Gaffney, J. E.:* Pseudo-Noise-Interferometer. IEEE Trans. Vol. AES-4, No. 5, Sept. 1968. S. 728–732.

[115] *Simmons, G. J.:* A Study of the Error Involved in the Near Use of a Radio Interferometer. Techn. Memo., Scandia Corp. Albuquerque, N. M., USA, April 1959.

[116] *Sparagna, J. J.:* DF Vectoring: Applications to Stationary Synchronous Satellites. IEEE Trans. Vol. AES-3, No. 4, Jul. 1967. S. 697–704.

[117] *Swenson, G. W./Mathur, N. C.:* On the Space-frequency Equivalence of a Correlator Interferometer. NBS, Rad. Science, Vol. 4, 1, Jan. 1969. S. 69–71.

[118] *Rumsey, V. H./Deschamps, G. A./Kales, M. L./Bohnert, J. I.:* Techniques for Handling Elliptically Polarized Waves with Special Reference to Antennas. Proc. IRE, May 1951. Vol. 39, S. 533–556.

[119] *Wheeler, M. S.:* Phase Characteristics of Spiral Antennas For Interferometer Applications. IEEE Internat. Convention Record, 1964, Part 2, S. 143–147.

[120] *Cook, A. H.:* Interference of electromagnetic waves. Oxford University Press, Oxford, G. B., 1971. S. 127–150.

[121] *Kaplan, S. A.:* Extraterrestral Civilisations. IPST, Jerusalem, Israel 1971. S. 66 bis 67.

[122] *Kellermann, K. I., Jauncey, D. L., Cohen, M. H., Shaffer, B. B., Clark, B. G., Broderick, J., Rönnäng, B., Rydbeck, O. E. H., Matvenyenko, L., Moiseyeo, I., Vitkevitch, V. V., Cooper, B. F. C., Batchelor, R.:* High-resolution observations of compact radio sources at 6 and 18 centimeters, The Astrophysical Journal, *169,* 1971, Oct., S. 1–24.

[123] *Mikhailov, A. A.:* Radio Astronomy. IPST, Jerusalem, Israel, 1967. S. 106–121, S. 177–194.

Stichwortverzeichnis

M

N

O

P

Q

R

S

T

U

V

W

Z